通信系统仿真开发

——基于MATLAB、DSP及FPGA的设计与实现

沈　良　任国春　高　瞻　童晓兵　张玉明　编著

机　械　工　业　出　版　社

本书在介绍 MATLAB、DSP 及 FPGA 软硬件基本原理的基础上，将通信系统的经典内容在 MATLAB、CCS 和 Quartus 三大主流软件平台上分别进行了仿真开发，并相互验证结果的正确性。本书内容丰富，实用性强，按照“基本理论→MATLAB 实现→DSP 实现→FPGA 实现”的流程，多层次展现通信系统的开发手段，并通过图解的方式引导读者快速进入通信系统开发的大门。

本书可作为电气信息类本科生与研究生的 MATLAB、DSP 与 FPGA 实验入门教材，也可作为通信工程技术人员的培训教材或自学指导书。

图书在版编目（CIP）数据

通信系统仿真开发：基于 MATLAB、DSP 及 FPGA 的设计与实现／沈良等编著．—北京：机械工业出版社，2017.1（2024.6 重印）
ISBN 978-7-111-56020-3

Ⅰ.①通…　Ⅱ.①沈…　Ⅲ.①通信系统-系统仿真　Ⅳ.①TN914

中国版本图书馆 CIP 数据核字（2017）第 027090 号

机械工业出版社（北京市百万庄大街 22 号　邮政编码 100037）
策划编辑：李馨馨　　责任编辑：李馨馨
责任校对：张艳霞　　责任印制：单爱军
北京虎彩文化传播有限公司印刷

2024 年 6 月第 1 版・第 5 次印刷
184mm×260mm・18.5 印张・452 千字
标准书号：ISBN 978-7-111-56020-3
定价：49.80 元

凡购本书，如有缺页、倒页、脱页，由本社发行部调换

电话服务
服务咨询热线：010-88379833
读者购书热线：010-88379649

网络服务
机 工 官 网：www.cmpbook.com
机 工 官 博：weibo.com/cmp1952
教育服务网：www.cmpedu.com
金 书 网：www.golden-book.com

前　言

近年来，随着微电子技术、数字信号处理技术的飞速发展，数字信号处理器（Digital Signal Processor，DSP）和现场可编程门阵列（Field Programmable Gate Array，FPGA）取得了巨大的进步，在处理速度、运算精度、处理器结构、指令系统、指令流程等诸多方面都有了较大提高，并迅速在语音、雷达、声纳、地震、图像、通信系统、系统控制、生物医学工程、遥感遥测、地质勘测、航空航天、电力系统、故障检测、自动化仪表等众多领域获得了极其广泛的应用。当前，以 DSP、FPGA 芯片及外围设备为主，正在形成一个具有较大潜力的产业和市场。

DSP 芯片的主要供应商包括美国的德州仪器公司（TI）、AD 公司、AT&T 公司和 Motorola 公司等。其中，TI 公司的 DSP 芯片占世界 DSP 芯片市场近 50%，在国内也被广泛采用。FPGA 的主要供应商包括美国的 Altera 和 Xilinx 公司。

目前，介绍 DSP 和 FPGA 原理与应用的图书很多，但是快速引导学生进行 DSP 和 FPGA 实验的图书并不多。为了填补这一空白，同时配合“通信系统综合实验”课程的开设，本书通过将 MATLAB、DSP、FPGA 原理与具体实验相结合，一步一步地引导学生进行综合实验，使其可以快速入门。为了配合书中的实验，辅以北京合众达公司开发的 EED-DTK DSP 实验箱以及杭州康芯电子公司的 GW-48 FPGA 实验箱。

本书主要特点如下：①内容可以满足 DSP 基本原理、数字信号处理、通信原理、现代电子系统设计和通信系统综合实验等课程的 DSP 与 FPGA 实验要求；②每一个实验都分成 4 个层次，即基本理论、MATLAB 实验、DSP 实验与 FPGA 实验，这 4 个层次充分体现了 DSP 与 FPGA 的开发过程；③采用“傻瓜”式引导方法，每个实验的重要步骤及实验结果通过图解的方法来讲解。

本书可作为通信工程技术人员和通信工程专业本科生与研究生的 DSP 与 FPGA 实验入门教材或自学指导书。

本书第 1 章由沈良编写，第 2 章由任国春编写，第 3、4、8 章由高瞻编写，第 5 章和第 7 章由童晓兵编写，第 6 章由张玉明编写。

由于编者水平有限，错误和疏漏之处在所难免，敬请广大读者批评指正。

编　者

目　录

第1章 MATLAB应用导论

1.1 MATLAB概述

MATLAB的首创者是在数值线性代数领域颇有影响的Cleve Moler博士，他开发了MATLAB软件。Moler博士等一批数学家和软件专家组建了MathWorks软件公司，专门从事MATLAB的改进与扩展。MATLAB有以下特点：

1）MATLAB以矩阵作为基本编程单元，使矩阵操作非常便捷。

2）MATLAB语句书写简单，语法也不复杂，各种表达式书写如同在草稿纸上演算一样，与人们的手工运算相近，容易使用。

3）MATLAB语句功能强大，一条语句往往相当于其他高级语言中的几十条、甚至上百条。例如，C语言FFT子程序有70多行，而MATLAB只需一个fft函数即可实现对序列的FFT计算。所以，将其用于数字信号处理实验，可以大大提高实验效率。

4）MATLAB系统具有丰富的图形功能。MATLAB具有良好的用户界面，而且提供了丰富的图形显示函数，可满足各行业人员直观、方便地进行分析、计算和设计工作。

5）MATLAB提供了许多面向应用问题求解的工具箱（Toolbox）函数，从而大大方便了各个领域的研究需要。例如，信号处理工具箱（Signal Processing Toolbox）就提供了大量的信号处理函数。

通信系统中的数字信号处理概念比较抽象，而且其数值计算相对烦琐，非常适合用MATLAB来进行研究和计算。现在MATLAB已经成为世界范围内公认的解决数字信号处理问题的标准软件。

1.2 MATLAB的使用

1. 窗口说明

启动MATLAB软件（以MATLAB 6.x为例），会弹出如图1-1所示的窗口。该窗口通常称为MATLAB主窗口。在主窗口中，选择View菜单中的选项，可以打开以下子窗口：

1）在命令窗口（Command Window）下可以直接输入MATLAB命令行并执行。命令窗口中的符号“>>”表示该行是一条命令，而没有该符号的行显示的是命令执行后的结果。

2）命令历史窗口（Command History）显示曾经在命令窗口中输入过的命令。

3）当前路径窗口（Current Directory）显示当前工作目录下的文件。

4）工作空间窗口（Workspace）显示变量信息，如变量的当前值等。

5）帮助窗口（Help）显示帮助文档。MATLAB的帮助文档中提供了详细的使用说明，尤其是函数说明都辅以相应的例子进行解说。帮助窗口是学习和使用MATLAB的常用工具。

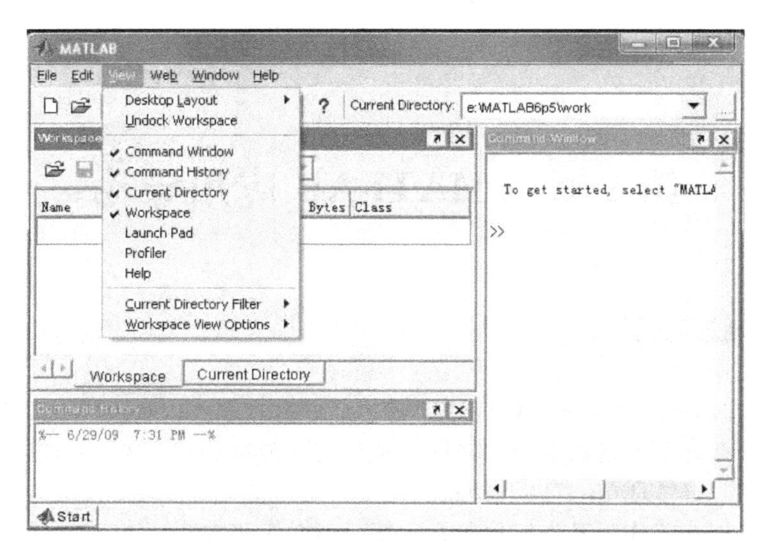

图 1-1 MATLAB 6. x 的主窗口

在命令窗口中直接输入“help 函数名”，可以得到函数的简要说明。例如，输入“help sin”，可以得到正弦函数使用的简要说明。

6）编辑器窗口（Editor）对应的是 MATLAB 软件自带的文档编辑器窗口。该窗口是独立于主窗口之外的，用户可以编辑、调试自己的 M 文件。在不同版本的 MATLAB 下激活 Editor 编辑器的方法略有区别，在 Matlab 6. x 主窗口的菜单栏 File 中，通过单击 New（新建文件）或 Open（打开文件）激活 Editor 窗口。在 Matlab 7. x 版本中，可以单击 Desktop→Editor 命令，激活 Editor 窗口，如图 1-2 所示。MATLAB 6. x 和 MATLAB 7. x 的编辑器窗口分别如图 1-3 和图 1-4 所示。

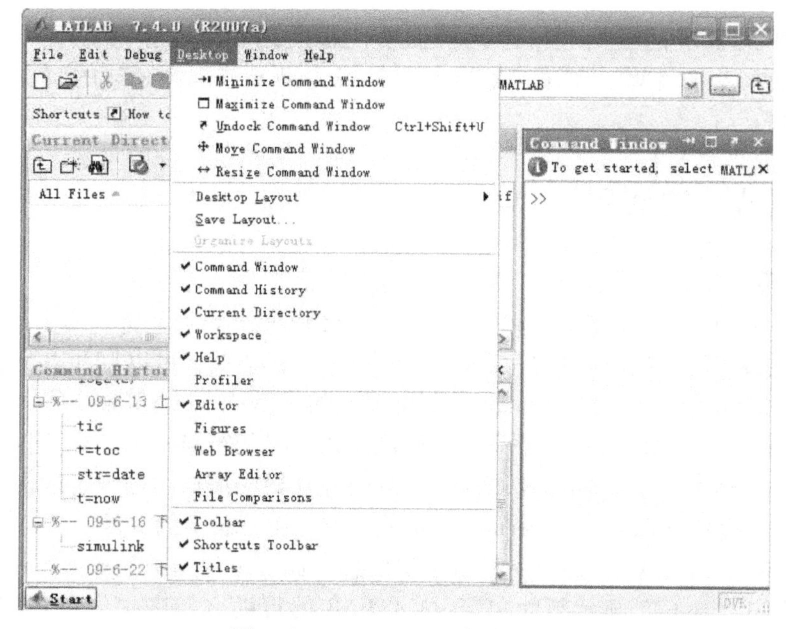

图 1-2 MATLAB 7. x 的主窗口

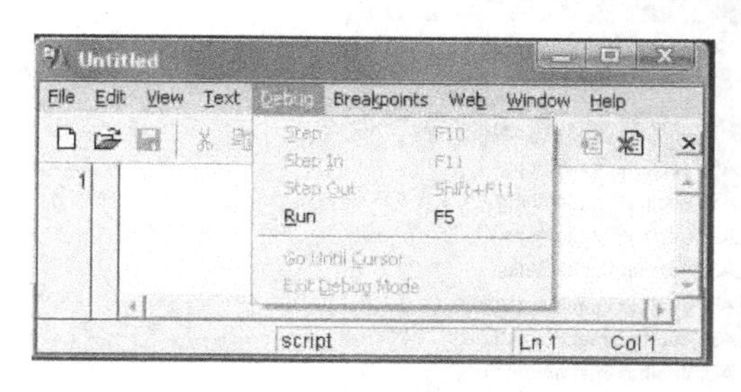

图 1-3 MATLAB 6. x 的编辑器窗口

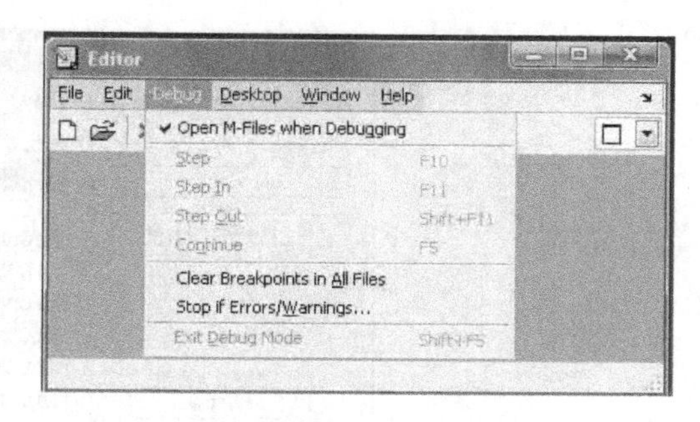

图 1-4 MATLAB 7. x 的编辑器窗口

在 MATLAB 中设置了一组对功能窗口进行操作的函数，可以在命令窗口或程序中使用。对功能窗口的常用操作函数见表 1-1。

表 1-1 对功能窗口的常用操作函数

函数名	功能	使用说明
clc	清屏，清除命令窗口下显示的内容	
clear	清除工作空间中存储的变量	
whos	查看所有变量特征或者指定变量特征	whos 或者 whos x
close	关闭当前绘图窗口或所有绘图窗口	close 或者 close all
edit	打开 M 文件编辑器	
exit	退出 MATLAB	

2. MATLAB 文件搜索路径设置

在 MATLAB 中有两类程序文件：一类是命令文件，另一类是函数文件，它们的扩展名都是“. m”，常称为 M 文件。命令文件中的语句一般通过一定的逻辑控制来实现特定的工作流程，还可能进行一些简单的计算，而工作流程中一些通用的计算或处理一般则由函数文件所描述的函数来完成。MATLAB 的函数输入参数可以是多个，函数执行后的返回值也可以是多个，这与很多高级语言是不同的。

由于 MATLAB 是通过搜索路径来寻找 M 文件并执行的，因此 MATLAB 的系统文件、工具箱函数以及用户自己编写的文件都应在搜索路径之内，所有不在此搜索路径中的文件是无法执行的。下面详细介绍将文件添加到搜索路径的方法（以 MATLAB 7. x 版本为例）。

1）在磁盘建立一个文件夹，用来存放编好的程序。例如，在 D 盘新建一个目录，名称可以用姓名的拼音加学号后 4 位（如 zhangsan1234），建好以后，该文件夹的路径为 D:\zhangsan1234。

2）在菜单栏中单击 File→Set Path 命令，弹出如图 1-5 所示的窗口。

3）单击 Add Folder 按钮，会弹出一个“浏览文件夹”窗口，选中 M 文件存放的文件夹，单击“确定”按钮后浏览文件夹窗口消失，此时必须单击 Save 按钮，这样刚才指定的文件夹路径才会存入 MATLAB 默认的搜索路径。

4）单击 Add with Subfolders 按钮，将指定文件夹内的所有子文件夹也加入到 MATLAB 默认的搜索路径中，单击 Save 按钮保存设置。当用户将文件分开存放，如将命令文件和函

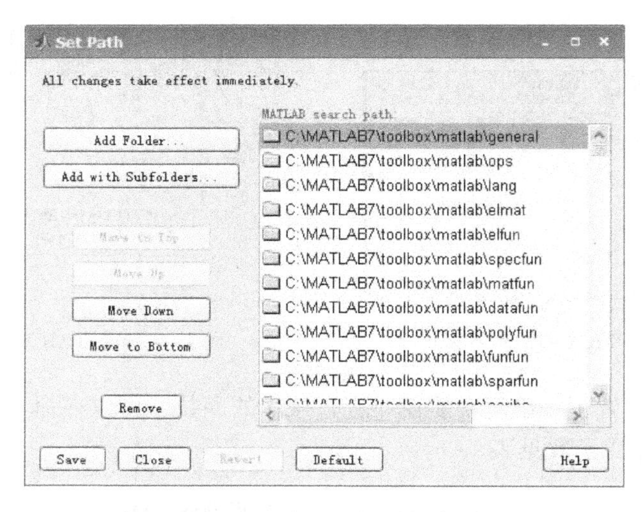

图 1-5　MATLAB 7. x 的设置路径窗口

数文件分别存放在同一文件夹下的不同子文件夹中时，单击 Add with Subfolders 按钮是很实用的方法。

3. 程序的编写和调试

M 文件可以在任何文本编辑器下编写，一般建议在 MATLAB 自带的编辑器下编写，以方便调试。注意，要想在 Editor 编辑器中调试程序，需要在 MATLAB 主窗口中激活 Editor 窗口。

M 文件的文件名由字母、数字和下画线构成，并且必须以字母开头，中间不能加空格，不能使用中文字符。函数文件的名称必须和函数名相同。

在 Editor 窗口的菜单栏中单击 Debug→Run 命令即可执行程序。另外，F5 键是执行程序的快捷键。在 Debug 或者 Breakpoints 下拉菜单中，可以看到有很多辅助用户调试的选项，如 Step（单步执行）、Set/Clear BreakPoint（增加/清除断点）等。如果程序运行出错，在命令行窗口会出现红色的文字提示，单击提示文字，则光标会定义到出错的程序代码，极大地方便了用户调试。最常见的错误有冒号和分号混淆，在切换到中文输入法后输入了中文标点符号，拼写错误等。

1.3　MATLAB 语言

1.3.1　MATLAB 变量和数值表示

MATLAB 是高级的矩阵/阵列语言，它具有控制流向语句、函数、数据结构、输入/输出及面向对象编程等特色。它既适用于可立即得到结果的小程序编程，又适用于完整求解复杂应用问题的大程序编程。

1. 变量

MATLAB 最基本、最重要的功能就是进行实数或复数的矩阵运算。MATLAB 的基本变量均代表一个矩阵，向量和标量均作为特殊的矩阵来处理，可以很方便地进行向量和标量的运算。矩阵一般由语句和函数产生，也可以从外部的数据文件读入。

变量名由字母、数字或下画线构成，并且必须以字母开头。MATLAB 区分大小写字母，所以 A 和 a 是不同的变量。对变量的赋值一般采用赋值语句：

```
变量 = 表达式 或者 变量 = 表达式;
```

一般表达式的结果为矩阵，它赋值给等号左边的变量。如果语句末尾不加分号，则变量值会显示在命令行窗口，否则不显示。

MATLAB 中提供了一些固定变量，如 ans、pi、Inf、NaN，一般用户给变量取名字时，不要跟这些名称一样，否则用户自定义的变量值会取代固定变量的值，易导致不容易检查出来的错误。常用的固定变量有以下 4 种。

1）ans：在没有定义变量名时，系统默认变量名为 ans。例如，在命令行窗口输入 3，按〈Enter〉键，则屏幕显示 ans = 3。

2）pi：变量 pi 就是数学上的 π。

3）Inf：变量 Inf 表示无穷大，当程序中出现除数为 0 时，得到结果就是 Inf。

4）NaN：变量 NaN 表示不确定值，它由 Inf/Inf 或者 0/0 的运算产生。

2. 数值

MATLAB 中采用十进制数，并且可以用科学计数法表示很大的数或者很小的数，如 1e6 就是十进制的 1000000，1e − 6 就是十进制的 0.000001。

i 或 j 是虚数符号，3 + 4i 和 3 + 4j 表示同一个复数。注意虚数符号必须写在实数之后。i 或 j 也可以作为一般变量使用，系统能够自动识别它是虚数符号，还是一般变量。例如，在没有给 i 和 j 赋值的情况下，在命令行窗口输入 i − j，则显示结果为 0。

1.3.2 矩阵基础

1. 矩阵产生（变量产生）

MATLAB 的基本变量均代表一个矩阵。通常采用输入元素列表或者利用各种函数产生矩阵。

（1）输入元素列表法

输入元素列表时，按下列约定输入：

- 矩阵中所有元素用方括号括起来。
- 矩阵行中的元素以空格或逗号间隔。
- 矩阵行与行之间用分号或者回车间隔。

例如，在命令窗口输入

```
a = [1,2,3;4,5,6;7,8,9]
```

按〈Enter〉键执行后，则显示

```
a =
   1  2  3
   4  5  6
   7  8  9
```

利用冒号操作符可以更便捷地产生矩阵。例如，b=[0:2:10]表示从0开始，以2为步长（步长为1可省略），一直递增到10，产生一个矩阵，该语句执行的结果为

```
b =
   0   2   4   6   8   10
```

（2）函数法

MATLAB中的矩阵可以通过标准的M文件函数产生，下面介绍一些常用的矩阵函数。

1）ones：产生元素全1矩阵函数。ones(N)产生一个N×N的全1矩阵，ones(M,N)产生一个M×N的全1矩阵。

例如，产生2行2列的矩阵。在命令窗口输入a=ones(2)，执行结果为

```
a =
     1   1
     1   1
```

再如，产生一个2行4列的全1矩阵。在命令窗口输入a=ones(2,4)，执行结果为

```
a =
     1   1   1   1
     1   1   1   1
```

2）zeros：产生全0的矩阵。用法与ones一致，只是产生的矩阵元素都是0。

3）eye：产生单位矩阵。

例如，产生3×3的单位矩阵。在命令窗口输入a=eye(3)，执行结果为

```
a =
     1   0   0
     0   1   0
     0   0   1
```

4）rand：产生（0，1）之间服从均匀分布的随机矩阵。

5）randn：产生服从均值为0、方差为1的正态分布的随机矩阵。

2. 矩阵下标

矩阵中的每一个元素可以用括号中的下标表示，a(i,j)表示矩阵中处于第i行第j列的元素。利用冒号，可以表示一个向量或子矩阵，a(:,j)表示第j列元素组成的向量，a(i,:)表示第i行元素组成的向量，而a(i:j,k:m)则表示一个(j-i+1)×(m-k+1)的子矩阵。例如，如果

```
a =
     1   2   3
     4   5   6
     7   8   9
```

则，

```
a(1,3) =
         3
a(:,3) =
```

```
        3
        6
        9
a(3,:) =
        7   8   9
a(2:3,2:3) =
        5   6
        8   9
```

3. 矩阵转置

常用的矩阵转置操作符见表 1-2。

表 1-2　矩阵转置操作符

'	矩阵共轭转置	.'	矩阵转置

例如：a =

```
        1 + 2i     3 + 4i
        5 + 6i     7 + 8i
```

则在命令窗口输入 a'得到

```
ans =
        1 - 2i     5 - 6i
        3 - 4i     7 - 8i
```

则在命令窗口输入 a.'得到

```
ans =
        1 + 2i     5 + 6i
        3 + 4i     7 + 8i
```

1.3.3　MATLAB 算术运算

MATLAB 基本的算术运算操作符见表 1-3。

表 1-3　基本算术运算操作符

运算符	说　明	运算符	说　明
+	加法	.+	点加，矩阵元素对应相加，与加法效果相同
-	减法	.-	点减，矩阵元素对应相减，与减法效果相同
*	乘法	.*	点乘，矩阵对应元素相乘
/	除法	./	点除，矩阵对应元素相除
\	左除	.\	点左除，矩阵对应元素左除
^	乘方	.^	点乘方，矩阵对应元素乘方

MATLAB 的算术运算分为矩阵运算和矩阵数量运算。进行运算的矩阵其大小必须严格符合线性代数的规则。用点符号“.”（即句点号）来区分矩阵运算和矩阵数量运算。对于加法和减法运算而言，两者的运算规则是相同的，所以没有点加“.+”和点减“.-”。

1. 加法和减法

A + B 和 A - B 是最简单的算术运算，其中 A 与 B 应该具有相同的维数。

2. 乘法和点乘

1）矩阵乘法，C = A * B，完成矩阵 A、B 的线性代数积，即

$$C(i,j) = \sum_{k=1}^{n} A(i,k)B(k,j)$$

2）矩阵数量乘法，C = A. * B，完成 A、B 的对应元素相乘，即 C(i,j) = A(i,j)B(i,j)，A 如果是 1 维矢量（即标量），则“.”可省略。

要注意的是，矩阵的乘法和点乘的结果是不同的。例如 A = [1,2]，B = [3,4]，则 A. * B = [3,8]，因为此点乘是对应元素相乘；而 A * B' = 11，因为此乘法是矩阵相乘。

3. 除法和点除

1）除法。除法分为右除和左除。

- 右除。A/B 完成矩阵的右除，相当于 A 乘 B 的逆阵，即 A * inv(B)，B 必须是方阵。
- 左除。A\B 完成矩阵的左除，相当于 A 的逆阵乘 B，即 inv(A) * B，A 必须是方阵。

2）点除。点除分为点右除和点左除。

- 点右除。C = A. /B 完成矩阵 A、B 对应元素相除的运算，即 C(i,j) = A(i,j)/B(i,j)。
- 点左除。C = A. \B 完成矩阵 A、B 对应元素左除的运算，即 C(i,j) = B(i,j)/A(i,j)。

4. 乘方和点乘方

（1）乘方

- p 为标量，X 为矩阵，则 X^p 为计算矩阵 X 的 p 次幂。
- x 为标量，P 为矩阵，则 x^P 的计算用到矩阵 P 的特征值和特征向量，不是一般意义上的乘方运算。
- X、P 都为矩阵时，X^P 的操作无法求解，会提示语法错误。

（2）点乘方

C = A. ^B 是矩阵元素对元素的乘方，即 C(i,j) = A(i,j). ^B(i,j)。

1.3.4 MATLAB 关系和逻辑运算

1. 关系运算

在 MATLAB 中，有 6 个关系操作符，见表 1-4。

表 1-4 关系操作符

关系操作符	含　义
<	小于
<=	小于或等于
>	大于
>=	大于或等于
==	等于
~=	不等于

若关系运算的结果是 1，则表明为真；若关系运算的结果是 0，则表明为假。

例如：A = [1,2;4,6]

```
B = [2,4;7,3]
C = (A > B)
```

则输出结果为

```
C =
  0    0
  0    1
```

2. 逻辑运算

在 MATLAB 中，有 3 种逻辑运算符，见表 1-5。

表 1-5 逻辑运算符

逻辑运算符	含　义
&	与
|	或
~	非

若逻辑运算的结果是 1，则表明为真；若逻辑运算的结果是 0，则表明为假。

例如：

```
a = 12;
b = 1;
if(a > 10)&(b == 1)
  a = a + 3;
else
  a = a - 3;
end
```

则输出结果为

```
a =
    15
```

1.3.5 MATLAB 程序设计结构

MATLAB 与其他大部分计算机高级语言一样，有自己的设计结构。设计结构使 MATLAB 远远超出桌面计算器的范畴，使之成为一种高水平的矩阵计算语言，并得到了广泛应用。它的主要程序设计结构包括顺序结构、条件结构和循环结构 3 种。

1. 顺序结构

顺序结构是指按照程序中语句的排列顺序依次执行，直到程序的最后一条语句。

2. 条件结构

条件结构是指根据给定的条件成立或不成立，分别执行不同的语句。MATLAB 用于实现条件结构的常见语句有 if 语句和 switch 语句。

（1） if 语句

在 MATLAB 中，if 语句有以下 3 种格式。

1）单分支 if 语句。

语句格式：

```
if 条件
    语句组
end
```

含义：当条件成立时，执行条件下面的语句组。

2）双分支 if 语句。

语句格式：

```
if 条件
    语句组 1
else
    语句组 2
end
```

含义：当条件成立时，执行语句组 1，否则执行语句组 2。

3）多分支 if 语句。

语句格式：

```
if 条件 1
    语句组 1
elseif 条件 2
    语句组 2
…
elseif 条件 m
    语句组 m
else
    语句组 n
end
```

含义：当条件 1 成立时，执行语句组 1；当条件 2 成立时，执行语句组 2……否则执行语句组 n。

（2）switch 语句

switch 语句根据变量或表达式的取值不同，分别执行不同的语句，其语句格式如下：

```
switch 表达式或变量
case 值 1
        语句组 1
case 值 2
        语句组 2
…
case 值 m
        语句组 m
otherwise
        语句组 n
end
```

当表达式或变量满足值 1 时，执行语句组 1；当表达式或变量满足值 2 时，执行语句组 2……否则执行语句组 n。

3. 循环结构

循环结构是指按照给定的条件，重复执行指定的语句。MATLAB 实现循环结构的常见语句有 for 语句和 while 语句。

（1） for 语句

for 语句的格式如下：

```
for 循环变量 = 表达式 1:表达式 2:表达式 3
    循环体语句
end
```

其中，表达式 1 的值为循环变量的初值，表达式 2 的值为步长，表达式 3 的值为循环变量的终值。步长为 1 时，表达式 2 可以省略。

（2） while 语句

while 语句的一般格式如下：

```
while 条件
    循环体语句
end
```

其执行过程如下：若条件成立，则执行循环体语句。执行后再判断条件是否成立，如果条件仍然成立，则执行循环体语句；如果不成立，则跳出循环。

1.3.6 数学函数和库函数

1. 数学函数

MATLAB 提供了一些基本数学函数，如正弦、余弦函数，也提供了一些特殊的数学函数，如贝塞尔函数。表 1-6 给出了 MATLAB 中常用的数学函数。

表 1-6 MATLAB 中常用的数学函数

数学函数	含义	数学函数	含义
abs(x)	求绝对值或复数的模	log(x)	以 e 为底的自然对数
acos(x)	反余弦函数	log10(x)	以 10 为底的常用对数
asin(x)	反正弦函数	max(x)	求最大值
atan(x)	反正切函数	min(x)	求最小值
ceil(x)	向正无穷大方向取整	real(x)	求复数的实部
conj(x)	求共轭复数	rem(x,y)	除法后求余数
cos(x)	余弦函数	round(x)	四舍五入取整
exp(x)	指数函数	sign(x)	符号函数
fix(x)	向零方向取整	sin(x)	正弦函数
floor(x)	向负无穷大方向取整	sqrt(x)	求平方根
imag(x)	求复数的虚部	tan(x)	正切函数

这里重点介绍以下几个基本的数学函数。

（1） sin

格式：y = sin(x)

说明：求变量 x 的正弦值，三角函数都是面向矩阵中的元素操作的，并且其角度的单位均为弧度。

（2） cos

格式：y = cos(x)

说明：求变量 x 的余弦值。

（3） sqrt

格式：y = sqrt(x)

说明：求变量 x 的平方根。如果 x 是负值，则求出的是复数值。

（4） max

格式：m = max(x)

m = max(x,y)

说明：求最大值。当 x 是一个向量时，max(x)用于计算 x 中的最大值。当 x 是一个矩阵时，max(x)用于计算矩阵 x 中每个列向量的最大值。max(x,y)用于计算 x 和 y 中相应元素的较大值，此时 x 和 y 是两个同维的向量或者矩阵。

（5） min

格式：m = min(x)

m = min(x,y)

说明：求最小值。

（6） fix

格式：y = fix(x)

说明：根据接近于 0 的原则，对变量 x 中的元素进行取整。

（7） floor

格式：y = floor(x)

说明：根据接近于负无穷大的原则，对变量 x 中的元素进行取整。

（8） ceil

格式：y = ceil(x)

说明：根据接近于正无穷大的原则，对变量 x 中的元素进行取整。

（9） round

格式：y = round(x)

说明：根据四舍五入的原则，对变量 x 中的元素进行取整。

2. 库函数

各类工具箱提供了适合于各种专门用途的库函数，如信号处理工具箱中提供了很多滤波器设计函数。用户还可以自己编写函数添加到 MATLAB 的函数库中。表 1-7 给出了 MATLAB 中常用的信号处理库函数。

表 1-7 MATLAB 中常用的信号处理库函数

波形产生和绘图	含　义
chirp	产生扫描频域余弦
gauspuls	产生高斯调制正弦脉冲
pulstran	产生脉冲串
sinc	产生 sinc 函数
square	产生方波
滤波器分析和实现	含　义
conv	线性卷积
filter	循环卷积
freqs	模拟滤波器频率响应
freqz	数字滤波器频率响应
IIR 滤波器设计	含　义
besself Bessel	贝塞尔模拟滤波器设计
butter Butterworth	巴特沃斯滤波器设计
cheby1 Chebyshev	切比雪夫 1 型滤波器设计
cheby2 Chebyshev	切比雪夫 2 型滤波器设计
ellip	椭圆滤波器设计
FIR 滤波器设计	含　义
cremez	等波纹 FIR 滤波器设计
fir1	基于窗函数的 FIR 滤波器设计
firrcos	升余弦 FIR 滤波器设计
intfilt	插值 FIR 滤波器设计
变换	含　义
dct	离散余弦变换
fft	一维 FFT 变换
hilbert	希尔伯特变换
idct	离散余弦逆变换
ifft	一维逆 FFT 变换

1.3.7 MATLAB 绘图

MATLAB 绘图功能强大，提供了通用图形函数、二维图形函数、三维图形函数和特殊图形函数 4 类。不仅可以在屏幕上显示图形，还可以对屏幕上已有的图形加注释、题头或坐标网格等。下面介绍几种常用的绘图函数及功能。

（1） figure

格式：figure(n)

说明：打开编号为 n 的图形窗口，以供后续绘图函数输出图形。图形窗口编号 n 可省略。当没有打开的图形窗口时，直接使用绘图函数可以自动打开一个图形窗口。

（2） subplot

格式：subplot(x,y,z)

说明：subplot 可将图形窗口分成矩形窗格，并按行编号，每个窗格上可建立一个坐标系，后续的绘图函数会在当前窗格上绘图。x 表示将图排成 x 行，y 表示将图排成 y 列，这样一个图形窗口被分成了 x 行 y 列个窗格。z 表示当前的窗格号，顺序为图形窗口左上角的为第一窗格，自左往右，自上而下，右下角为最后一个窗格。

（3） plot

格式：plot(y,'cm')

plot(x,y,'clm')

plot(x1,y1,'clm',x2,y2,'clm',…)

说明：当 y 为实向量时，plot(y,'cm')以向量 y 的序号为 X 轴坐标值、向量 y 的值为 Y 轴坐标值，连点成线绘制二维曲线。当 y 为复向量时，plot(y,'cm')以向量 y 的实部为 X 轴坐标值、向量 y 的虚部为 Y 轴坐标值，连点成线绘制二维曲线。在后面几种格式中，虚部均被忽略。plot(x,y,'clm')以向量 x 的值为 X 轴坐标值、向量 y 的值为 Y 轴坐标值，连点成线绘制二维曲线。plot(x1,y1,'clm',x2,y2,'clm',…)可按(x1,y1)，(x2,y2)，…成对绘制曲线，并且在同一坐标系中以不同形式显示。参数 c 为颜色符号，参数 l 表示线型符号，参数 m 表示点的标记符号，绘图时若省略，系统会自动设置。颜色、线型和标记的说明见表 1-8。

表 1-8　常用颜色、线型和标记

颜色 c	含义	线型 l	含义	标记 m	含义	标记 m	含义
r	红色	-	实线	+	加号	^	向上尖三角
g	绿色	--	虚线	o	圆圈	v	向下尖三角
b	蓝色	:	点线	*	星号	<	向左尖三角
k	黑色	-.	点画线	.	黑点	>	向右尖三角
w	白色			x	叉号	p	五角星
c	青色			s	正方形	h	六角星
y	黄色			d	菱形		
m	洋红						

（4） stem

格式：stem(y,'cm')

stem(x,y,'clm')

说明：stem 的用法类似于 plot。不同之处在于，plot 用线段将若干个由(x,y)表示的点连接起来，而 stem 则是画一条从点(x,y)到 X 轴的垂线。

（5） legend

格式：legend('string1','string2',…)

说明：配合绘图命令一起使用的插图说明，说明当前坐标系中的曲线，对每一条曲线，legend 会在指定文本字符串的边上给出线型、标记及颜色。插图说明框可利用鼠标移动。

(6) title

格式：title('string')

说明：给当前坐标系加上标题。

(7) xlabel、ylabel

格式：xlabel('string')

ylabel('string')

说明：给当前坐标系的 X 轴和 Y 轴加上标记。

(8) text

格式：text(x,y,'string')

说明：在当前坐标系中指定位置(x,y)添加标注。

(9) hold

格式：hold on

hold off

hold

说明：hold 函数决定是在当前坐标系中添加图形还是取代已绘制图形。hold on 表示保持当前图形，即新绘制的图形添加到坐标系中，从而实现在一个坐标系中绘制多条曲线。hold off 表示关闭保持特性，此种状态下每次绘图时将自动清除以前已绘制的图形。hold 可在这两种状态(on,off)之间切换。

(10) grid

格式：grid on

grid off

grid

说明：grid on 表示给当前坐标系加上栅格线。grid off 表示从当前坐标系中删除栅格线。grid 可在这两种状态(on,off)之间切换。

(11) axis

格式：axis([xmin xmax ymin ymax])

说明：axis 用来设置当前坐标系的特性，xmin 和 xmax 用来设定 x 轴绘图范围，ymin 和 ymax 用来设定 y 轴绘图范围。

(12) set

格式：set(gca,'xtickmode','manual','xtick',[x1,x2,x3,…])

说明：set 用于设置图形对象的特性。set(gca,'xtickmode','manual','xtick',[x1,x2,x3,…])的作用是在 x 轴上的 x1、x2、x3、…等位置，画垂直于 X 轴的点线。其中，gca 是当前坐标句柄，xtickmode 和 xtick 表示是对 x 轴的操作，manual 表示按照[x1,x2,x3,…]描述的位置画垂线。x1、x2、x3、…的值必须是单调递增的。

图 1-6 所示是在 MATLAB 中利用下面的绘图函数绘制的多个窗口图形。

例如：

```
x=[0:0.5:10];
```

```
a = 5;
b = 10;
y = a./(x + b);
subplot(2,1,1);
plot(x,y,'r* --');
c = 15;
z = a./(x + c);
hold on;
plot(x,z);
hold off;
subplot(2,1,2);
s = sqrt(x);
plot(x,s);
```

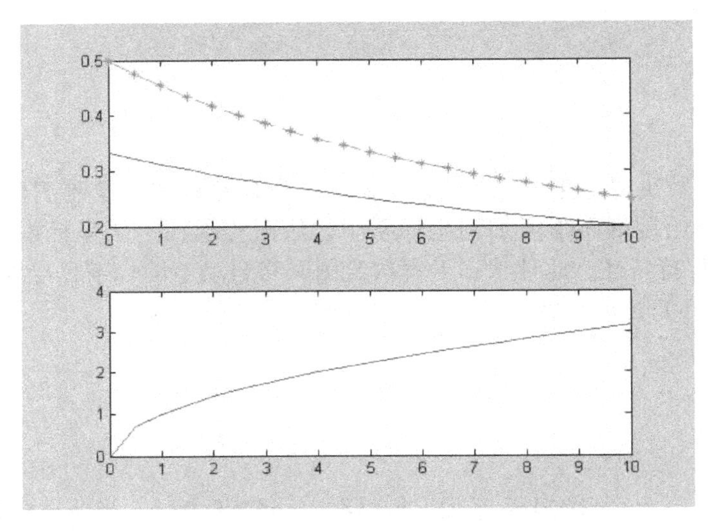

图 1-6　多个窗口图形的绘制

1.3.8　MATLAB 数据的输入/输出

MATLAB 对文件的基本读写函数包括以下 3 个。

1. fopen

fopen 能够打开文件，也能够从打开的文件中获得信息。在默认情况下，fopen 以二进制格式打开文件。

2. fclose

文件打开、使用后最好关闭，以方便对该文件进行其他操作。使用 fopen 打开文件以后，系统会把这个文件标记为“正在使用”；使用 fclose 会清除这个标记，否则会影响到对文件的修改、删除等操作。

3. fprintf

fprintf 能够以类似于 ANSI C 语言中的有关函数那样，按照用户指定的格式把数据打印成文本信息。根据调用参数的不同，fprintf 可以在文件或者屏幕上输出结果。

例如，把一个数组 x = [1,2,3,4,5,6,7,8,9,10,11,12]打印输出到 data. txt 文本文档中，并将格式调整为4行3列。

```
x = [1,2,3,4,5,6,7,8,9,10,11,12];
fid1 = fopen('data.txt','W');
fprintf(fid1,'data[%d] = {\r',12);
for j = 1:12
    y = x(j);
    if(j == 12)
        fprintf(fid1,'%6d}',y);
    else
        fprintf(fid1,'%6d,',y);
    end
    if((mod(j,3) == 0)&&(j > 1))
        fprintf(fid1,'\r');
    end
end
fclose(fid1);
```

在 MATLAB 主窗口打开 data. txt，其输出结果为

```
data[12] = {
          1,    2,    3,
          4,    5,    6,
          7,    8,    9,
         10,   11,   12}
```

1.4 MATLAB 语言编程实例

【例 1-1】 建立两个图形窗口，将第一个图形窗口分成4个窗格，在各个窗格中依次画出 $\sin(2\pi x)$、$\cos(2\pi x)$、$\sin(2\pi x)$与$\cos(2\pi x)$点乘、$\sin(2\pi x)+\cos(2\pi x)$的时域波形，分别采用不同的颜色；第二个图形窗口也分成4个窗格，在各个窗格中依次画出4个信号的256点 FFT 幅度频谱（x 从 0~5，间隔为 1/8）。

【程序 1-1】

```
clear;
clc;

x = 0:1/8:5;
y1 = sin(2*pi*x);
y2 = cos(2*pi*x);
y3 = y1.*y2;
y4 = y1 + y2;
```

```
% figure rank 2 * 2
figure(1);
subplot(2,2,1);
plot(x,y1);
subplot(2,2,2);
plot(x,y2,'r');
subplot(2,2,3);
plot(x,y3,'g');
subplot(2,2,4);
plot(x,y4,'k');

yf1 = abs(fft(y1,256));
yf2 = abs(fft(y2,256));
yf3 = abs(fft(y3,256));
yf4 = abs(fft(y4,256));
figure(2);
subplot(2,2,1);
plot(yf1);
subplot(2,2,2);
plot(yf2);
subplot(2,2,3);
plot(yf3);
subplot(2,2,4);
plot(yf4);
```

该程序的运行结果如图 1-7 和图 1-8 所示。

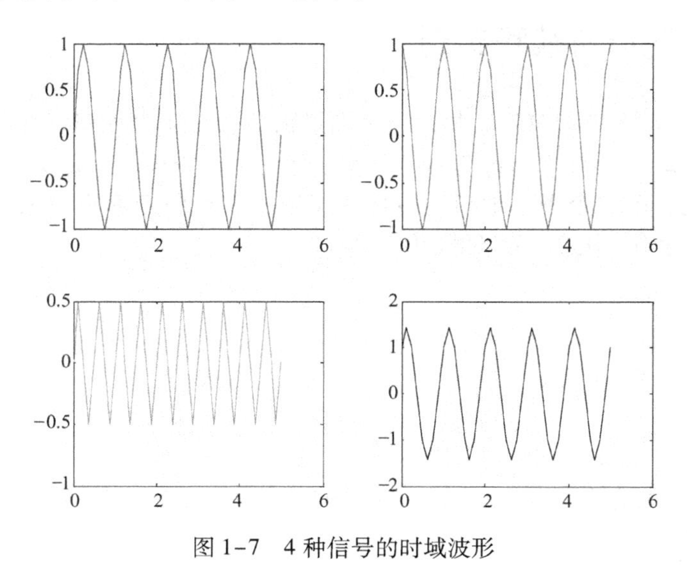

图 1-7　4 种信号的时域波形

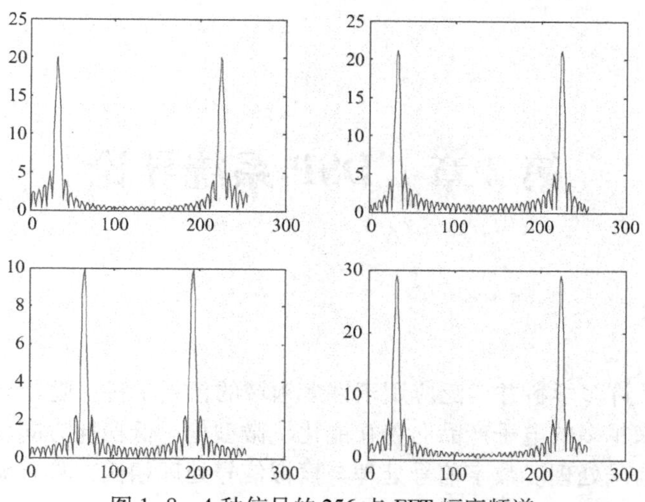

图 1-8　4 种信号的 256 点 FFT 幅度频谱

【例 1-2】 编写 m 程序，计算并显示 1!+2!+…+20!的结果。

【程序 1-2】

```
clear;
clc;
total = 0;
for i = 1:20
    p = 1;
      for j = 1:i
          p = p * j;
      end
    total = total + p;
end
total
```

该程序的计算结果在 MATLAB 的 Command 窗口显示为 total = 2.5613e + 018。

【例 1-3】 编写 m 程序，产生 1000 个点的(0,1)之间服从均匀分布的随机一维序列，计算显示该序列的能量和功率。

【程序 1-3】

```
clear;
clc;
N = 1000;
noise = rand(1,N);
energy = 0;
for i = 1:length(noise)
    energy = energy + noise(i)^2;
end;
energy
power = energy/length(noise)
```

该程序的计算结果在 MATLAB 的 Command 窗口显示为 energy = 319.1031，power = 0.3191。

第2章 DSP系统导论

2.1 DSP概述

DSP是一门涉及许多学科并广泛应用于许多领域的新兴学科。随着计算机和信息技术的不断发展，如今越来越多的电子产品向着智能化、微型化、低功耗方向发展，其中有的产品还需要实时控制和信号处理。数字信号处理与模拟信号处理相比，具有灵活、精确、可靠性好、体积小、功耗低、易于大规模集成等优点，在过去的20多年里，已经在各个领域得到了极为广泛的应用。

DSP包含数字信号处理技术（Digital Signal Processing）和数字信号处理器（Digital Signal Processor）两个方面，前者是理论和计算方法上的技术，后者是指实现这些技术的通用或专用的微处理芯片。本章从应用角度出发，首先让读者熟悉TI DSP集成化开发环境（CCS），学习DSP编程开发流程，在掌握通信系统各模块的原理和算法的基础下，完成DSP编程实现，让读者进一步增强对通信系统各模块原理的理解，为利用DSP芯片实现通信系统开发打下基础。

在DSP实现中算法一旦建立，设计者就要寻找合适的计算机或数字信号处理芯片来最有效地实现它们，最开始的目标是在可以接受的时间内对算法进行仿真，随后是将波形存储起来，然后再加以处理。随着计算机技术和数字信号处理技术与大规模集成电路技术的发展，这种仿真和脱机处理逐步演变成为实时信号处理。实时信号处理是指系统必须在有限的时间内对外部输入信号完成指定的处理功能，即信号处理速度应大于信号更新速度，这主要取决于数字信号处理芯片的处理速度与功能。

2.1.1 DSP芯片及其特点

数字信号处理器（也简称DSP，后面大部分缩写均属此含义）是一种特别适合于进行数字信号处理的微处理器。它强调运算处理的实时性，因此DSP芯片除了具备普通微处理器所强调的高速运算和控制功能外，针对实时数字信号处理，在处理器结构、指令系统、数据流程上做了大的改动，其特点如下：

1）DSP芯片普遍采用了数据总线和程序总线分离的哈佛结构及改进的哈佛结构，比传统处理器的冯·诺依曼结构有更高的指令执行速度。

2）DSP芯片大多采用流水技术，即每条指令都由片内多个功能单元分别完成取指、译码、取数、执行等多个步骤，从而在不提高时钟频率的条件下减少了每条指令的执行时间。

3）片内有多条总线可以同时进行取指令和多个数据存取操作，并且有辅助寄存器用于寻址，它们可以在寻址访问前或访问后自动修改内容，以指向下一个要访问的地址。

4）DSP 芯片大多带有 DMA 通道控制器以及串行通信口等，配合片内总线结构，数据块传送速度大大提高。

5）配有中断处理器和定时控制器，可以方便地构成一个小规模系统。

6）具有软、硬件等待功能，具有各种存取速度的存储器接口。

7）针对滤波、相关、矩阵运算等需要大量乘法累加运算的特点，DSP 芯片大都配有独立的乘法器和加法器，使得同一时钟周期内可以完成乘、累加两个运算。

8）低功耗，一般为0.5 ~4 W，采用低功耗技术的DSP芯片只有0.1 W，可用电池供电。

正是 DSP 芯片的以上特点决定了其运算速度比通用微处理器（MPU）要高。例如，FIR 滤波器的实现，每输入一个数据，对应每阶滤波器系数需要一次乘、一次加、一次取指、两次取数，有时还需要专门的数据移位操作，DSP 芯片可以单周期完成乘加并行操作以及 3 ~4 次数据存取操作，而普通 MPU 至少需要 4 个指令周期。因此，在相同的指令周期和片内指令缓存条件下，DSP 是 MPU 运算速度的 4 倍以上。

2.1.2 DSP 芯片的种类

DSP 芯片的采用是为了实现实时信号的高速处理，为适应各种各样的实际应用，出现了多种类型、档次的 DSP 芯片。从用途上分，可以把 DSP 芯片分为通用 DSP 芯片和专用 DSP 芯片。通用 DSP 芯片一般指可以用指令编程的 DSP 芯片，而专用 DSP 芯片只针对一种应用，只能通过加载数据、控制参数或在引脚上加控制信号来使其具有有限的可编程能力。按数据格式分，可以把 DSP 芯片分为定点 DSP 芯片和浮点 DSP 芯片。数据以定点格式工作的 DSP 芯片称为定点 DSP 芯片，数据以浮点格式工作的 DSP 芯片称为浮点 DSP 芯片。评价专用 DSP 芯片性能的主要指标是它完成相应处理任务的速度以及字长，评价通用 DSP 芯片最常用的指标是每秒百万次指令个数（MIPS）。对大多数定点 DSP 芯片来说，单周期内可以完成一次甚至两次运算，浮点 DSP 芯片单周期可以完成两次甚至多次运算。每秒百万次浮点运算（MFLOPS）就成为了衡量浮点 DSP 芯片的重要指标。TI 公司的 TMS320C30 每指令周期可以执行乘法和加法各一次，因而其 MFLOPS 指标是其 MIPS 指标的两倍。AD 公司的 ADSP21020 与 Motorola 公司的 DSP96002 在一个指令周期内可以完成乘、加、减各一次，因而其 MFLOPS 指标是其 MIPS 指标的 3 倍。DSP 芯片内除了运算单元外，还有许多其他功能部件，每秒百万次操作 MOPS 就成了衡量 DSP 芯片片内功能强弱的又一指标。这一指标可以达到 MIPS 指标的 5 ~10 倍，但这一指标并不能与 DSP 芯片的实际处理速度等同，因此执行 FFT、FIR 滤波等算法的执行时间就成为了一个比较客观的评价标准。一般情况所说的通用 DSP 芯片的性能指标往往只是在 DSP 芯片执行片内程序及读写片内存储器数据的条件下得来的，实际上如果将程序和数据放在片外存储器，DSP 芯片的处理速度要慢 2 ~3 倍，因此片内存储器的大小对 DSP 芯片性能影响较大。大容量片内存储器配置的 DSP 芯片对系统设计简化和性能提高非常有效。

通用 DSP 芯片的运算和处理是用软件实现的；而专用 DSP 芯片的运算是用硬件直接实现的，其内部结构规则简单，通常可以容纳很多相同的运算单元，如多个乘加器，因此专用 DSP 芯片在进行指定运算时，速度远高于通用 DSP 芯片。其缺点是灵活性差，几乎都是定点型的，精度和动态范围有限，需要较多外围控制器件和严格的时钟同步信号，并且专用 DSP 芯片几乎不具备自适应处理能力。

面对 DSP 的巨大市场和广阔发展前景，世界上几个大的半导体公司都在 DSP 上开展竞争，如 AD、AT&T、Motorola、NEC、TI 等公司都在全力开发和生产 DSP 芯片。TI 公司是最有影响力的 DSP 芯片生产厂家之一，其产品用 TMS320 系列表示，其中 TMS320C1X/C2X/C5X/C54X/C62X/C64X 为定点 DSP，TMS320C3X/C4X/C67X 为浮点 DSP，TMS320C8X 针对多媒体应用的图像、视听数字处理领域，其应用正在被新推出的 TMS320C6XX 所取代。TMS320C1X/C2X/C5X 是系列定点产品，保持了指令的兼容性，目前普遍使用 TMS320C5X 系列。美国 AD 公司是有影响的通用 DSP 生产厂家之一，AD 公司的 DSP 芯片产品推出时间较晚，而综合性能较高。AD 公司的定点 DSP 芯片为 ADSP21XX 系列，浮点产品为 ADSP21020/ADSP2106X 系列。AT&T 公司（现在的 Lucent 公司）是拥有高性能 DSP 芯片的另一家美国公司，定点 DSP 芯片中有代表性的主要包括 DSP16 系列，浮点 DSP 芯片中比较有代表性的是 DSP32 系列。Motorola 公司和 NEC 公司都分别推出了自己的定点和浮点 DSP。虽然 DSP 芯片种类繁多，但其基本架构和开发流程相似，本书选择常用的 TI 公司定点 DSP 芯片 C54XX 来讨论 DSP 芯片的开发和实现。

2.1.3 DSP 芯片的应用

DSP 芯片的应用几乎已遍及电子与信息的每一个领域，常见的典型应用如下。

1）通用数字信号处理：数字滤波、卷积、相关、FFT、希尔伯特变换、自适应滤波、窗函数、谱分析等。

2）语音识别与处理：语音识别、合成、矢量编码、语音鉴别、语音信箱等。

3）图形/图像处理：二维/三维图形变换处理、模式识别、图像鉴别、图像增强、动画、电子地图、机器人视觉等。

4）仪器：暂态分析、函数发生、波形产生、数据采集、石油/地质勘探、地震预测与处理等。

5）军事：雷达与声纳信号处理、导航、导弹制导、保密通信、全球定位、电子对抗、情报收集与处理等。

6）计算机：阵列处理器、图形加速器、工作站、多媒体计算机等。

7）家用电器：数字电视、高清晰度电视（HDTV）、高保真音响、数字电话等。

8）医学工程：助听器、X－射线扫描、心电图/脑电图、病员监护、超声设备等。

9）自动控制：磁盘/光盘伺服控制、机器人控制、发动机控制、引擎控制等。

10）通信：纠错编译码、自适应均衡、回波抵消、同步、分集接收、数字调制解调、软件无线电、扩频通信等。

2.2 DSP 系统设计

2.2.1 典型的 DSP 系统构成

典型的 DSP 系统构成如图 2-1 所示。其中输入信号可以是语音信号、传真信号，也可以是视频信号，还可以是传感器（如温度传感器）的输出信号。输入信号经过带限滤波后，通过 A/D 转换将模拟信号转换成数字信号。根据奈奎斯特采样定理，采样频率至少是输入带限信号最高频率的 2 倍，在实际应用中，一般为 4 倍以上。数字信号处理一般是用 DSP 芯片和在其上运行的实时处理软件对 A/D 转换后的数字信号按照一定的算法进行处理，然后将处理后的信号输出给 D/A 转换器，经 D/A 转换、内插和平滑滤波得到连续的模拟信号。当然，并非所有的 DSP 系统都具有图 2-1 所示的所有部件。例如，频谱分析仪中输出的不是连续波形而是离散波形，而 CD 唱机中的输入信号本身就是数字信号。

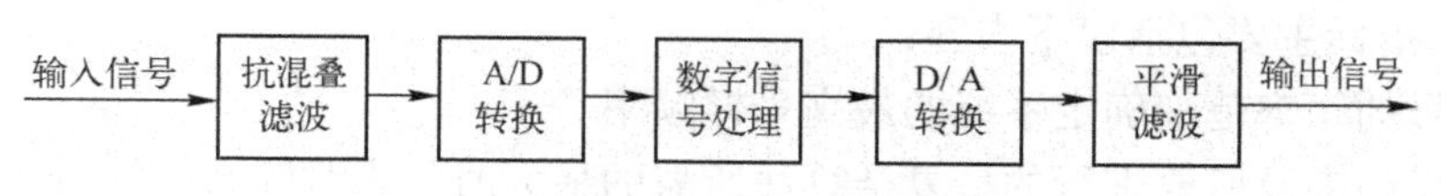

图 2-1　典型的 DSP 系统构成

DSP 系统可能由一个 DSP 芯片及外围电路组成，也可能由多个 DSP 芯片及外围电路组成，这完全取决于处理的要求。对于无线通信，其信号处理一般包括信源编/解码、信道编/解码、交织/解交织、加密/解密、调制/解调、均衡、分集接收等。就一个终端设备而言，往往要完成由应用层、网络层、数据链路层和物理层组成的通信协议处理，其中物理层主要完成无线通信中的信号处理。图 2-2 所示为一种移动通信终端的原理框图。其中，RF 收发信机负责无线信号的收发，模拟基带处理负责 A/D 和 D/A 转换及控制接口等，数字基带处理完成通信协议处理。由图 2-2 可知，数字基带处理包括 DSP 芯片、微处理器（MCU）、存储器和硬件逻辑等部分。它们所完成的任务不同，MCU 用于系统控制，侧重于应用层、网络层、数据链路层的处理；DSP 用于完成物理层的处理，倾向于数字基带信号处理，包括通用的信号处理（如 FIR 滤波、FFT 等）和移动通信信号处理（如 CRC 校验、纠错编码、数据调制、分集接收、同步、均衡等）。图 2-3 所示为一种基于多个 DSP 芯片的软件无线电台的硬件结构图。它采用支持多处理器的 VME 总线，使用了 4 片 DSP 芯片，能够很好地满足软件无线电的开放性的要求。

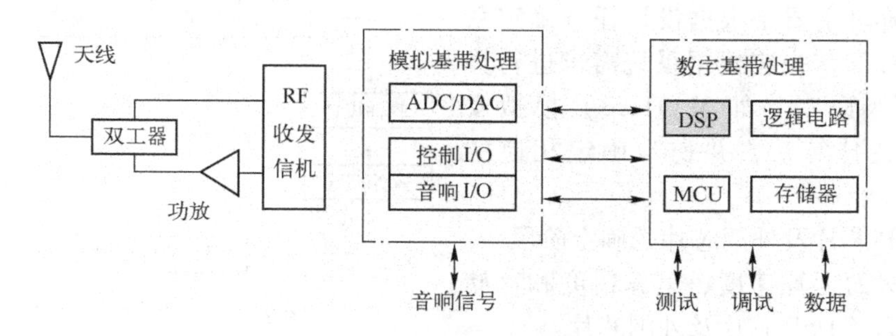

图 2-2　一种典型移动通信终端的原理框图

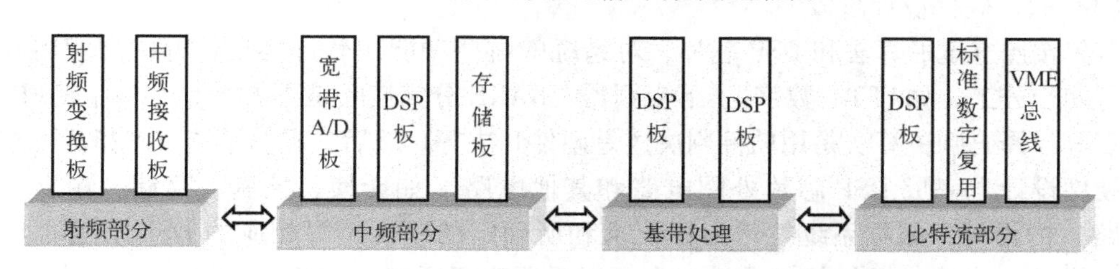

图 2-3　基于 VME 总线的软件无线电台的硬件结构框图

不同的无线通信系统的DSP实现结构可能与图2-2和图2-3所示的结构有所不同，但一般都含有类似的功能模块。

2.2.2 DSP系统设计过程

与其他系统设计工作一样，在进行DSP系统设计之前，设计者首先要明确自己所设计的系统用于什么目的，应具有什么样的技术指标。对于一个实际的DSP系统来说，设计者应考虑的技术指标主要包括以下内容：

1）由信号的频率范围确定系统的最高采样频率。

2）由采样频率及所要进行的最复杂算法所需的最大时间来判断系统能否实时工作。

3）由以上因素确定何种类型的DSP芯片的指令周期可满足需求。

4）由数据量的大小确定所使用的片内RAM及需要扩展的RAM的大小。

5）由系统所需要的精度确定是采用定点运算还是浮点运算。

6）根据系统是用于计算还是用于控制来确定输入/输出端口的需求。在一些特殊的控制场合有一些专门的芯片可供选用，如TMS320C2XX系列自身带有2路A/D输入、6路PWM输出及强大的人机接口，特别适合于电机控制场合。

由以上因素可以大体上确定应该选用的DSP芯片的型号。根据选用的DSP芯片及上述技术指标，还可以初步确定A/D、D/A、RAM的性能指标及可供选择的产品。当然，在产品选型时，还需考虑成本、供货能力、技术支持、开发系统、体积、功耗、工作环境温度等。

具体进行DSP系统设计时，其一般设计流程图如图2-4所示。设计步骤可大致分为以下几个阶段。

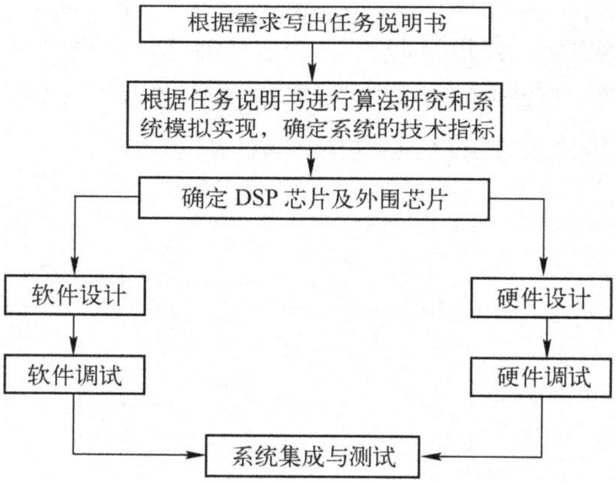

根据需求写出任务说明书

根据任务说明书进行算法研究和系统模拟实现，确定系统的技术指标

确定DSP芯片及外围芯片

软件设计

硬件设计

软件调试

硬件调试

系统集成与测试

图2-4　DSP系统设计流程

（1）算法模拟阶段

在这一阶段主要是根据设计任务确定系统的技术指标。首先应根据系统需求进行算法仿真和高级语言（如MATLAB）模拟实现，以确定最佳算法，并初步确定相应的参数。

（2）DSP芯片及外围芯片的确定阶段

根据算法的运算速度、运算精度和存储要求等参数选择DSP芯片及外围芯片。

（3）软、硬件设计阶段

首先按照选定的算法和DSP芯片，对系统的哪些功能用软件实现、哪些功能用硬件实现进行初步分工，如FFT、数字上/下变频器、RAKE分集接收是否需要专门芯片或FPGA芯片实现等，译码判决算法是用软件判决还是硬件判决等。然后，根据系统技术指标要求着手进行硬件设计，完成DSP芯片外围电路和其他电路（如转换、控制、存储、输出、输入等电路）的设计；根据系统技术指标要求和所确定的硬件编写相应的DSP汇编程序，完成软件设计。当然，进行软件设计时也可以采用高级语言，如TI公司提供了最佳的ANSI

C 语言编译软件。该编译器可将 C 语言编写的信号处理软件变换成 TMS320 系列的汇编语言。

(4) 硬件和软件调试阶段

硬件调试一般采用硬件仿真器进行。软件调试一般借助 DSP 开发工具（如软件模拟器、DSP 开发系统或仿真器）进行。通过比较在 DSP 上执行的实时程序和模拟程序执行情况来判断软件设计是否正确。

(5) 系统集成和测试阶段

硬件和软件调试分别调试完成后，将软件脱离开发系统，装入所设计的系统，形成所谓的样机，并在实际系统中运行，以评估样机是否达到了所要求的技术指标。若系统测试符合指标，则样机的设计完毕。但这种情况并不常见，实际上由于软、硬件调试阶段的环境是模拟的，因此在系统测试中往往可能会出现诸如精度低、稳定性差等问题。当出现这类问题时，一般通过修改软件加以解决，若软件修改仍无法解决，则必须调整硬件，此时的问题可能就比较严重了。

2.3 CCS 的使用

CCS（Code Composer Studio）是 TI 推出的用于开发其 DSP 芯片的集成开发环境（Integrated Development Environment，IDE）。CCS 有 V1.0、V1.2、V2.0 和 V2.1 等多个版本，有 C2000CC（针对 C2x）、C3000CC（针对 C3x）、CCS5000（针对 C54x）、CCS6000（针对 C6x）4 个不同的型号，对于各个不同的版本和型号其功能没有太大的差别。

2.3.1 CCS 的安装及设置

将 CCS 安装光盘插入 CD - ROM 驱动器中，运行光盘根目录下的 setup.exe，按照安装向导的提示将 CCS 安装到系统中。安装完成后，桌面上会有“CCS 2('C5000)”“Setup CCS 2('C5000)”两个快捷方式图标，分别对应 CCS 应用程序和 CCS 配置程序。

CCS 是一个开放的环境，可以通过设置不同的驱动完成对不同环境的支持，CCS setup 配置程序就是用来定义 DSP 芯片和目标板类型的。在第一次使用 CCS 之前必需首先运行 CCS setup 配置程序，在以后的使用中，若用户想改变 CCS 应用平台类型，则可以再次运行该配置程序来改变配置。CCS 软件集成了 TI 公司的 Simulator 和 Emulator 的驱动程序，用户可以直接使用 TI 的仿真器进行开发调试，其配置过程很简单，双击桌面上的“Setup CCS 2('C5000)”图标，弹出如图 2-5 所示的 CCS 配置对话框。

用户可以从 Available Configurations 下拉列表中选取用户平台类型。例如，需要使用 C54xx 软件仿真器，则选择 C5402 Simulator，然后单击 Import 按钮。对话框中的 Filters 选项区用于设置 DSP 类型、平台类型、是否进行内存映射等。在 CCS 配置对话框设置完成以后，单击 Close 按钮，然后保存设置，这样就完成了配置。

如果用户使用的不是计算机模拟仿真器，则要安装相应硬件仿真器的驱动程序，然后再对 CCS 进行配置。下面以 SEED - XDSUSB2.0 型仿真器为例说明驱动程序的安装过程，同时以 CCS2.0 为例说明其驱动配置方法。

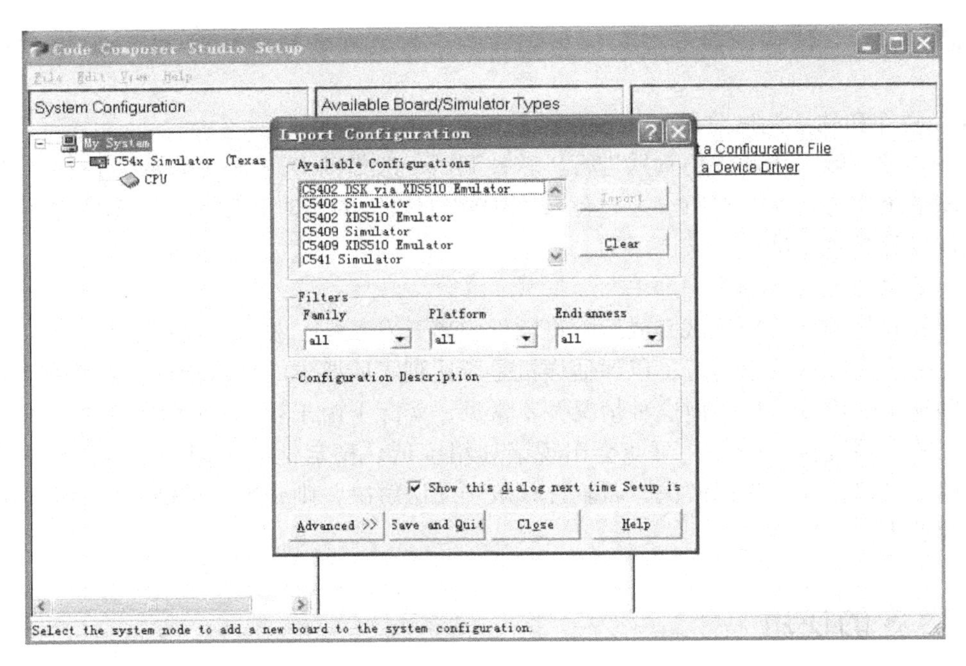

图 2-5　CCS 配置对话框

首先运行仿真器配套光盘中的 setup 文件，按提示将驱动程序安装在计算机中。注意，安装路径应与 CCS 的安装路径一致（默认路径为 C:\ti 目录）。安装完成后，运行 CCS setup 对 CCS 进行配置，这里需要选择硬件仿真器 C5402 XDS510 Emulator，然后单击 Import 按钮，完成配置过程。另外，硬件仿真器需要完成驱动的设置，选择图 2-6 中的 C5402 XDS 驱动，单击鼠标右键，在弹出的快捷菜单中单击 Properties 命令。

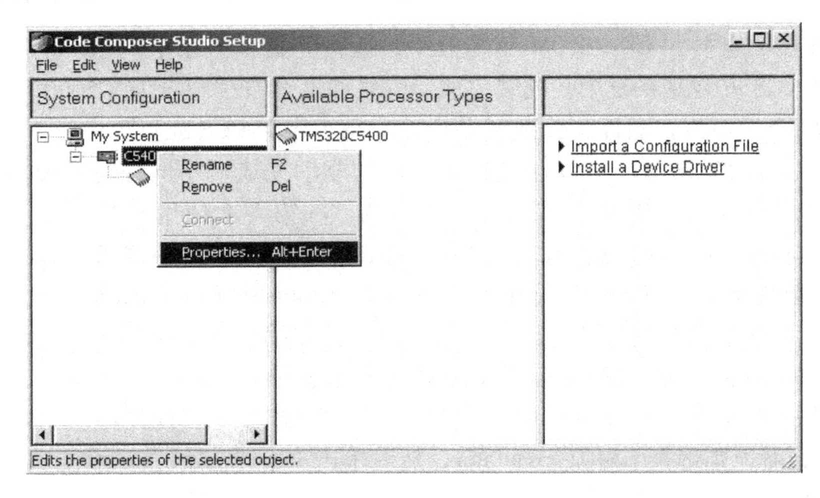

图 2-6　配置所选仿真器的参数

1）在弹出的对话框中的下拉列表中选择第 2 个选项，如图 2-7 所示。

2）单击图 2-7 中的 Browse 按钮，弹出如图 2-8 所示的对话框，选中 CCS 中 drivers 目录下的 seedusb2. cfg 文件并打开。

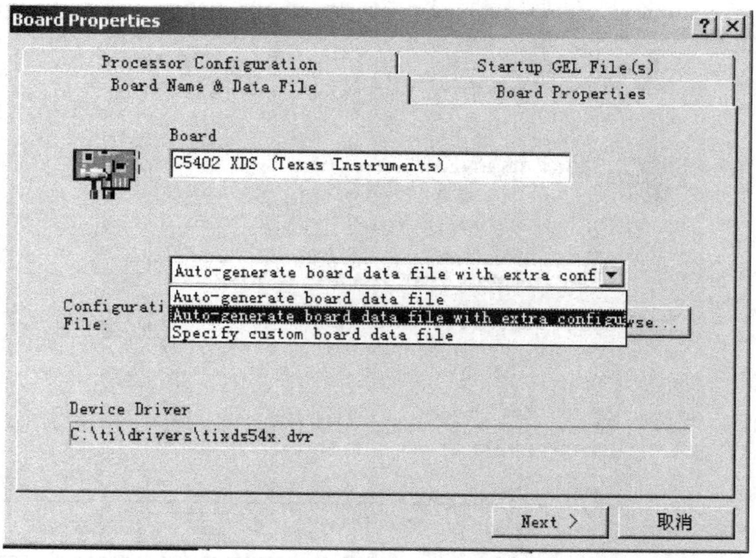

图 2-7　配置文件设置

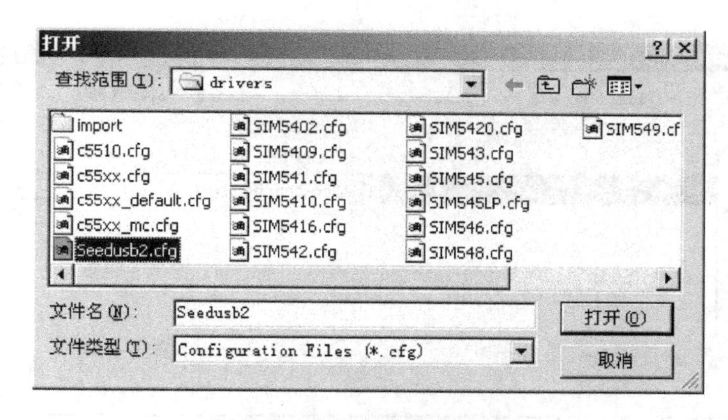

图 2-8　选择仿真器配置文件

3）在弹出的如图 2-9 所示的对话框中单击 Next 按钮。

4）在图 2-10 所示的对话框中，Board Properties 和 Processor Configuration 选项中的设置为默认值，直接单击 Next 按钮；在 Startup GEL File(s)选项卡中的 Startup GEL 栏选择和开发板上 DSP 芯片型号匹配的 GEL 文件，再单击 Finish 按钮，完成配置。

5）保存设置，退出 setup CCS2 程序。

软件仿真就是 CCS 软件利用计算机模拟 DSP 芯片进行调试和仿真，硬件仿真就是将开发程序下载到 DSP 芯片中，是在真正的芯片环境下执行和仿真调试。如果调试 DSP 芯片外围设备和接口，则必须要用硬件仿真器才能调试，其 DSP 算法模块的开发和实现，利用两种仿真器调试过程和流程基本一样，且 Simulator 仿真不需要硬件支持，所以在 DSP 算法开发中常采用软件仿真调试。为此，本书主要讨论通信系统各模块的 DSP 实现，实验所用的版本为 CCS2.0，仿真器就采用 C5402 Simulator 来进行开发与调试。

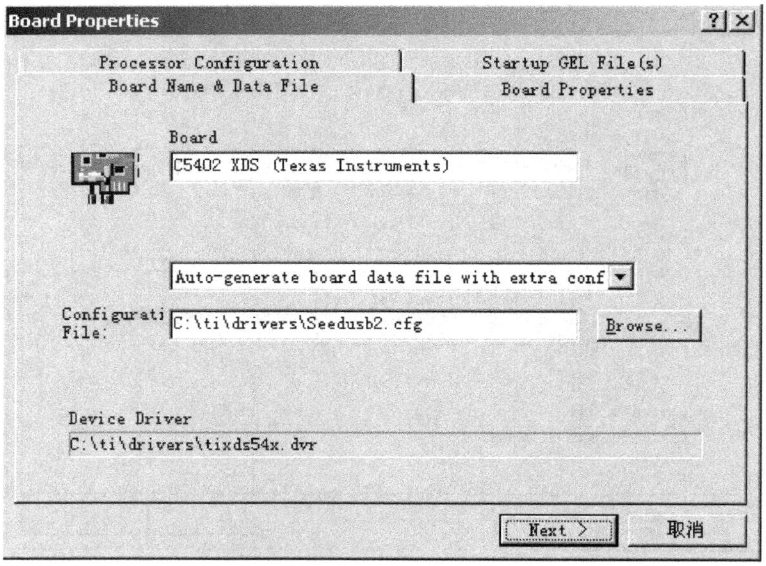

图 2-9　完成配置文件选择对话框

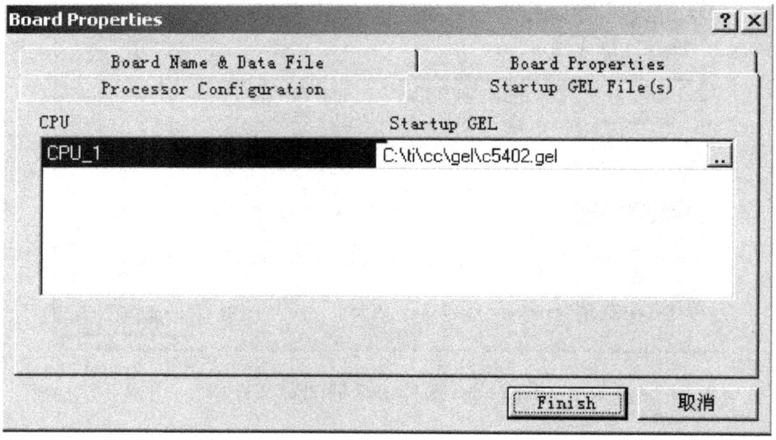

图 2-10　芯片配置设置完成对话框

2.3.2　CCS 的窗口、菜单栏和工具栏的介绍

图 2-11 所示为一个典型的 CCS 集成开发环境窗口示例。整个窗口由菜单栏、工具栏、工程视图窗口、编辑窗口、图形显示窗口、内存单元显示窗口和寄存器显示窗口等构成。

工程视图窗口用来将用户的若干程序构成一个项目，用户可以从工程列表中选择需要编辑和调试的特定程序。在编辑/调试窗口中用户既可以编辑程序，又可以设置断点、探针，调试程序。反汇编窗口可以帮助查看机器指令，查找错误。内存单元和寄存器显示窗口可以查看、编辑内存单元和寄存器。图形显示窗口可以根据用户需要直接（或经过处理后）显示数据。用户可以通过菜单栏中的 Window 来管理各个窗口。

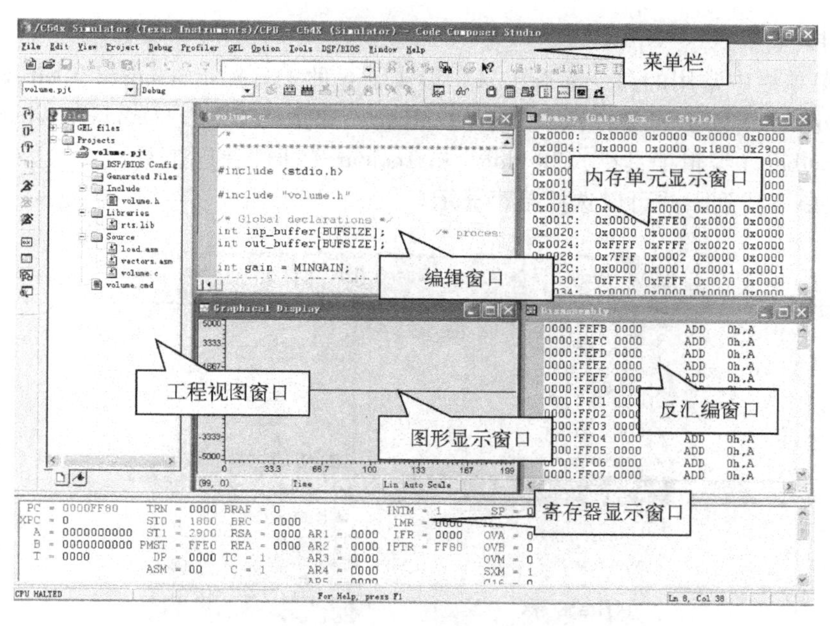

图 2-11　CCS 应用窗口示例

（1）菜单栏

CCS 的菜单栏共有 12 项，如图 2-12 所示。菜单栏简要功能介绍见表 2-1。对于各项更详尽的功能介绍可以查阅 CCS 在线帮助。

File　Edit　View　Project　Debug　Profiler　GEL　Option　Tools　DSP/BIOS　Window　Help

图 2-12　菜单栏

表 2-1　菜单栏简要功能介绍

菜　单　项	完 成 功 能
File（文件）	文件管理，载入执行程序、符号及数据，进行文件输入/输出等
Edit（编辑）	文件及变量编辑，如剪切操作、字符串查找替换、内存变量、寄存器编辑等
View（查看）	工具栏显示设置，内存、寄存器和图形显示等
Project（工程）	工程管理（新建、打开、关闭及添加文件等）及编译、构建工程等
Debug（调试）	断点、探针设置、单步设置、复位
Profiler（剖切）	性能菜单，包括时钟和性能断点设置等
Option（选项）	选项设置，设置字体、颜色、键盘属性、动画速度、内存映射等
GEL（扩展功能）	利用通用扩展语言所设的扩展功能菜单
Tools（工具）	包括引脚连接、端口连接、命令窗口、链接配置等
DSP/BIOS	使开发者能利用一个短小的固件核和 CCS 提供的 DSP/BIOS 工具对程序进行实时跟踪和分析
Window（窗口）	窗口管理，包括窗口排列、窗口列表等
Help（帮助）	CCS 在线帮助菜单

（2） 工具栏

CCS 将菜单栏中常用的命令筛选出来，形成了 6 种工具栏：Standard Toolbar（标准工具栏）、GEL Toolbar（GEL 工具栏）、Project Toolbar（工程工具栏）、Debug Toolbar（调试工具栏）、Edit Toolbar（编辑工具栏）和 Plug－in Toolbar（插件程序工具栏）。这 6 种工具栏可以在 View 菜单下找到，并可以选择是否显示。

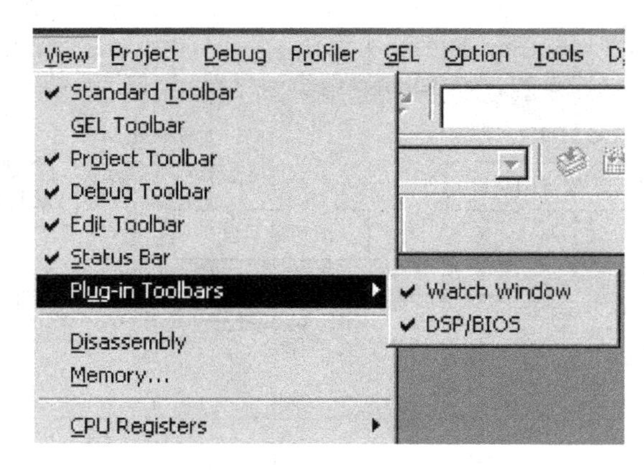

图 2-13　主菜单命令窗口

（3） Standard Toolbar

如图 2-14 所示，Standard Toolbar（标准工具栏）包括以下常用工具，其简要功能介绍见表 2-2。

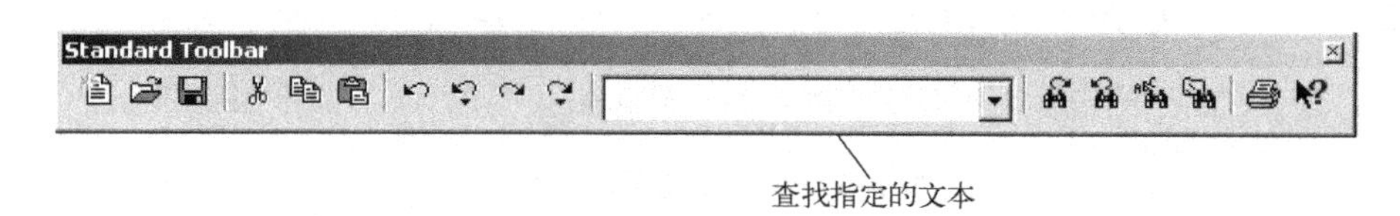

图 2-14　标准工具栏

表 2-2　标准工具栏简要功能介绍

	新建一个文档		打开一个已存的文档
	保存一个文档（若尚未命名，则打开 save as 对话框）		剪切
	复制		粘贴
	取消上一次编辑操作		显示取消操作的历史
	恢复上一次编辑操作		显示恢复操作的历史
	查找下一个		查找上一个
	查找指定的文本		在多个文件中查找
	打印		获取特定对象的帮助

（4） Project Toolbar

Project Toolbar（工程工具栏）提供了与工程和断点设置有关的命令，如图 2-15 所示。

工程工具栏简要功能介绍见表 2-3。

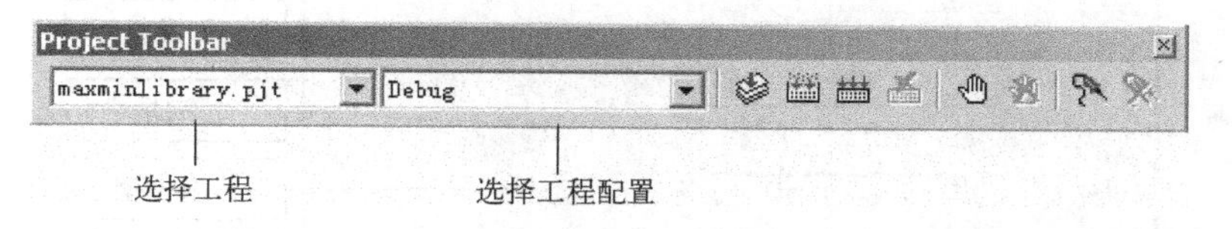

图 2-15　工程工具栏

表 2-3　工程工具栏简要功能介绍

	编译当前文件		对所有修改过的文件重新编译，再链接生成可执行文件
	全部重新编译、链接生成可执行文件		停止 Bulid 操作
	设置断点		移除所有断点
	设置探针（Probe Point）		移除所有探针

（5） Debug Toolbar

Debug Toolbar（调试工具栏）如图 2-16 所示。调试工具栏简要功能介绍见表 2-4。

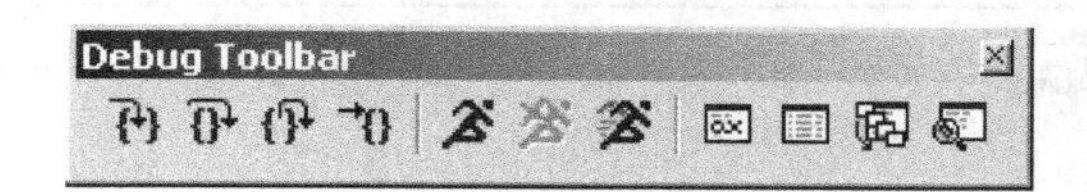

图 2-16　调试工具栏

表 2-4　调试工具栏简要功能介绍

	单步进入		单步执行
	单步跳出		执行到光标处
	运行程序		中止程序运行
	动画执行		寄存器窗口
	显示内存数据		查看堆栈值
	查看反汇编窗口		

2.3.3　CCS 的调试与使用

1. CCS 的基本使用

（1） 创建一个新工程

双击桌面“CCS 2 ('C5000)”快捷方式，运行 CCS，进入 C54x Code Composer Studio 集成调试环境，单击 Project→New 命令，就可以创建新工程。

在弹出如图 2-17 所示的对话框中输入所要建立新工程的名称，选择所要建立的路径（一般程序默认路径为 C:\ti\myprojects\工程名）以及工程类型和配置类型，最后单击“完成”按钮。

在工程视图中可以发现一个新工程 volume.pjt 已经创建了，此时这是一个空的工程。若双击工程名前方的“+”号，则可以看到该工程下不包括任何文件。

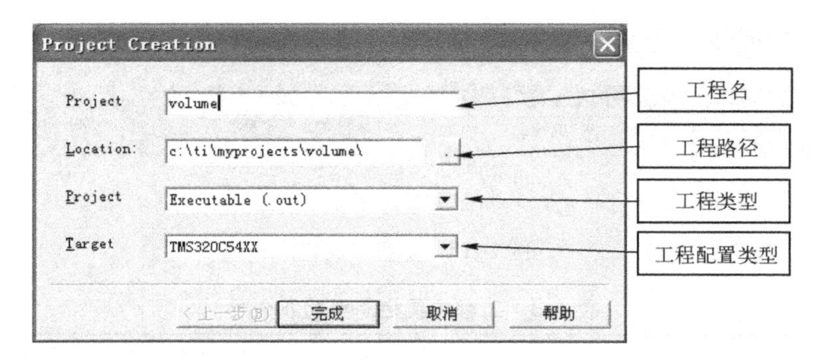

图 2-17　创建工程窗口

（2）在工程中建立并添加文件

单击 File→New→Source File 命令，新建源文件，在弹出的代码编辑窗口编写源代码。编写完毕后，单击 File→Save 命令，弹出如图 2-18 所示的对话框。

图 2-18　保存选择源文件类型对话框

在“文件名”文本框中输入文件名，在图 2-18 所示的下拉菜单中选择所编写源文件的文件类型，最后将文件保存在指定的工程文件夹中，这里保存在 volume 工程文件夹中。

在工程中添加源文件，将源文件 vectors.asm、volume.c 复制到所创建的工程文件夹（即 C:\ti\myprojects\volume）中。下面将介绍如何将这些文件添加到工程中。

1）添加 c 源文件。单击 Project→Add Files to Project 命令，选择 volume.c 文件，单击“打开”按钮将该文件添加到工程中。

2）添加 Asm 源文件。单击 Project→Add Files to Project 命令，在弹出对话框中的“文件类型（Files of type）”下拉列表中选取 Asm Source Files(*.a*,*.s*)，选择 load.asm 文件，单击“打开”按钮将该文件添加到工程中。同理将 vectors.asm 文件添加到工程中。

3）添加链接命令文件。单击 Project→Add Files to Project 命令，在弹出对话框中的“文件类型（Files of type）”下拉列表中选取 Linker Command File(*.cmd)，选择 volume 文件，

单击“打开”按钮将该文件添加到工程中。

4）添加库文件。单击 Project→Add Files to Project 命令，查找路径 C:\ti\c5400\cgtools\lib，在“文件类型（Files of type）”下拉列表中选取 Object and Library Files(*.o*, *.l*)，选择文件 rts，单击“打开”按钮将该文件添加到工程中。

5）添加头文件。在工程视图窗口中的 volume. pjt 上单击鼠标右键，在弹出的快捷菜单中单击 Scan All Dependencies 命令，头文件 volume. h 被自动添加到工程中。

在工程视图中双击所有“+”号，即可看到整个工程的结构，如图 2-19 所示。

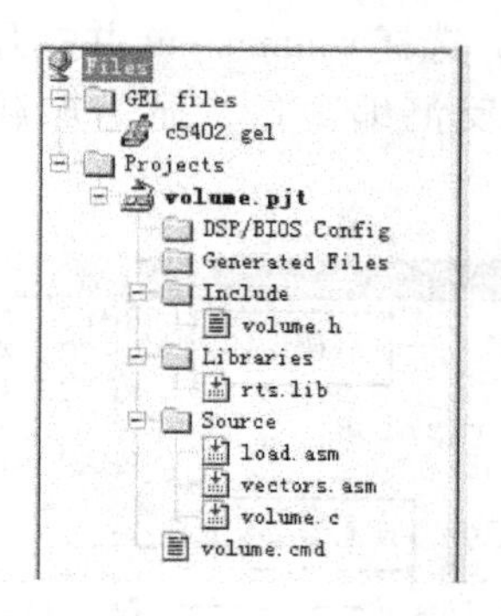

图 2-19　工程结构视图

6）打开、查看及删除文件。用鼠标右键单击文件名可以选择对工程中的文件执行打开、查看及删除等操作，如图 2-20 所示。

（3）工程的编译、链接与运行

单击 Project→Build Options 命令，如图 2-21 所示。在弹出的对话框中，设置相应的参数。一般情况下按默认值设置即可，具体变动需根据实际编写的程序而定。

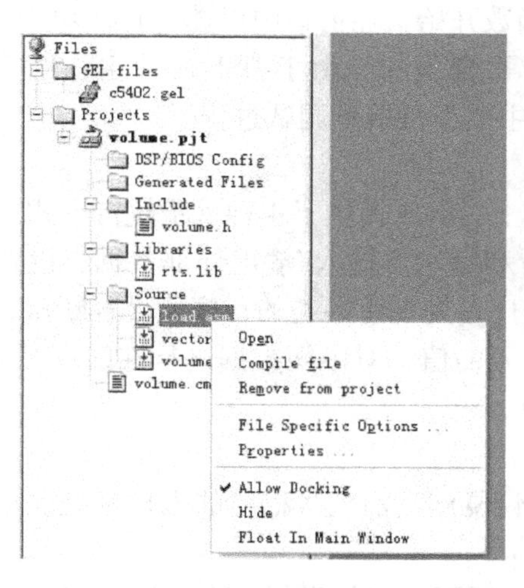

图 2-20　工程中文件的打开、查看及删除

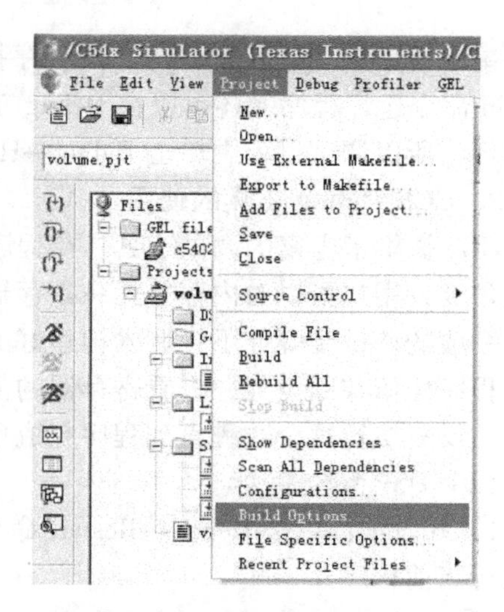

图 2-21　工程编译和链接的设置

单击 Project→Rebuild All 命令或在 Project 工具栏上单击按钮，对工程进行编译、链接，Output 窗口将显示进行编译、链接的相关信息，如图 2-22 所示。

```
"c:\ti\c5400\cgtools\bin\cl500" -@"Debug.lkf"
<Linking>
TMS320C54x COFF Linker          Version 3.70
Copyright (c) 1996-2001         Texas Instruments Incorporated

Build Complete,
  0 Errors, 0 Warnings, 0 Remarks.
```

图 2-22　编译、链接输出信息窗口

单击 File→Load Program 命令，选择 volumn. out 并打开，将 Build 生成的程序加载到 DSP 中。此时，CCS 将自动弹出一个反汇编窗口，显示加载程序的反汇编指令，如图 2-23 所示。

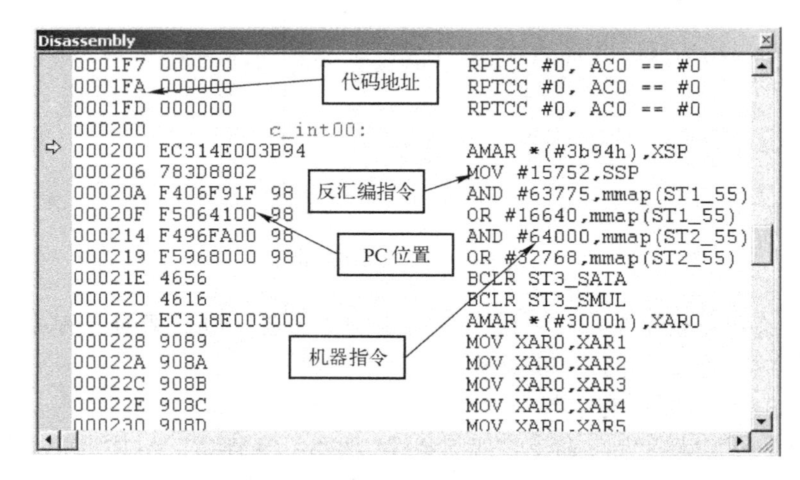

图 2-23　程序加载后的反汇编窗口

单击 Dubug→go main 命令，则程序执行从主函数开始，在窗口中以⇨标记。单击 Debug→Run 命令运行程序，还可以在 Debug 工具栏上单击按钮。由于 DSP 芯片主程序是个无限循环，所以调试过程中单击 Debug→Halt 命令，主要进行单步调试过程。

2. CCS Debug 工具的使用

CCS 提供了丰富的调试工具。在程序执行控制上，CCS 提供了 4 种单步执行方式。从数据流角度，用户可以对内存单元和寄存器进行查看和编辑、输入/输出外部数据、设置探针等。一般的调试步骤如下：调入构建好的可执行程序，先在感兴趣的程序段设置断点，然后执行程序停留在断点处，查看寄存器的值或内存单元的值，对中间数据进行在线（或输出）分析。反复执行这个过程直到程序完成预期的功能。

（1）DSP 复位命令

1）Restart：单击 Debug→Restart 命令，将 PC 恢复到当前载入程序的入口地址。该命令不执行当前程序。

2）Go Main：单击 Debug→Go Main 命令，在主程序入口处设置一个临时断点，然后开始执行。当程序被暂停或遇到一个断点时，临时断点被删除，该命令提供了一种快速方法来运行用户应用程序。

3）Reset CPU：初始化所有寄存器到其上电状态并中止程序运行。

（2）程序执行操作

1）执行程序：单击 Debug→Run 命令或单击调试工具栏上的执行程序按钮，程序运行直到遇到断点为止。

2）暂停执行：单击 Debug→Halt 命令或单击调试工具栏上的暂停执行按钮。

3）自由运动：单击 Debug→Run Free 命令。该命令禁止所有断点，包括探针断点和 Profile 断点，然后运行程序。在自由运行中对目标处理器的任何访问都将恢复断点，若用户在基于 JTAG 设备驱动上使用模拟时，该命令将断开与目标处理器的连接，用户可以拆卸 JTAG 或 MPSD 电缆。在自由运行状态下用户也可以对目标处理器进行硬件恢复。注意，在 Simulator 中 Run Free 无效。

（3）单步执行操作

1）单步进入：单击 Debug→Step Into 命令或单击调试工具栏上的按钮。当调试语句不是最基本的汇编指令时，该操作将进入语句内部（如子程序或软件中断）调试。

2）单步执行：单击 Debug→Step Over 命令或单击调试工具栏上的按钮。该命令将函数或子程序当作一条语句执行，不进入其内部调试。

3）单步跳出：单击 Debug→Step Out 命令或单击调试工具栏上的按钮。该命令将从子程序中跳出。

4）执行到当前光标处：单击 Debug→Step Over 命令或单击调试工具栏上的按钮。该命令使程序运行到光标所在的语句处。

（4）Watch 窗口查看观察变量

单击 View→Watch Window 命令，弹出 Watch Window 对话框，在程序运行期间，该对话框可以显示被观察变量的值。在默认情况下，弹出的是 Watch Locals 选项卡，在程序运行时该选项卡中默认显示的是函数的局部变量，如图 2-24 所示。

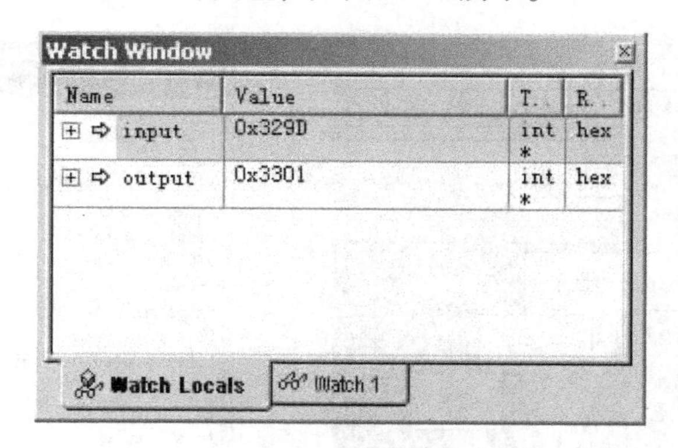

图 2-24　Watch Window 对话框

选择 Watch 1 选项卡，如图 2-25 所示，在 Name 栏单击，在显示的文本框中可以输入其他想观察的变量，用鼠标单击对话框中其他任意空白部分就可以将输入的标量名称保存下来，此时该变量的值立即被显示出来。

（5）直接内存查看观察变量

单击 Debug 工具栏中的（View Memory）按钮，在弹出的对话框（见图 2-26）中可以观察指定内存单元的数据。在地址栏中，若要输入数组元素地址，则可以直接输入该数组名；若想输入单个变量地址，则需要在该变量名前加符号“&”。

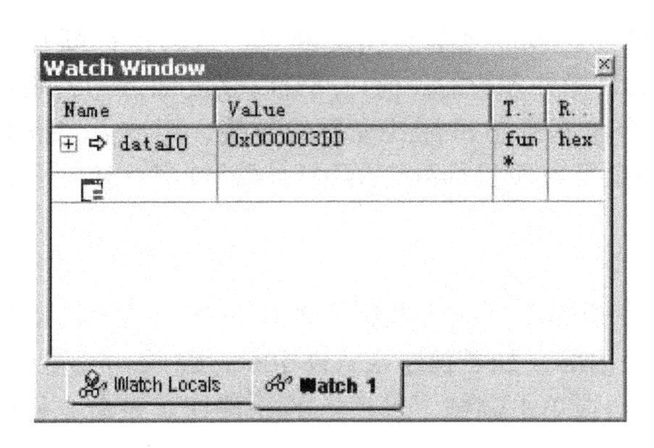

图 2-25　Watch Window 对话框

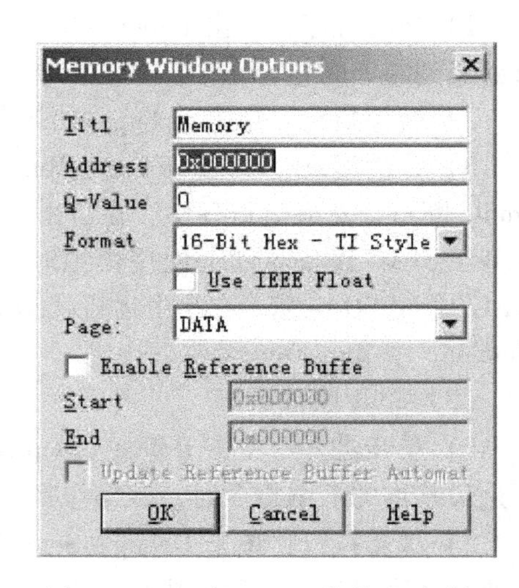

图 2-26　查看 Memory 的设置对话框

（6）CCS 的图形功能

CCS 提供了强大的图形功能，可以从总体上分析处理前和处理后的数据，以分析程序运行的效果。CCS 提供了很多方法将程序产生的数据画图显示，包括时域/频域波形显示、星座图、眼图及图像显示。单击 View→Graph 命令，在弹出的菜单中可以选择以上几种图形显示方法，如图 2-27 所示。

选择这 4 个中的任意一项都将弹出同样的设置图（见图 2-28），根据需要在设置图形选项中进行设置，单击 OK 按钮输出观察波形。

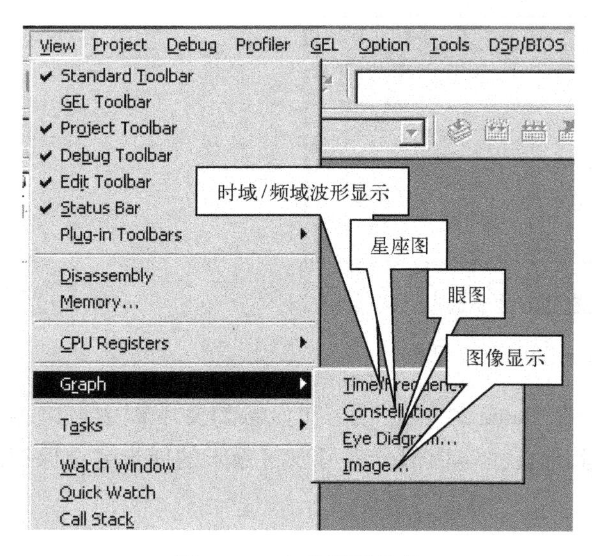

图 2-27　查看图形菜单

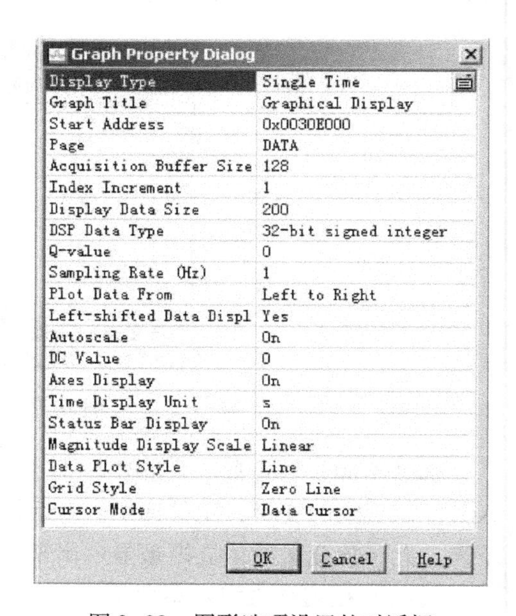

图 2-28　图形选项设置的对话框

2.4 DSP 的 C 语言开发

众所周知，汇编语言的执行效率高，但汇编语言编程开发的门槛高、难度较大。因此，利用汇编语言进行 DSP 芯片开发复杂度较高，而且不同公司的 DSP 芯片所提供的汇编语言还各不相同。即使是同一公司的芯片，由于芯片的类型不同，其汇编语言也不相同。程序人员在编写 DSP 程序之前，首先得熟悉该芯片的汇编指令，因此其开发的难度大、时间周期较长，同时汇编语言的可读性差使得再难以对程序软件进行修改和升级，不同芯片汇编语言的差异性使得软件的可移植性较差。

为此，各个 DSP 芯片公司都相继推出了 C 语言编译器，使得 DSP 芯片可以直接用高级语言进行开发，从而使 DSP 芯片的开发速度大大加快，而且开发出来的 DSP 程序的可读性和可移植性大大增强，并易于修改和维护。DSP 芯片公司推出的 C 编译器具有很强的优化功能，优化效率能从 15% 提高到 35% 。在某些情况下，C 代码的效率甚至接近手工汇编的效率。

2.4.1 CCS 支持的 C 语言

CCS 的代码生成工具中包括了 C/C ++ 编译器、汇编器、链接器和相应的辅助工具，包括运行支持库 rts. lib 和相应的源代码 rts. src。

1. ANSIC 优化编译器

C54X 的 C 编译器全面支持 ANSIC 语言标准，能够把按照标准 ANSIC 规范编写的源程序全面优化，编译成 C54X 汇编语言源程序。这个编译器可以生成许多调试器所用的信息，可以在 C 源程序级进行调试，大大缩短了 DSP 应用程序的开发周期。设计优化 ANSIC 编译器考虑了以下 3 个方面的效率：①产生可与手工编写相比的汇编语言程序；②提供简单的程序接口，可使关键的 DSP 算法采用汇编语言实现；③为用 C 语言开发高性能的 DSP 应用，建立一定规模且使用方便的工具库。

C 编译器中提供了一个优化编译器，采用优化编译可以生成效率更高的汇编代码，从而提高程序的运行速度，减少目标代码的长度。C 编译器的效率主要取决于 C 编译器所能进行优化的范围和数量。优化器是 C 编译器中的一个独立的可以选择的程序模块，在 C 编译的过程中可以激活，也可以不激活。

C 程序的编译、汇编和链接 3 个过程一次完成，通过选择不同的选项，控制编译、汇编和链接过程，当然优化器也是用相应的优化选项来激活。优化选项有两个，即 -o 和 -x。-o 选项是优化器的主选项，共分为三级(0,1,2)，优化级越高，优化范围就越广。

1） -o0 级采取的主要优化措施：简化控制流程，把变量安排到寄存器，简化循环，忽略未用代码，简化语句和表达式，把调用函数扩展为内嵌函数等。

2） -o1 级优化在 -o0 级优化的基础上，进一步采取局部优化措施，如进行 COPY 扩展、删除未用分配、忽略局部公共表达式等。

3） -o2 优化是在 -o1 级优化的基础上，进一步采取全局部优化措施，如进行循环优化、删除全局公共子表达式、删除全局未用分配等。

4） - o3 优化：新的编译器还包括 - o3 优化，在 - o2 级优化的基础上，进一步进行的主要优化措施包括对于从未调用的函数移除其代码，对于从未使用返回值的函数删除其返回代码，把小函数代码自动嵌入到程序中，重新安排函数声明的次序等。

5） - x 选项是一个次选项，该选项用于行函数的扩展，当程序需要调用函数时，优化器可将函数直接嵌入程序的调用处，这样可以避免函数调用所需的调用返回等附加操作，从而加速程序运行。这种优化是以增加程序代码长度为代价的。

采用 C 优化编译可以提高程序的运行效率，加快程序运行速度，但由于优化时采用了一些优化措施，使得 C 和汇编的交叉列表文件不如在不用优化时得到的那样清晰。此外，在调试程序时，最好先不要用优化编译进行调试，待程序调试成功后再用优化编译进行验证。

2. C5000 C 语言编程基础

（1） 数据类型

C5000 中 C 语言程序的数据类型包含 C 语言的基本数据类型：带符号字符型（char）、短整型（short int）、整型（int）、长整型（long int）及无符号数据类型，见表 2-5。

表 2-5　C5000 C 语言支持的数据类型

类　　型	长度/bit	内　　容	最　小　值	最　大　值
字符型、带符号字符型	16	ASCII 码	- 32 768	32 767
无符号字符型	16	ASCII 码	0	65 535
短整型、带符号短整型	16	二进制补码	- 32 768	32 767
无符号短整型	16	二进制数	0	65 535
整型、带符号整型	16	二进制补码	- 32 768	32 767
无符号整型	16	二进制数	0	65 535
长整型、带符号长整型	32	二进制补码	- 2 147 483 648	2 147 483 647
无符号长整型	32	二进制数	0	4 294 967 295

定义各种数据类型时应注意以下规则：避免设 int 和 long 为相同大小，避免设 char 为 8 位或 long 为 64 位；对定点算法（特别是乘法）尽量使用 int 数据类型，用 long 类型作为乘法操作数会导致调用运行时间库（run - time library）的程序；使用 int 或 unsigned int 类型而非 long 类型来循环计数；最好使用 int 类型作为循环指数变量和其他位数不太重要时的整型变量，因为 int 是对目标系统操作最高效的整数类型而不管芯片结构如何。

（2） C 语言关键字

TMS320C5000 的 C 编译器除了支持标准 const（常数）和 volatile（可变的）关键字外，还扩展了标准 C 语言，支持 intterupt（中断）、ioport（I/O 端口）、near（近）和 far（远）关键字。

1） const 用于控制某些数据对象的存储分配，任何变量或数组都可以用 const 限定，保证它们的值不变，并分配到存储器中。若在函数范围内，对象是自动变量，则 const 不起作用；若对象定义中还指定了 volatile 关键字，则 const 不起作用。若用 const 定义大的常数表，则会分配进系统 ROM。例如，const int digits[ ] = {0,1,2,3,4,5,6,7,8,9}，定义了一个 ROM 表。

2）ioport 是 C5000 编译器增加的关键字来支持 I/O 寻址模式。ioport 类型限定词可以和标准类型（数组、结构体、共用体和枚举）一起使用，可以和 const、volatile 一起使用。当和数组一起使用时，ioport 限制的是数组单元而非数组类型本身。ioport 可以单独使用，这种情况下 int 限定词就是默认的。ioport 类型限定词只能用于全局或静态变量。局部变量不能用 ioport 限制，除非变量是一个指针，下面给出 ioport 关键字使用的例子。

```
ioport int k; /* 正确 */
void foo(void)
{
    ioport int i; /* 错误 */
    ioport int *j; /* 正确 */
}
```

3）interrupt 是编译器增加的关键字来支持中断处理，仅可用于没有参量的 void 函数。例如，interrupt void isr（void）。中断函数的主体内可以定义局部变量，并能自由使用堆栈。当 C 程序被中断时，中断程序必须保存所有相关程序使用的寄存器的内容。对于定义的中断函数，编译器将基于中断函数的规则保存寄存器，并为中断产生特殊的返回序列。c_int0 是 C/C++的进入点，该名称为系统复位中断保留。这个特殊的中断程序用于初始化系统并调用函数 main。

4）near、far 用于指定函数调用的方式，属于存储类修饰语，可以出现在存储类说明和数据类型的前面、后面或中间。例如：

```
far int foo();
static far int foo();
near foo();
```

① 若使用“near”，则编译器将使用 call 指令产生调用。

② 若使用“far”，则编译器使用 FCALL 指令产生调用。

5）volatile 关键字是在任何情况下，优化器会通过分析数据流来避免存储器访问。如果程序依靠存储器访问，则必须使用 volatile 关键字来指明这些访问。

（3）寄存器变量

C 编译器在一个函数中最多使用两个寄存器变量。必须在变量列表或函数的最前面声明寄存器变量，在嵌套块中声明的寄存器被处理为正常的变量。

C 编译器使用 AR1、AR6 作为寄存器变量。AR1 被赋给第一个寄存器变量，AR6 被赋给第二个寄存器变量。设置寄存器变量，可以使变量的访问速度更快，但是在运行时，设置一个寄存器变量大约需要 4 条指令。为了有效地使用该功能，仅当对变量的访问多于 2 次时，才设置寄存器变量。

DSP 的 C 编译器还允许声明全局寄存器变量。

格式为：register type　reg

reg 可以是 AR1 或者 AR6。AR1、AR6 一般是入口保护寄存器，类型不能是 float 或 long，不能在文件中用作其他用途，也不能赋初值，但可以用#define 给其赋一个有意义的变量名称。使用全局变量的场合：①如果把在整个程序中使用的全局变量永久地赋给一个寄存器，则能显著减少代码的量和提高程序的执行速度；②如果程序中使用了调用十分频繁的中断服务子程序，则可以使用全局变量在每次调用时保存要保存和回放的变量，以便提高执行速度。

（4）函数的结构和调用规则

C 编译器对函数调用有一系列严格的规则，任何调用 C 函数的函数和被 C 调用的函数都必须遵循这些规则，否则可能会破坏 C 环境，使得程序无法运行。

函数调用的流程如下：

① 将所要传递到子函数的参数以颠倒的顺序压入堆栈，最右边声明的参数第一个压入堆栈，最左边的参数最后一个压入堆栈，即最左边的参数在栈顶。如果参数利用寄存器变量传递，则需要将寄存器的内容压入堆栈进行保护。

② 子函数保存所有的入口保存寄存器。父函数必须通过压入堆栈来保存其他在调用后会用到寄存器的值。

③ 父函数对子函数进行调用。

④ 父函数收集返回值。

被调用函数（子函数）的响应：

① 被调用函数为局部变量、临时存储空间及函数可能调用的参数分配足够的存储空间。

② 如果子函数修改一些入口保存寄存器，则必须将这些值压入堆栈或存储到一个没用的寄存器中。被调用函数可以修改其他的寄存器而不用保存其中的值。

③ 如果子函数的参数是一个结构体，则它所接收到的是一个指向该结构体的指针。如果在被调用函数中需要对结构体进行写操作，则需要把这个结构体复制到本地空间中。如果不进行写操作，则可以直接通过指针访问这个结构。

④ 如果子函数返回一个值，则必须按照规则放置。

举例：

```
调用函数：                        被调函数 add()：
extern int add();                 .global _add
int i, a, b, c;                   .text
main()                            _add:
{                                 PSHM AR1
    …                             PSHM AR6
    i = add(a, b, c);             PSHM AR7
    …                             …
}
```

2.4.2 DSP 芯片开发的编程方法

C 编译器的优化功能可以使 C 代码的效率大大增加，但无法在所有情况下都最佳地利用 DSP 芯片所提供的各种资源，如 C54X 所提供的循环寻址、用于 FFT 算法的比特位反转寻址、滤波等；有时甚至无法用 C 语言实现，如标志位/寄存器设置等。另外，C 语言编写的中断程序虽然可读性好，但由于在进入中断程序后，有时不管程序中是否用到，中断程序都将寄存器进行保护，特别是中断程序频繁被调用，大大降低了中断程序的效率。因此，很多情况下，DSP 应用程序往往需要 C 语言和汇编语言的混合编程来实现，以达到最佳利用 DSP 芯片软、硬件资源的目的。

C 语言和汇编语言混合编程的前提是有效划分 C 代码和汇编代码的界限，在那些对性能起决定性作用或运算量较高的关键功能模块，使用高度优化的汇编代码，以提高运算效率。同时用 C 语言编写那些不太关键的功能模块，这将有利于代码维护和移植。C 语言和汇编代码的结合要求工程师具备丰富的开发经验以及专用的工具和方法。开发前首先确定功能模块的目标，包括循环数、代码规模和数据量，通常先用 C 语言全部编写，创建应用程序，然后才使用 CCS 工具评估各功能模块的运算复杂度和性能，最后对关键功能模块进行汇编程序开发，并建议同时保存原始的 C 代码，这样不仅可以方便调试，而且当条件成熟时（如采用更强大的平台），还可以返回到这些 C 语言的实现，增强开发程序的可读性和可移植性。

由上可知，常采用的 C 语言和汇编语言混合编程方法实际就是在 C 语言程序中调用关键的汇编语言函数模块，其调用规则与前面讨论的函数调用是一致的。在使用 C 语言和汇编语言混合编程时，必须注意以下几个步骤：

在定义汇编函数时，需要在函数名前加下画线“_”来让编译器识别。下面给出了从 C 代码中访问汇编语言函数的例子。

1）C 程序：

```
extern int asmfunc(int,int *); /*声明汇编函数*/
int gvar;/*定义全局变量*/
main()
{
    int i;
    i = asmfunc(i,&gvar);/*调用函数*/
}
```

2）汇编程序：

```
_asmfunc:
ADD *AR0,T0,T0; T0 + gvar => i,i = T0
RET;
```

在 C 代码中访问汇编语言中 .bss 段或 .usect 段中没有初始化的变量：首先使用 .bss 或 .usect 指令来定义变量，使用 .global 指令来定义为外部变量，在汇编语言中的变量前加下画线“_”，最后在 C 代码中声明变量为外部变量并正常地访问它。

1）C 程序：

```
extern intvar;          /*外部变量*/
var = 1;                /*使用变量*/
```

2）汇编语言程序：

```
.bssvar,1;              /*定义变量*/
.gloabalbar;            /*声明变量为外部变量*/
```

```
ADD *AR0,T0,T0; T0 + gvar => i,i = T0
RET;
```

在C语言中可以访问汇编语言常数，首先通过使用.set和.global指令可以定义汇编语言的全局常数，也可以在链接命令文件中使用链接分配语句定义汇编语言常数。用C语言或汇编语言定义的普通变量，其符号列表包含变量值的地址。如果x是一个汇编语言常数，则它在C代码中的值就是&x。

2.4.3 C语言程序开发的过程

C语言程序的DSP开发的工程中必须包含以下3种类型的文件：C语言程序（.c）、库文件（rts.lib）、命令链接文件（.cmd）。

此外，工程中通常还包括头文件（.h）和汇编源程序（.asm）。

1. C语言程序（.C）

C语言源程序是利用C语言完成各个功能模块算法的程序，这是DSP开发的核心，也是开发人员最终和主要专注的地方。DSP的C语言编程基本符合C语言程序开发规则，程序员需多熟悉标准C语言程序开发。后面的章节将针对通信系统的各个模块，具体讨论C语言的开发与实现，因此这里就不讨论具体的C语言程序编程，只强调编写C程序时的注意事项：

1）可以采用任何文本编辑器，如Windows的记事本编写C程序。

2）在一个C程序中必须并且只能有一个函数名称为main()。

3）函数定义时，同时要声明变量的类型；用户自己定义的子函数一般放在主程序之前；若放在主程序之后，则必须在程序开头声明各子函数。

2. 库文件（rts.lib）

在运行C程序之前必须先建立C运行环境，该工作由被称为_c_int00的C启动程序来完成。运行时间支持源程序库（rst.src）中叫作boot.asm的模块中包含了启动源程序。为了使系统开始运行，必须由复位硬件调用_c_int00函数，将_c_ int00函数和其他目标模块链接起来。当使用链接器选项-c或-cr并将rts.src作为一个链接输入文件时，这个链接过程能够自动完成。当C程序被链接时，链接器会在可执行输出模块中给符号_c_int00设置入口点的值。

系统初始化_c_int00函数执行如下工作来初始化C环境：首先建立堆栈和第二系统堆栈；通过从在.cinit段中的初始化表中复制数据到.bss段中的变量来初始化全局变量；如果在装载时就初始化变量（-cr选项），则装载器就会在程序运行之前执行该步骤（而不是由启动程序完成）。

因此，利用C语言开发必须加入相应芯片的库函数rts.lib，如果用汇编语言开发DSP程序，就不需要rts.lib库函数。库函数包含在安装的软件文件中，如CCS2.0开发软件安装在计算机中的C盘下，芯片选用C54系列芯片，则地址为C:\ti\c5400\cgtools\lib。

3. 命令链接文件（.cmd）

CMD的专业名称叫链接器配置文件（简称为命令链接文件），是用来分配程序存储器空间ROM和数据存储器空间RAM的，告诉链接程序怎样计算地址和分配空间。CMD不同的芯片有不同大小的ROM和RAM，用户程序的存放位置也不尽相同，所以要根据DSP的存储器的地址范围来编写。

命令文件的开头部分是链接的各个子目标文件的名字，这样链接器就可以根据子目标文件名，将相应的目标文件链接成一个文件。这一部分，可以通过 CCS 的“Build Option”菜单设置：. obj（链接的目标文件）、. lib（链接的库文件）、. map（生成的交叉索引文件）、. out（生成的可执行代码）。接下来就是链接器的操作指令，这些指令用来配置链接器，然后是 MEMORY 和 SECTIONS 两个伪指令的相关语句，必须大写。MEMORY 用来配置目标存储器，SECTIONS 用来指定段的存放位置。

MEMORY 用来建立目标存储器的模型，SECTIONS 指令就可以根据这个模型来安排各个段的位置。MEMORY 指令可以定义目标系统的各种类型的存储器及容量。MEMORY 的语法如下：

```
MEMORY
{
PAGE 0:name1[(attr)] :origin = constant,length = constant
       name1n[(attr)] :origin = constant,length = constant
PAGE 1:name2[(attr)] :origin = constant,length = constant
       name2n[(attr)] :origin = constant,length = constant
PAGE n:namen[(attr)] :origin = constant,length = constant
       namenn[(attr)] :origin = constant,length = constant
}
```

PAGE 关键词对独立的存储空间进行标记，页号 n 的最大值为 255，实际应用中一般分为两页，PAGE0 程序存储器和 PAGE1 数据存储器。name 存储区间的名字不超过 8 个字符，不同的 PAGE 上可以出现相同的名字（最好不同名，以避免混淆），一个 PAGE 内不许有相同的 name。attr 是属性标识，有 4 个属性代码，分别为 R、W、X、I。当其属性代码为 R 时表示可读、为 W 时表示可写、为 X 时表示区间可以装入可执行代码为 I 时表示可以对存储器进行初始化，如果什么属性代码也不写，则表示存储区间具有上述 4 种属性，基本上都选择这种写法。

SECTIONS 指令的语法如下：

```
SECTIONS
{
    .text:{所有 .text 输入段名} load = 加载地址 run = 运行地址
    .data:{所有 .data 输入段名} load = 加载地址 run = 运行地址
    .bss:{所有 .bss 输入段名} load = 加载地址 run = 运行地址
    .other:{所有 .other 输入段名} load = 加载地址 run = 运行地址
}
```

SECTIONS 必须用大写字母，其后的大括号里是输出段的说明性语句，每一个输出段的说明都是从段名开始，段名之后是如何对输入段进行组织和给段分配存储器的参数说明。

DSP 中 C 编译器产生两类段：4 个已初始化的段和 3 个未初始化段。4 个已初始化的段包括①. text：可执行代码、编译器产生的常数；②. cinit：已初始化全局变量和静态变量；③. const：已初始化的字符串常量、全局常量和静态常量，与关键字 const 有关；④. switch：

大型的 switch 语句的跳转表。3 个未初始化段包括①. bss：未初始化全局变量和静态变量；②. stack：系统软件堆栈；③. sysmem：动态存储器。

针对 C 语言程序开发，由上面介绍的 C 编译器产生的段编写链接命令文件。在实际开发中，其需要大的存储空间的数据表，为优化存储空间，可以单独定义为段，并安排指定存储空间。如果不指定存储地址，则下面的 CMD 命令链接文件可以直接用于其他 C 语言程序中。

```
-stack 400h
-heap 100h
-l rts. lib
MEMORY
{
    PAGE 0:   VECT  :o = 0ff80h, l = 80h
              PRAM:o = 100h, l = 1f00h
    PAGE 1:DRAM  :o = 2000h, l = 1000h
}
SECTIONS
{
    . vectors:{} > VECT PAGE 0
    . text  :{} > PRAM PAGE 0
    . cinit:{} > PRAM PAGE 0
    . switch:{} > PRAM PAGE 0
    . const:{} > DRAM PAGE 1
    . bss  :{} > DRAM PAGE 1
    . stack:{} > DRAM PAGE 1
    . sysmem:{} > DRAM PAGE 1
}
```

4. 头文件和汇编源程序

C 语言规定使用一个变量或调用一个函数前必须声明，为了使用方便，经常把常用函数和变量写入头文件 . h，这样每次需要引用时只要使用#include 加入就可以了。这样可以有效防止变量函数的重复定义。现在 DSP 开发常采用 C 语言和汇编语言混合编程，其核心算法模块采用汇编编程，中断向量表也是汇编程序。因此，在实际工程开发中，还常包括头文件和汇编程序。

2.5 DSP 的 C 语言编程实例

双击桌面上的“CCS 2（'C5000）”快捷方式，运行 CCS，进入 C54x Code Composer Studio 集成调试环境，单击 Project→New 命令，就可以创建新工程，如图 2-29 所示。

在弹出的对话框中输入所要建立的新工程的名称，选择所要建立的路径，以及工程类型和配置类型。例如，在 C:\ti\myprojects\目录下建立“DspTest”的工程，最后单击“完成”按钮，如图 2-30 所示。

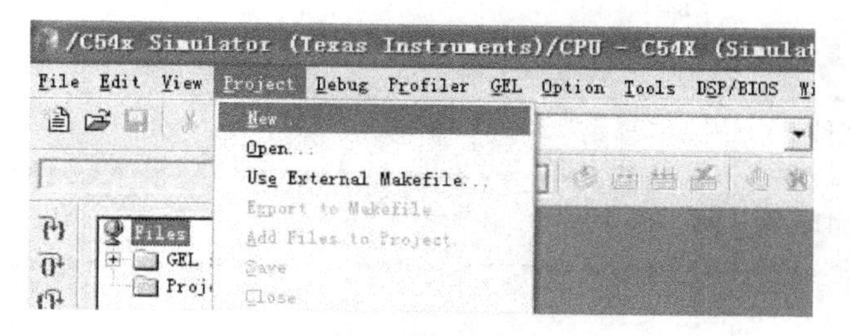

图 2-29　创建新工程菜单

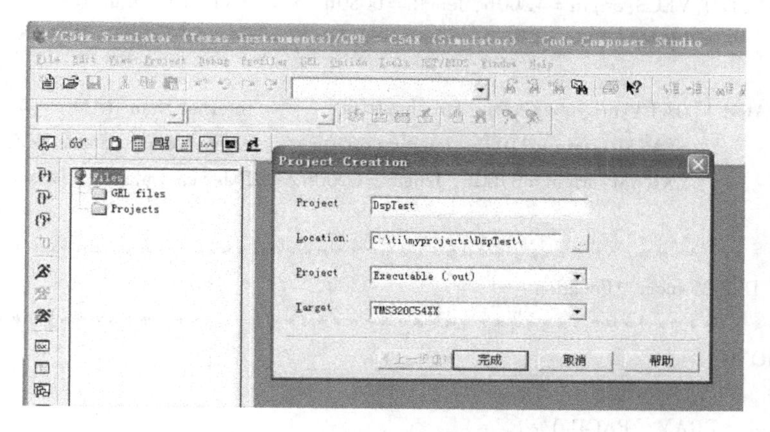

图 2-30　创建 DspTest 工程窗口

为了调试，给出一个简单 C 程序的例子，包括 . cmd 和 . c 两个文件。

C 语言程序如下：

```
#define LoopNum 7
short TestX;
short TestTab[7] = {6,2,3,1,2,1,4};
short OutY[7];
void main()
{
    short i;
    short TempVal = 25;
    short * PtrTemp;
    PtrTemp = TestTab;
    for(i = 0;i < LoopNum;i ++ )
    {
        OutY[i] = * PtrTemp ++ ;
    }
    TestX = 37;
    TempVal + = TestX;
    if(TempVal > 50)
    {
        TestX = TempVal;
        TempVal = 0;
```

```
    }
}
```

链接命令文件

```
/*****************************************************/
/*      C5416 DSP Memory Map                        */
/************************* *************************/
MEMORY
{
    PAGE 0:VECS:origin =4B00h, length =0080h  /* Internal Program RAM */
           PRAM:origin =4C00h, length =3000h  /* Internal Program RAM */

    PAGE 1:DATA:origin =3000h, length =0100h  /* Internal Data RAM   */
           STACK:origin =3100h, length =0600h /* Stack Memory Space */
           EXRAM:origin =3700h, length =0900h/* External Data RAM   */
}
/*****************************************************/
/*    DSP Memory Allocation                          */
/*****************************************************/
SECTIONS
{
   .cinit >PRAM   PAGE 0
   .text >PRAM    PAGE 0
   .data >DATA PAGE 1
   .stack >STACK PAGE 1
   .const >EXRAM PAGE 1
}
```

将本例中的文件“DspTest.c”和“DspTest.cmd”复制到刚建立工程的 DspTest 文件夹下面。用鼠标右键单击 DspTest.pjt，在弹出的快捷菜单中选择 Add Files，将 C:\ti\myprojects\DspTest 文件夹下面的两个源文件依次添加到工程。

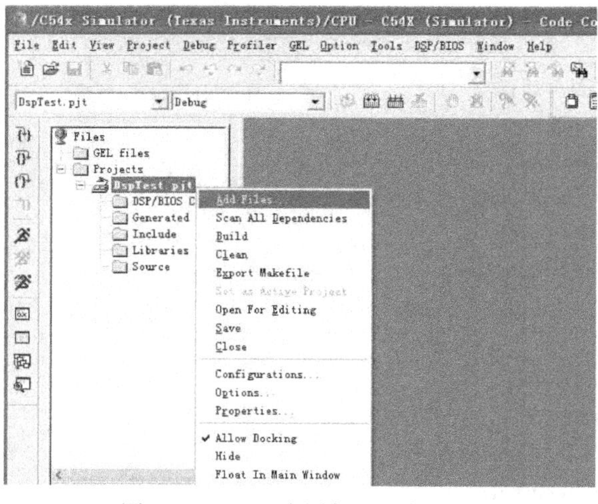

图 2-31　工程中添加源文件视图

利用 C 语言进行 DSP 实现开发时，必须添加库函数 rts. lib。它主要包含了有关 C 语言的运行环境与相应的函数的代码，DSP 的 C 语言的入口地址固定为 c_int00 ，在 rts. lib 中定义。添加过程与前面添加文件一样，但要选择 Object and Library Files，地址为“ * : \ti \c5400 \cgtools \lib”。

单击 Project→Rebuild All 命令或在 Project 工具栏上单击按钮，对工程进行编译、汇编和链接，Output 窗口将显示进行汇编、编译和链接的相关信息，如图 2-32 所示。

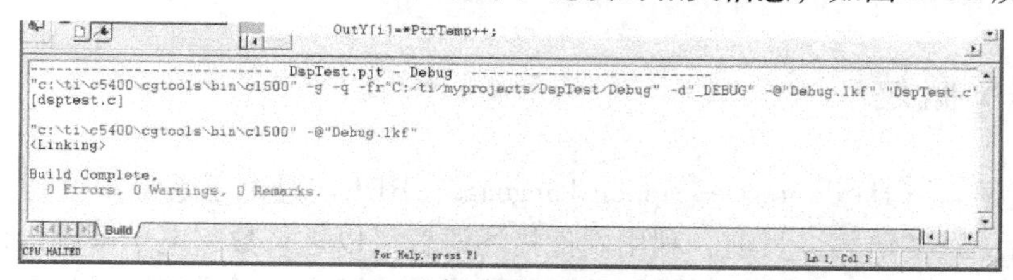

图 2-32　编译完成的信息输出窗口

单击 File→Load Program 命令，选择 Debug 目录下的 example2. out 并打开，将 Build 生成的程序加载到 DSP 中。此时，CCS 将自动弹出一个反汇编窗口，显示加载程序的反汇编指令，如图 2-33 所示。单击 Debug→Go main 命令，在弹出的如图 2-34 所示窗口中进行 C 语言程序的调试。

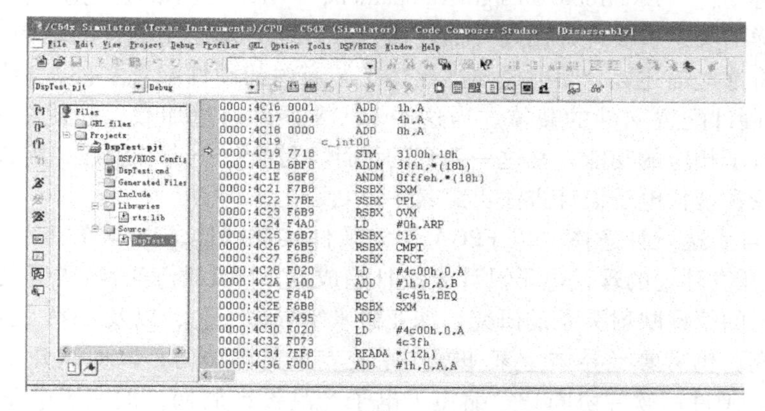

图 2-33　完成程序加载的窗口

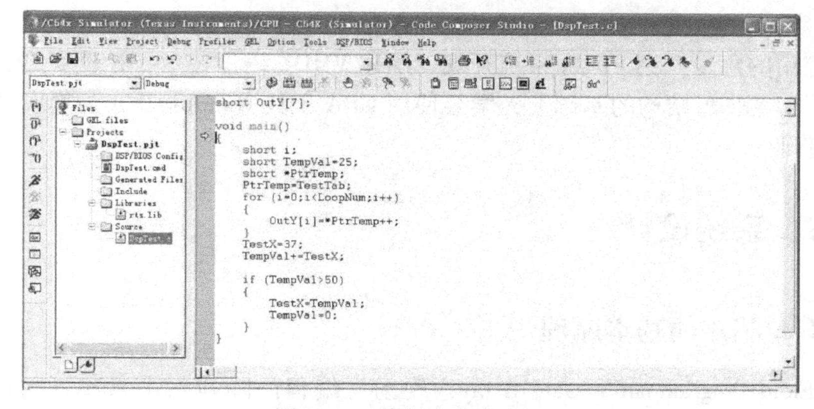

图 2-34　执行主程序窗口

第3章　FPGA系统导论

3.1　FPGA概述

硬件描述语言（Hardware Description Language，HDL）是电子系统硬件行为描述、结构描述、数据流描述的语言。目前，利用硬件描述语言可以进行数字电子系统的设计。随着研究的深入，利用硬件描述语言进行模拟电子系统设计或混合电子系统设计也正在探索中。

国外硬件描述语言种类很多，有的从Pascal发展而来，有的从C语言发展而来。有些HDL成为IEEE标准，但大部分是企业标准。VHDL来源于美国军方，其他的硬件描述语言则多来源于民间公司。在我国比较有影响的有两种硬件描述语言：VHDL语言和Verilog HDL语言。这两种语言已成为IEEE标准语言。

电子设计自动化（Electronic Design Automation，EDA）技术的理论基础、设计工具、设计器件应是这样的关系：设计师用硬件描述语言（HDL）描绘出硬件的结构或硬件的行为，再用设计工具将这些描述综合映射成与半导体工艺有关的硬件配置文件，半导体器件（FPGA）则是这些硬件配置文件的载体。当这些FPGA器件通过加载、配置上不同的文件时，这些器件便具有了相应的功能。在这一系列的设计、综合、仿真、验证、配置的过程中，现代电子设计理论和现代电子设计方法贯穿其中。

以HDL语言表达设计意图，以FPGA作为硬件实现载体，以计算机为设计开发工具，以EDA软件为开发环境的现代电子设计方法日趋成熟。HDL语言的语法语义学研究、与半导体工艺相关联的编译映射关系的研究、深亚微米半导体工艺，以及EDA设计工具的仿真、验证及方法研究，仍需要半导体专家和操作系统专家共同努力，以便能开发出更加先进的EDA工具软件。硬件、软件协同开发缩短了电子产品设计周期，加速了电子产品更新换代的步伐。毫不夸张地说，EDA工程是电子产业的心脏起搏器，是电子产业飞速发展的原动力。

本章从应用的角度介绍FPGA系统开发，阐述VHDL编程技术，让读者全面熟悉VHDL语言，并在了解FPGA结构的基础上，学会使用EDA工具Quartus Ⅱ，为集成电路设计开发打下坚实的基础。

3.2　FPGA系统设计

3.2.1　FPGA芯片的基本原理

FPGA（Field Programmable Gate Array，现场可编程门阵列）由CLB（可配置逻辑块）组成，其逻辑功能可以进行重新定义。FPGA是在PAL、GAL、EPLD、CPLD等可编程器件的基础上进一步发展的产物。它是作为 ASIC 领域中的一种半定制电路而出现的，既解决了定制电路的不足，又克服了原有可编程器件门电路有限的缺点。FPGA 一般采用 SRAM 工艺，也有一些军品和宇航级 FPGA 采用 Flash 或熔丝与反熔丝工艺。FPGA 的集成度很高，其器件密度从几万门到几千万门不等，可以完成极其复杂的时序与逻辑组合逻辑电路功能，适用于高速、高密度的高端数字逻辑电路设计领域。其组成部分主要有可编程输入/输出单元、基本可编程逻辑单元、内嵌 SRAM、丰富的布线资源、底层嵌入功能单元、内嵌专用单元等。

FPGA 具有时钟速度快、性能高、电压低、并行处理能力强等优点，很多高等级的芯片包含大量的块 RAM 存储和高性能数字处理资源。但是，其缺点表现为功耗较高、开发周期较长。

FPGA 的主要设计和生产厂家有 Xilinx、Altera、Lattice、Actel、Atmel 和 QuickLogic 等公司，其中最大的是 Xilinx、Altera、Lattice 三家。

Xilinx 公司的常用 FPGA 器件系列包括 Virtex - Ⅱ、Virtex - Ⅱ pro、Virtex - 4 系列 FPGA、Virtex - 5 系列 FPGA、Spartan Ⅱ & Spartan - 3 & Spartan 3E 器件系列。

Altera 公司的常用 FPGA 器件系列包括 Stratix 系列 FPGA 、Stratix Ⅱ 系列 FPGA、ACEX 系列 FPGA、FLEX 系列 FPGA、Cyclone 系列低成本 FPGA、Cyclone Ⅱ 系列 FPGA、Cyclone Ⅲ 系列 FPGA、Cyclone Ⅳ 系列 FPGA。

Lattice 公司的常用 FPGA 器件系列包括 LatticeECP2/ECP2M 系列 FPGA、LatticeSC/SCM 系列 FPGA、MachXO 系列 FPGA、LatticeXP 系列 FPGA。

3.2.2 FPGA 设计开发流程

FPGA 的设计开发流程就是利用 EDA 开发软件和编程工具对 FPGA 芯片进行开发的过程。FPGA 的开发流程如图 3-1 所示，包括电路设计、设计输入、功能仿真、综合优化、综合后仿真、实现与布局布线、时序仿真与验证、板级仿真与验证、芯片编程与调试等主要步骤。

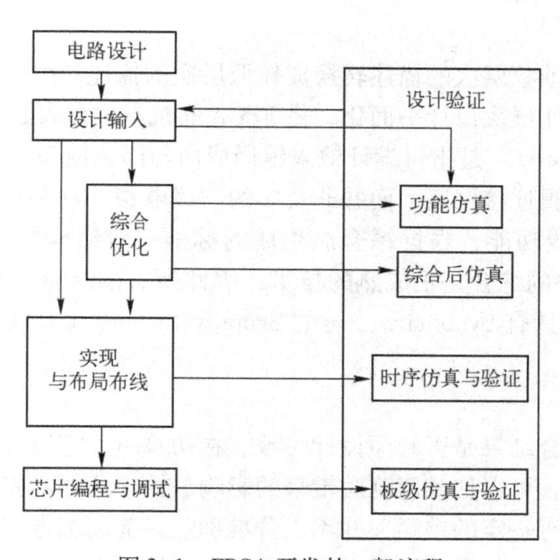

图 3-1 FPGA 开发的一般流程

1. 电路设计

电路设计是指方案论证、系统设计和 FPGA 芯片选择等准备工作。系统工程师根据任务要求（如系统的指标和复杂度），对工作速度和芯片本身的各种资源、成本等方面进行权衡，选择合理的设计方案和合适的器件类型。一般都采用自顶向下的设计方法，把系统分成若干个基本单元，然后再把每个基本单元划分为下一层次的基本单元，一直这样做下去，直到可以直接使用 EDA 元件库为止。

2. 设计输入

设计输入是将所设计的系统或电路以开发软件要求的某种形式表示出来，并输入 EDA 工具的过程。常用的方法有硬件描述语言（HDL）和原理图输入方法等。原理图输入方法是一种最直接的描述方式，在可编程芯片发展的早期应用比较广泛，将所需的器件从元件库中调出来，画出原理图。这种方法虽然直观并易于仿真，但效率很低，且不易维护，不利于模块构造和重用，更主要的缺点是可移植性差，当芯片升级后，所有的原理图都需要进行一定的改动。目前，在实际开发中应用最广的就是 HDL 语言输入法，利用文本描述设计，可以分为普通 HDL 和行为 HDL。普通 HDL 有 ABEL、CUR 等，支持逻辑方程、真值表和状态机等表达方式，主要用于简单的小型设计。而在中大型工程中，主要使用行为 HDL，其主流语言是 Verilog HDL 和 VHDL。这两种语言都是美国电气与电子工程师协会（IEEE）的标准，其共同的突出特点如下：语言与芯片工艺无关，利于自顶向下设计，便于模块的划分与移植，可移植性好，具有很强的逻辑描述和仿真功能，而且输入效率很高。

3. 功能仿真

功能仿真也称为前仿真，是在编译之前对用户所设计的电路进行逻辑功能验证，此时的仿真没有延迟信息，仅对初步的功能进行检测。仿真前，要先利用波形编辑器和 HDL 等建立波形文件和测试向量（即将所关心的输入信号组合成序列），仿真结果将会生成报告文件和输出信号波形，从中便可以观察各个结点信号的变化。如果发现错误，则返回修改逻辑设计。常用的工具有 Model Tech 公司的 ModelSim、Sysnopsys 公司的 VCS 和 Cadence 公司的 NC - Verilog 及 NC - VHDL 等软件。

4. 综合优化

综合就是将较高级抽象层次的描述转换成较低层次的描述。综合优化根据目标与要求优化所生成的逻辑连接，使层次设计平面化，供 FPGA 布局布线软件进行实现。就目前的层次来看，综合优化（Synthesis）是指将设计输入编译成由与门、或门、非门、RAM、触发器等基本逻辑单元组成的逻辑连接网表，而并非真实的门级电路。真实具体的门级电路需要利用 FPGA 制造商的布局布线功能，根据综合后生成的标准门级结构网表来产生。由于门级结构、RTL 级的 HDL 程序的综合是很成熟的技术，因此所有的综合器都可以支持到这一级别的综合。常用的综合工具有 Synplicity 公司的 Synplify/Synplify Pro 软件，以及各个 FPGA 厂家自己推出的综合工具。

5. 综合后仿真

综合后仿真检查综合结果是否和原设计一致。在仿真时，把综合生成的标准延时文件反标注到综合仿真模型中，可以估计门延时带来的影响。由于这一步骤不能估计线延时，因此和布线后的实际情况还有一定的差距，并不十分准确。目前的综合工具较为成熟，对于一般的设计可以忽略这一步，但如果在布局布线后发现电路结构和设计意图不符，则需要回溯到综合后仿真来确认问题的所在。在功能仿真中介绍的软件工具一般都支持综合后仿真。

6. 实现与布局布线

实现是将综合生成的逻辑网表配置到具体的 FPGA 芯片上，布局布线是其中最重要的过程。布局将逻辑网表中的硬件原语和底层单元合理地配置到芯片内部的固有硬件结构上，并且往往需要在速度最优和面积最优之间做出选择。布线根据布局的拓扑结构，利用芯片内部的各种连线资源，合理、正确地连接各个元件。目前，FPGA 的结构非常复杂，特别是在有时序约束条件时，需要利用时序驱动的引擎进行布局布线。布线结束后，软件工具会自动生成报告，提供有关设计中各部分资源的使用情况。由于只有 FPGA 芯片生产商对芯片结构最为了解，所以布局布线必须选择芯片开发商提供的工具。

7. 时序仿真与验证

时序仿真也称为后仿真，是指将布局布线的延时信息反标注到设计网表中来检测有无时序违规现象，即不满足时序约束条件或器件固有的时序规则，如建立时间、保持时间等。时序仿真包含的延迟信息最全也最精确，能较好地反映芯片的实际工作情况。由于不同芯片的内部延时不一样，不同的布局布线方案也给延时带来不同的影响，因此在布局布线后，通过对系统和各个模块进行时序仿真，分析其时序关系，估计系统性能，以及检查和消除竞争冒险是非常有必要的。在功能仿真中介绍的软件工具一般都支持时序仿真。

8. 板级仿真与验证

板级仿真主要应用于高速电路设计中，对高速系统的信号完整性、电磁干扰等特征进行分析，一般都以第三方工具进行仿真和验证。

9. 芯片编程与调试

设计的最后一步就是芯片编程与调试。芯片编程是指产生使用的数据文件（位数据流文件，Bitstream Generation），然后将编程数据下载到 FPGA 芯片中。其中，芯片编程需要满足一定的条件，如编程电压、编程时序和编程算法等方面。逻辑分析仪（Logic Analyzer，LA）是 FPGA 设计的主要调试工具，但需要引出大量的测试引脚，且 LA 价格昂贵。目前，主流的 FPGA 芯片生产商都提供了内嵌的在线逻辑分析仪来解决上述矛盾，如 Xilinx ISE 中的 ChipScope、Altera Quartus Ⅱ中的 SignalTap Ⅱ及 SignalProb，它们只需要占用芯片少量的逻辑资源，具有很高的实用价值。

3.2.3 FPGA 与 CPLD 的比较

FPGA 基于 SRAM 的架构，集成度高，以 Slice（包括查找表、触发器及其他）为基本单元，有内嵌 Memory、DSP 等，支持丰富的 IO 标准，掉电后程序丢失，需要有上电加载过程。FPGA 在实现复杂算法、队列调度、数据处理、高性能设计、大容量缓存设计等领域中有广泛的应用，如 Xilinx Virtex 系列及 Altera Stratix 系列。

CPLD 基于 EEPROM 工艺，复杂度低，以 MicroCell（包括组合部分与寄存器）为基本单元。掉电后程序不会丢失，可以重复写入。CPLD 在粘合逻辑、地址译码、简单控制、FPGA 加载等设计中有广泛的应用，如 Xilinx CoolRunner 系列及 Altera MAX7000 系列。

尽管 FPGA 和 CPLD 都是可编程 ASIC 器件，有很多共同特点，但由于 CPLD 和 FPGA 结构上的差异，又具有各自的特点：

1）CPLD 更适合于完成各种算法和组合逻辑，FPGA 更适合于完成时序逻辑。换句话说，FPGA 更适合于触发器丰富的结构，而 CPLD 更适合于触发器有限而乘积项丰富的结构。

2）CPLD 的连续式布线结构决定了它的时序延迟是均匀的和可预测的，而 FPGA 的分段式布线结构决定了其延迟的不可预测性。

3）在编程上，FPGA 比 CPLD 具有更大的灵活性。CPLD 通过修改具有固定内连电路的逻辑功能来编程，FPGA 主要通过改变内部连线的布线来编程；FPGA 可在逻辑门下编程，而 CPLD 只在逻辑块下编程。

4）FPGA 的集成度比 CPLD 高，具有更复杂的布线结构和逻辑实现。

5）CPLD 比 FPGA 使用起来更方便。CPLD 的编程采用 EEPROM 或 FASTFLASH 技术，无须外部存储器芯片，使用简单。而 FPGA 的编程信息需存放在外部存储器上，上电后必须从外部存储器进行调用，使用方法复杂。

6）CPLD 的速度比 FPGA 快，并且具有较大的时间可预测性。这是由于 FPGA 是门级编程，并且 CLB 之间采用分布式互连。而 CPLD 是逻辑块级编程，并且其逻辑块之间的互连是集中式的。

7）在编程方式上，CPLD 主要是基于 EEPROM 或 FLASH 存储器编程的，编程次数可达 1 万次。其优点是系统断电时编程信息不会丢失。CPLD 可以分为在编程器上编程和在系统编程两类。FPGA 大部分是基于 SRAM 编程的，编程信息在系统断电时丢失，每次上电时需从器件外部将编程数据重新写入 SRAM 中。其优点是可以编程任意次，可在工作中快速编程，从而实现板级和系统级的动态配置。

8）CPLD 保密性好，FPGA 保密性差。

9）一般情况下，CPLD 的功耗要比 FPGA 大，且集成度越高越明显。

由于以上特点，在进行大中型数字系统开发时，FPGA 与 CPLD 相比具有明显的优势。

3.2.4 FPGA 与 DSP 的比较

DSP 从根本上讲是适合串行算法的，多处理器系统是很昂贵的，而且只适合粗粒度的并行算法；FPGA 可以在片内实现细粒度、高度并行的运算结构。FPGA 和 DSP 两者各有所长。实现时，一般的配置是 DSP 作为主处理器，FPGA 作为协处理器，利用 FPGA 的高并行度和可重配置实现 FFT、FIR 等运算。

传统的观点认为 FPGA 用来创建原型比较好，但是应用于大规模的数字系统开发就过于昂贵而且功耗过大。目前，这一不足已有了明显改善，有些 FPGA 在成本和功耗上已经低于 DSP。例如，Xilinx 公司发布的 Spartan－3A DSP 系列，移入了高端 Virtex－5 系列的 DSP 性能，而卖价最高才 30 美元；Altera 公司的 Cyclone 3 系列的性能比 Spartan－3A DSP 略低，部分芯片的批发价格仅 4 美元。而 TI 公司的 C64x 系列和 AD 公司的 Blackfin 系列处理器，其价格一般都在 5 ~ 30 美元。

新的趋势已经很明朗：新的 FPGA 已经能够依靠价格来和主流的 DSP 竞争。此外，FPGA 的计算能力比 DSP 的性能更加强大。例如，30 美元的 Spartan－3A DSP 性能可高达每秒 200 亿条乘法累加操作（GMACs），同样花 30 美元买一个 600 MHz C64x DSP，每秒的累加操作仅仅是 25 亿条，后者在性能上差了一个数量级。

简而言之，目前各 FPGA 生产商的主流芯片已经打破了 FPGA 所有的旧标准，在系统实现和芯片选择时，应当从算法结构等更深层次的角度出发。

3.3 Quartus 的使用

Quartus Ⅱ是美国 Altera 公司自行设计的第四代 PLD 开发软件，支持 Altera 公司生产的系列 FPGA/CPLD 器件的设计开发，支持原理图、VHDL、VerilogHDL 及 AHDL（Altera Hardware Description Language）等多种设计输入形式。该软件是一个完全集成化、易学易用的单芯片可编程系统设计平台，它将设计、综合、布局和验证以及第三方 EDA 工具软件接口都集成在一个无缝的环境中，其界面友好、使用便捷、灵活高效，深受设计人员的欢迎。下面以 Quartus Ⅱ 8.1 版本为例，介绍使用 Quartus Ⅱ设计开发可编程器件的过程。

3.3.1 Quartus Ⅱ的特点

Quartus Ⅱ主要具有以下特点。

（1）多平台

Quartus Ⅱ支持 Windows、Solaris、Hpux 和 Linux 等多种操作系统，且能和第三方工具（如综合工具、仿真工具等）链接。

（2）与结构无关

Compiler（编译器）是 Quartus Ⅱ的核心。它支持多种 Altera 器件，能提供真正与结构无关的设计环境和强有力的逻辑综合能力。

（3）系统完全集成化

Quartus Ⅱ包含有 MAX + plus Ⅱ的用户界面，且易于将 MAX + plus Ⅱ设计的工程文件无缝隙地过渡到 Quartus Ⅱ开发环境；Quartus Ⅱ提供了 LogicLock 基于模块的设计方法，便于设计者独立设计和实施各种设计模块，并且在讲模块集成到顶层工程时，仍可以维持各个设计模块的性能；Quartus Ⅱ支持多时钟定时分析，内嵌 SignalTap Ⅱ逻辑分析器、功率估计器等高级工具；芯片（电路）平面布局连线编辑器便于引脚分配和时序分析。

（4）支持多种输入方式

可利用原理图和硬件描述语言完成电路描述，并可将其保存为设计实体文件。

3.3.2 基于 Quartus Ⅱ的开发设计流程

利用 Quartus Ⅱ进行数字系统设计开发的流程如图 3-2 所示，主要包括设计输入、编译、仿真与定时分析、编程和测试等步骤。

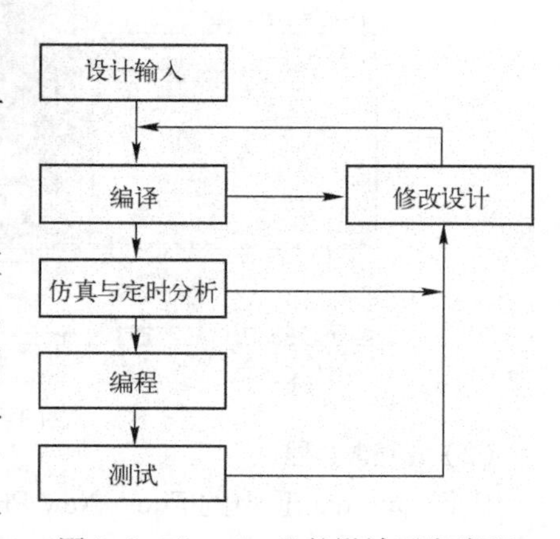

图 3-2　Quartus Ⅱ的设计开发流程

（1）设计输入

将电路、系统以一定的表达方式输入计算机是在 Quartus Ⅱ平台上对 FPGA/CPLD 开发的最初步骤。Quartus Ⅱ主要采用原理图输入、文本输入、EDIF 网表输入方式。Quartus Ⅱ在 File 菜单中提供了 New Project Wizard 向导，引导用户完成工程的创建。需要向工程添加新的 VHDL 文件时，可以通过 New 命令实现。

（2）编译

根据设计要求设定编译参数和编译策略，如元器件的选择、逻辑综合方式的选择等，然后根据设定的参数和策略对设计工程进行网表提取、逻辑综合和适配，并产生报告文件、延时信息文件及编程文件，供分析、仿真和编程使用。执行 Quartus Ⅱ中的 Processing→Start Compilation 命令，开始编译。

（3）仿真与定时分析

利用软件的仿真功能来验证设计工程的逻辑功能是否正确，并通过定时分析设定时间参数，从而判定系统的时间参数是否达到系统的定时要求。执行 Quartus Ⅱ中的 Processing→Start→Start Timing Analyzer 命令，进行定时分析；执行 Quartus Ⅱ中的 Processing→Simulation 命令，进行仿真。

（4）编程

把适配后生成的数据文件或配置文件通过编程器或编程电缆向 FPGA/CPLD 下载，以便进行硬件调试和验证。执行 Quartus Ⅱ中的 Tool→Programmer 命令，进行编程。

（5）测试

对含有载入设计的 FPGA/CPLD 的硬件系统进行统一测试，以便最终验证设计工程在目标系统上的实际工作情况，以排除错误，改进设计。

3.3.3 基于 Quartus Ⅱ的 VHDL 设计方法

基于 Quartus Ⅱ的 VHDL 设计流程包括新建工程、编写/添加设计文件、分析与综合、全编译、时序仿真等步骤。下面以 3 bit 计数器为例，具体说明基于 Quartus Ⅱ的 VHDL 设计方法。

1. 建立 Quartus 工程

（1）新建工程文件夹

例如，在“我的电脑”中的 E 盘新建一个文件夹，命名为“counter”。启动 Quartus Ⅱ，进入 Quartus Ⅱ的图形界面，如图 3-3 所示。

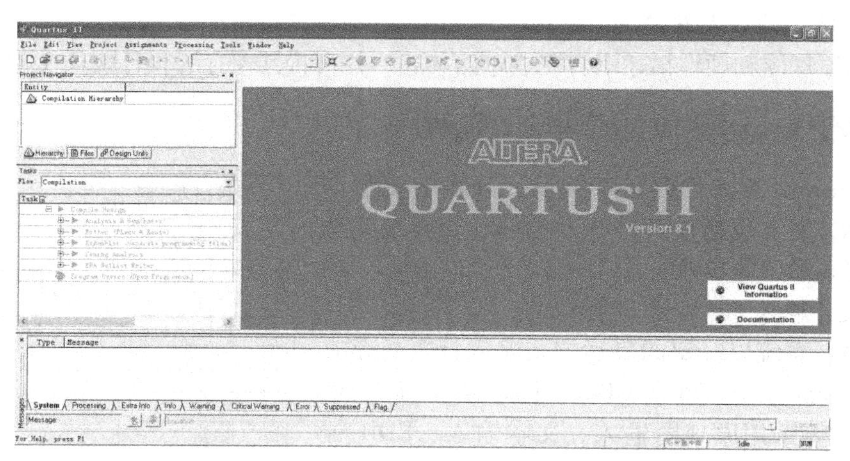

图 3-3 Quartus Ⅱ的图形界面

（2）新建工程

执行 Quartus Ⅱ中的 File→New Project Wizard 命令，建立一个新的工程，如图 3-4 所示。此时，出现创建新工程向导介绍对话框，如图 3-5 所示。

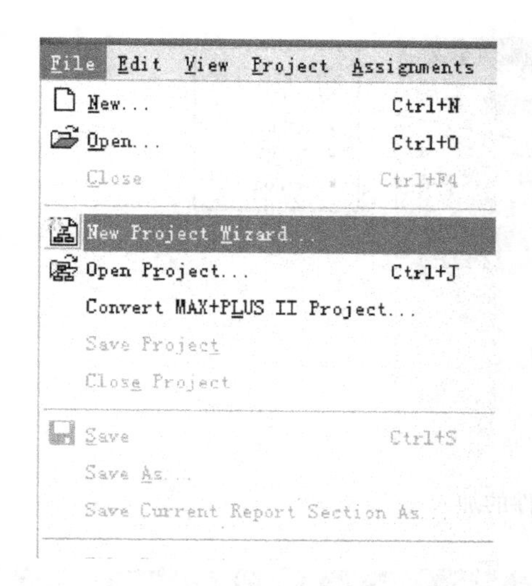

图 3-4　创建新工程的菜单项

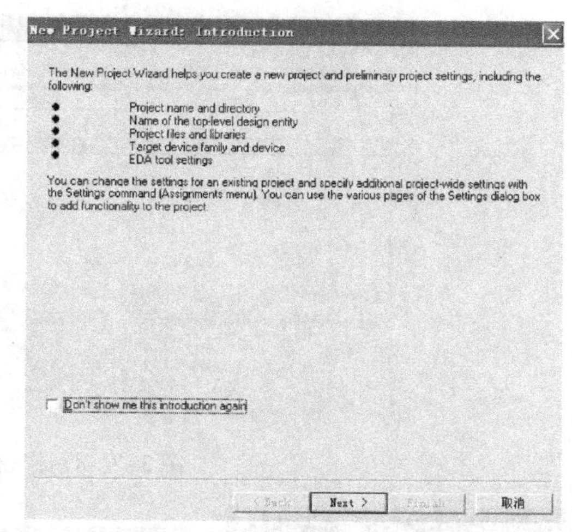

图 3-5　创建新工程向导介绍对话框

（3）输入工程工作路径、工程文件名及顶层实体名

打开 Wizard 之后，单击 Next 按钮，弹出如图 3-6 所示的对话框。此时，输入工程工作路径、工程文件名及顶层实体名。

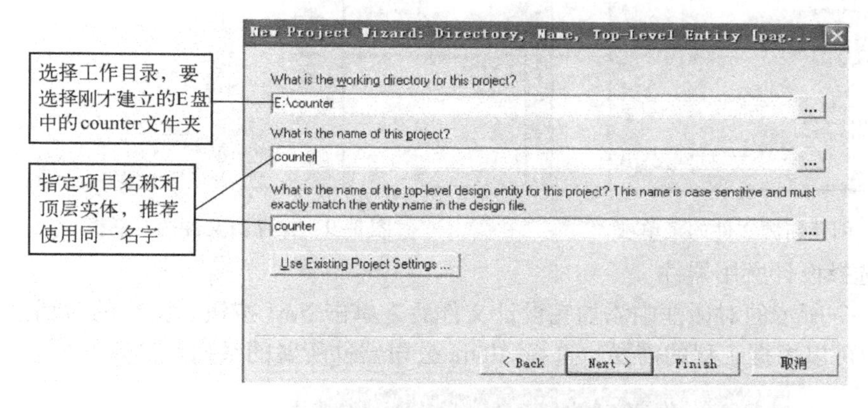

图 3-6　设置工程工作路径、工程文件名和顶层实体名

2. 添加/编写设计文件

（1）添加设计文件

在图 3-6 所示的对话框中设置完成后，单击 Next 按钮，弹出如图 3-7 所示的对话框。

（2）编写设计文件

如果已经提前编好了源文件，则可以单击“…”按钮选择该源文件进行添加，设计文件的类型可以是原理图、AHDL、VHDL 或 Verilog 文件，然后单击 Add 按钮实现添加。

如果需要编写新的源程序，在新建工程之前，需要执行 Quartus Ⅱ 中的 File→New 命令新建源文件，在弹出的如图 3-8 所示的对话框中选择文件类型 VHDL File。用户可以自行编写程序，并保存为 counter. vhd 文件，如图 3-9 所示。

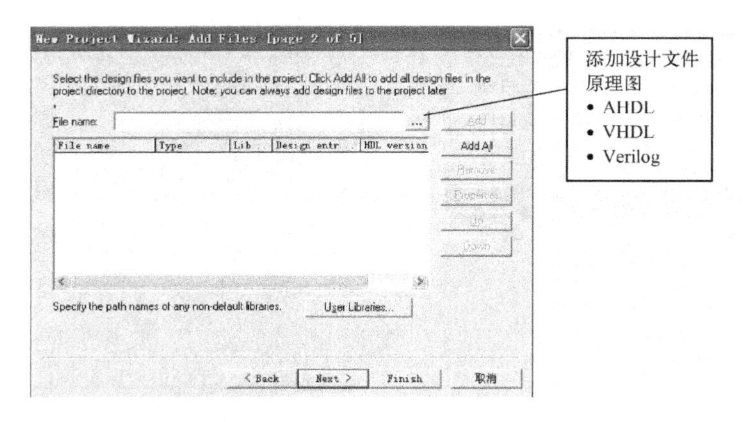

图 3-7　设计文件的加入

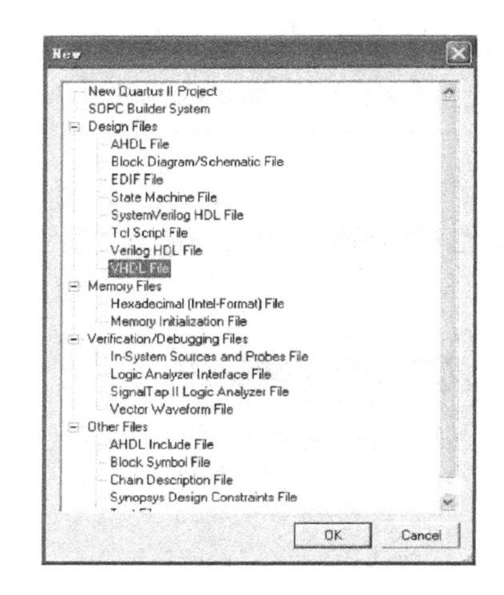

图 3-8　创建新源文件的菜单项

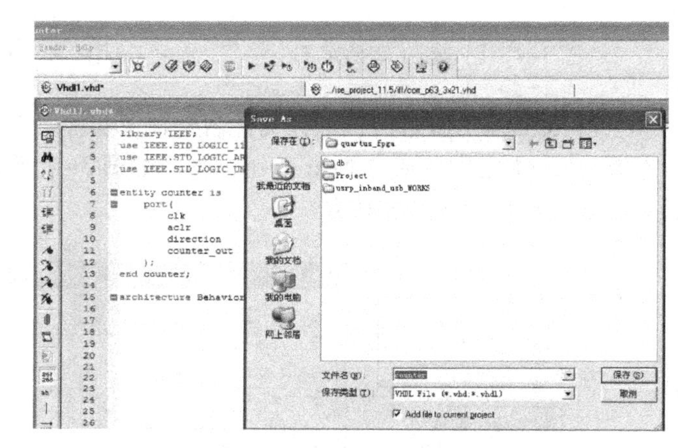

图 3-9　保存源文件的对话框

（3）选择设计所用器件

在图 3-7 所示的对话框中添加完设计文件后，单击 Next 按钮，弹出的对话框如图 3-10 所示。用户可以根据工程的需要，选择 Altera 公司器件所属的系列及具体型号。

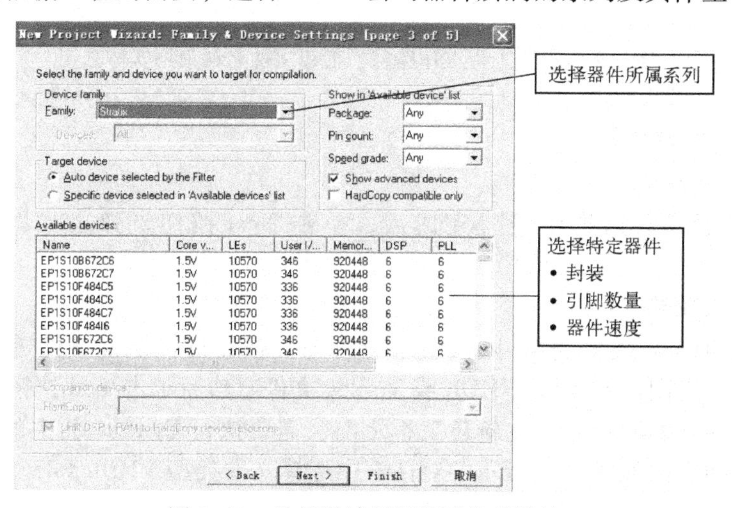

图 3-10　选择设计所用的可编程器件

（4）设置 EDA 工具

在图 3-10 所示的对话框中，根据该工程的需要选择可编程器件后，单击 Next 按钮，弹出的对话框如图 3-11 所示。

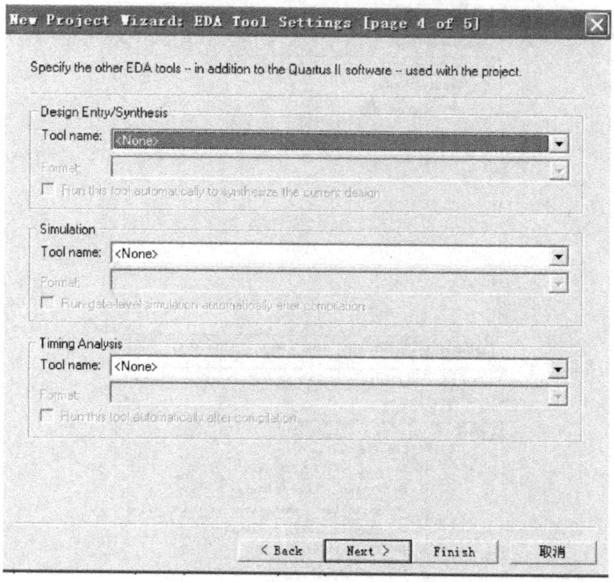

图 3-11　设置 EDA 工具

（5）查看新建工程总结

在图 3-11 所示的对话框中，选择综合、仿真以及时序分析所需的工具，如无特殊需要，可以采用默认配置“None”。单击 Next 按钮，弹出如图 3-12 所示的对话框，用户可以查看新建工程的总结。

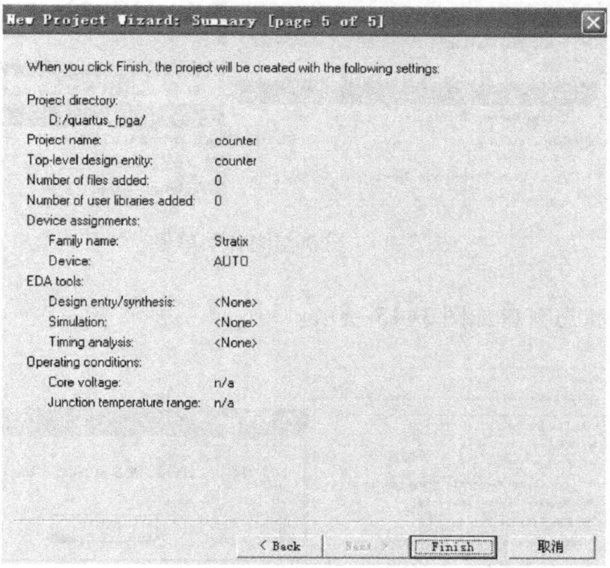

图 3-12　查看新建工程总结

在完成工程新建后，Quartus Ⅱ 界面中 Project Navigator 的 Hierarchy 选项卡中会出现用户正在设计的工程名及所选用的器件型号，如图 3-13 所示。双击可以查看 vhdl 源程序。

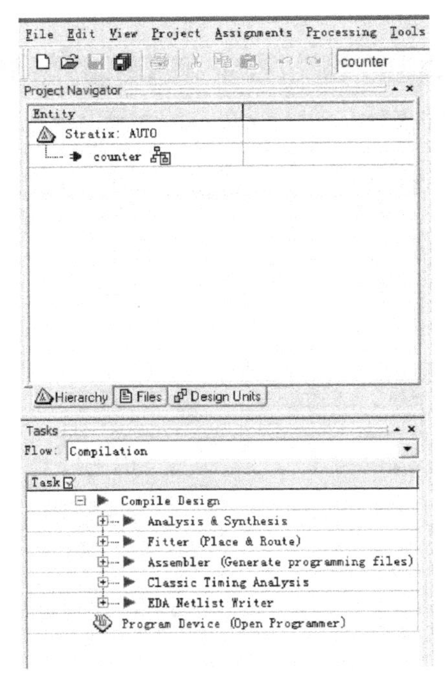

图 3-13 Hierarchy 选项卡

3. 分析与综合

单击 Processing→Start→Start Analysis & Synthesis 命令，如图 3-14 所示。

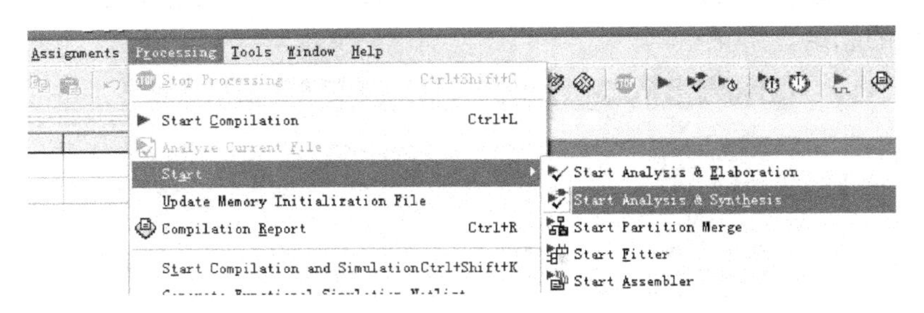

图 3-14 分析与综合菜单项

分析与综合后，状态窗口如图 3-15 所示。

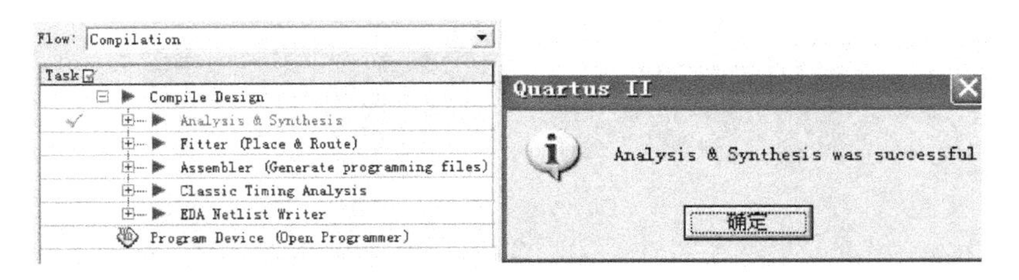

图 3-15 分析与综合后的状态窗口

4. 全编译工程

单击 Processing→Start Compilation 命令，或按〈Ctrl + L〉组合键执行全编译，如图 3-16 所示。

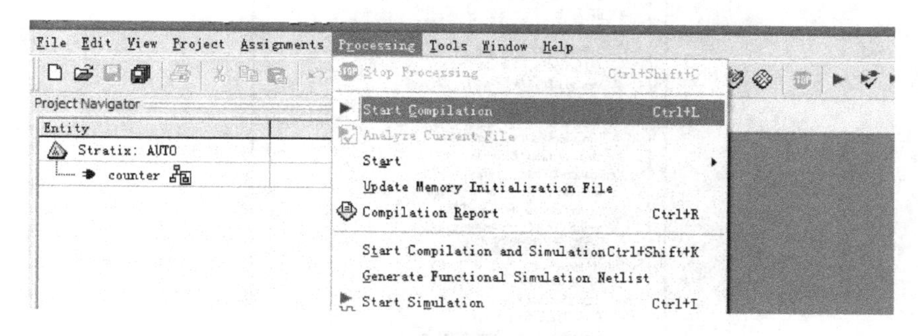

图 3-16　全编译菜单项

全编译后，状态窗口如图 3-17 所示。

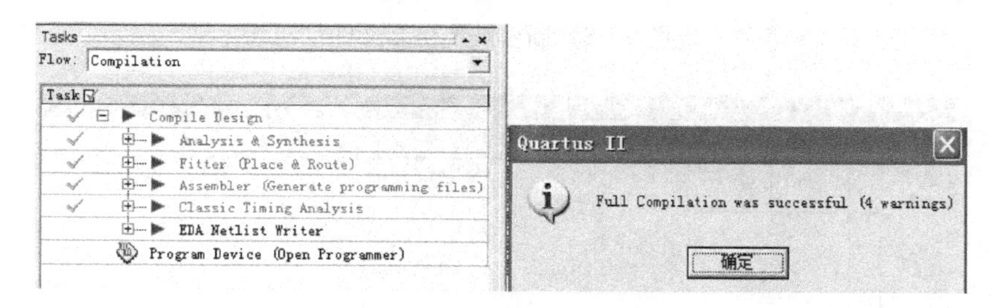

图 3-17　全编译后的状态窗口

全编译后，可以看到工程所占用资源等情况，如图 3-18 所示。

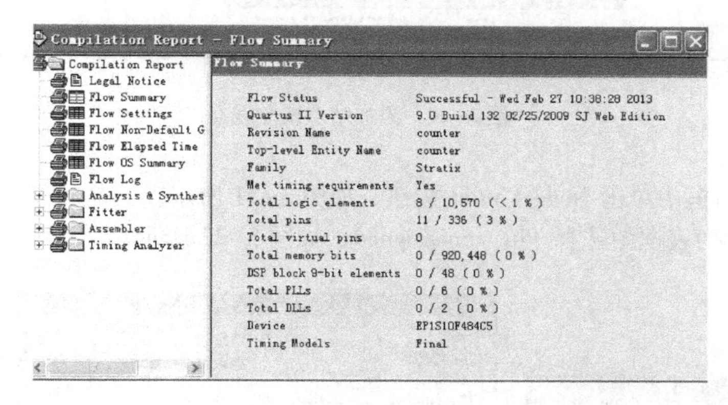

图 3-18　全编译后的工程资源占用情况

5. 时序仿真

（1）创建仿真输入波形文件。

单击 File→New→Other Files→Vector Waveform File 命令，如图 3-19 所示。

（2）添加信号结点

在左侧的空波形文件中单击鼠标右键，在弹出的快捷菜单中单击 Insert→Insert Node or Bus 命令，如图 3-20 所示。

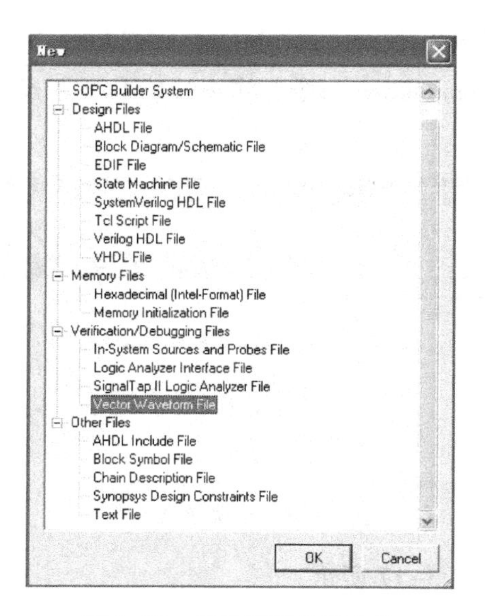

图 3-19　新建波形仿真文件

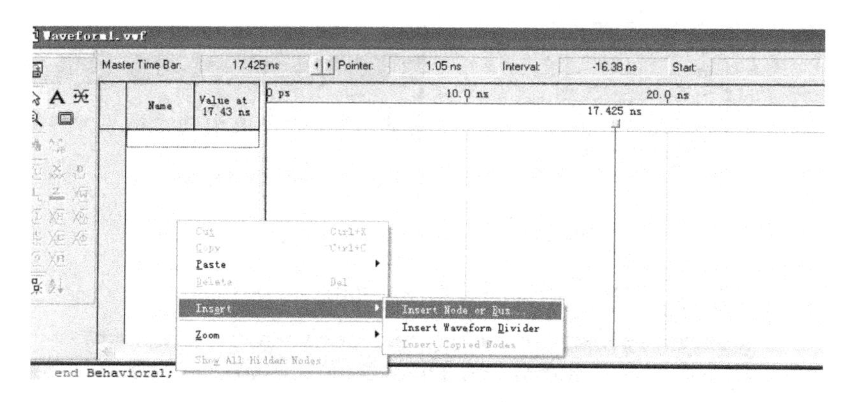

图 3-20　添加结点或总线

在弹出的对话框中单击 Node Finder 按钮，如图 3-21 所示。

在 Filter 下拉列表框中选择 Pin：unassigned，如图 3-22 所示。

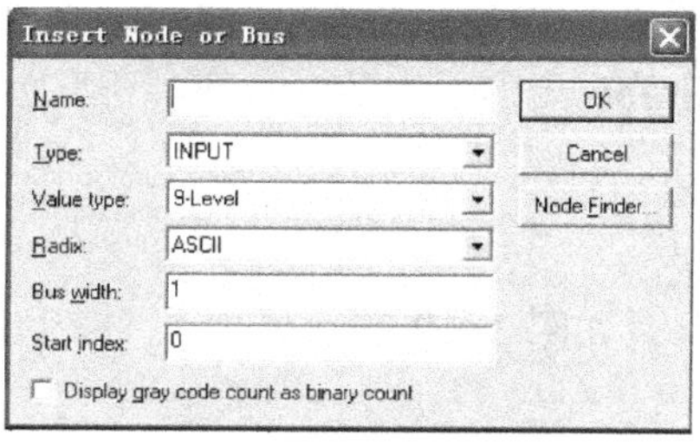

图 3-21　寻找结点

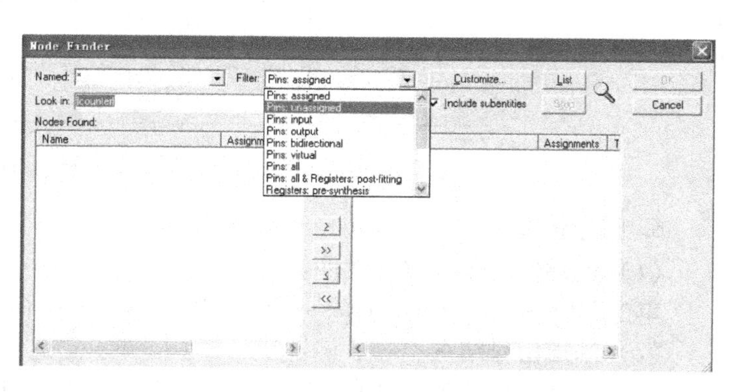

图 3-22　选择未被分配的引脚

单击 List 按钮，显示所有未被分配的引脚，如图 3-23 所示。

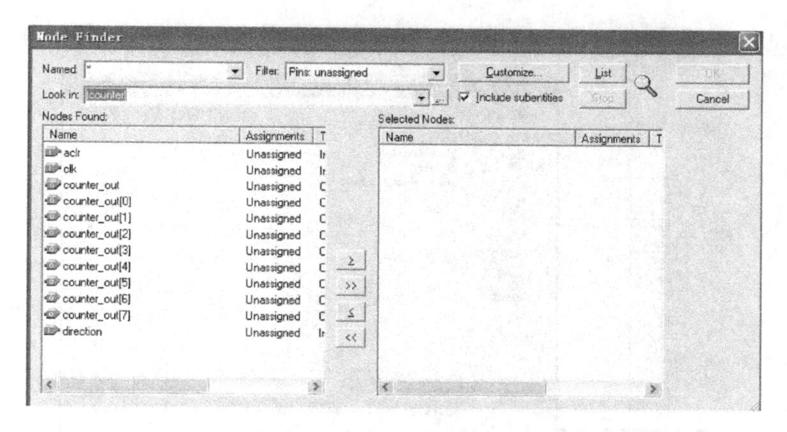

图 3-23　未被分配的引脚显示窗口

分别选择结点 aclr、clk 和 counter_out，单击≥按钮，将结点加入右侧的 Selected Nodes 选项区中，单击 OK 按钮，就可以添加选择出来的结点，如图 3-24 所示。

在弹出的对话框中单击 OK 按钮，添加已经确定好的结点，如图 3-25 所示。

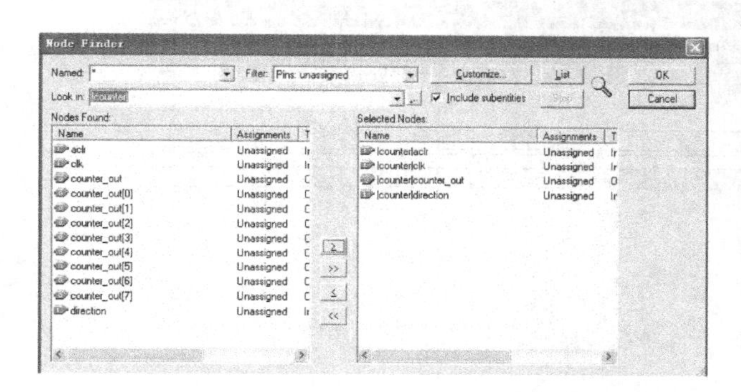

图 3-24　添加选择出来的结点

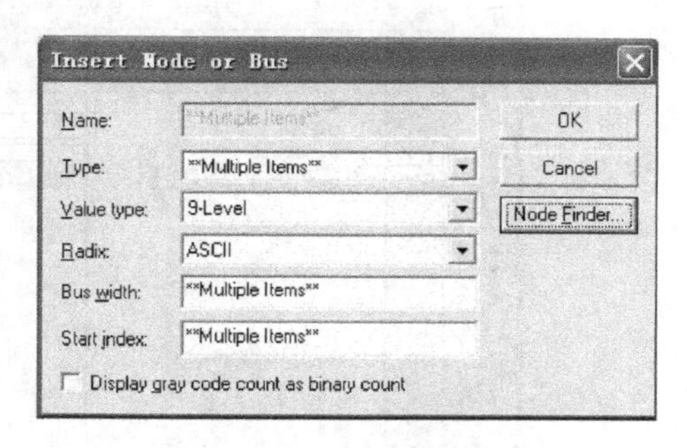

图 3-25　添加已经确定好的结点

（3）输入仿真激励信号

波形仿真初始化界面的显示结果如图 3-26 所示。

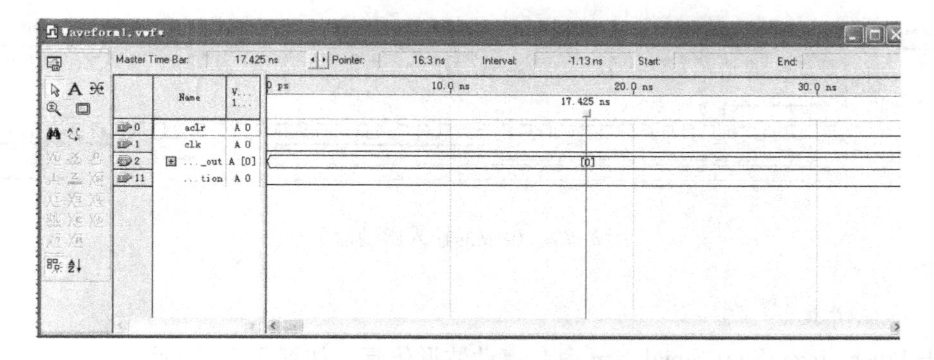

图 3-26　波形仿真初始化界面的显示结果

保存波形仿真文件到当前工程 counter 文件夹下面，如图 3-27 所示。

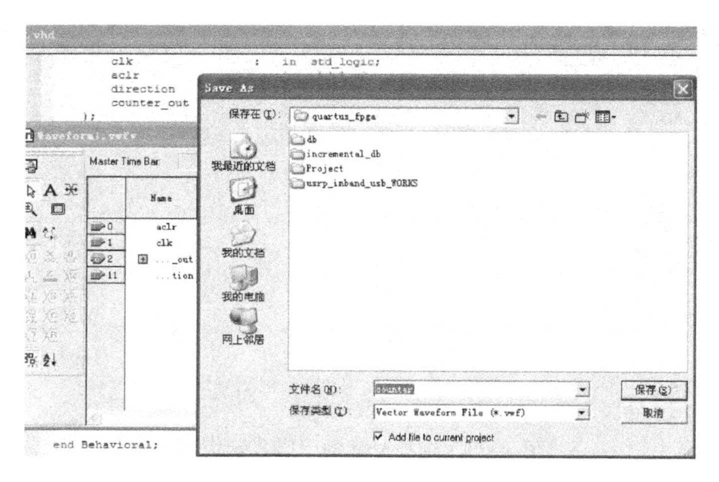

图 3-27　保存波形仿真文件

利用左边快捷菜单栏的信号源按钮输入激励信号，如图 3-28 所示。

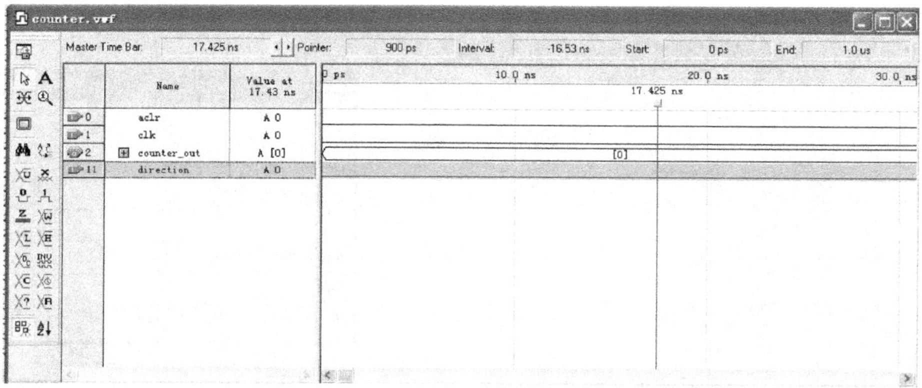

图 3-28　利用快捷菜单栏输入激励信号

通过分别设置 aclr 和 clk 两个信号，得到生成的输入激励信号，如图 3-29 所示。

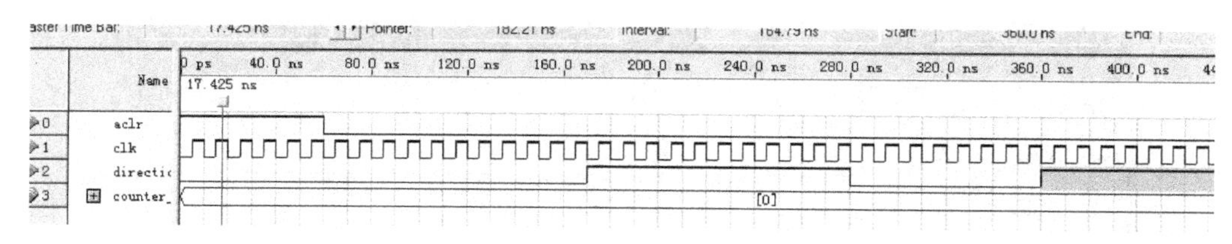

图 3-29　生成的输入激励信号

(4) 波形仿真

单击 Processing→Start Simulation 命令启动波形仿真，如图 3-30 所示。

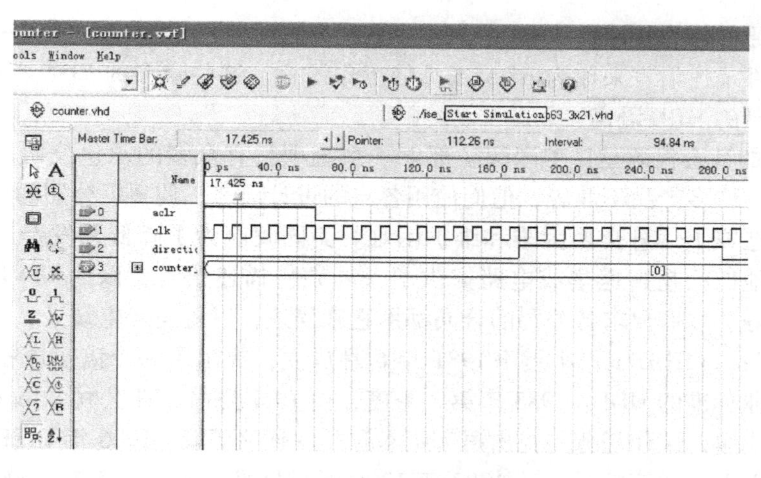

图 3-30 启动波形仿真

（5）查看仿真结果

仿真运行成功后，可以观察仿真结果，如图 3-31 所示。单击左侧的放大镜按钮，然后在波形上用鼠标右键单击会缩小波形，反之在波形上用鼠标左键单击会放大波形。

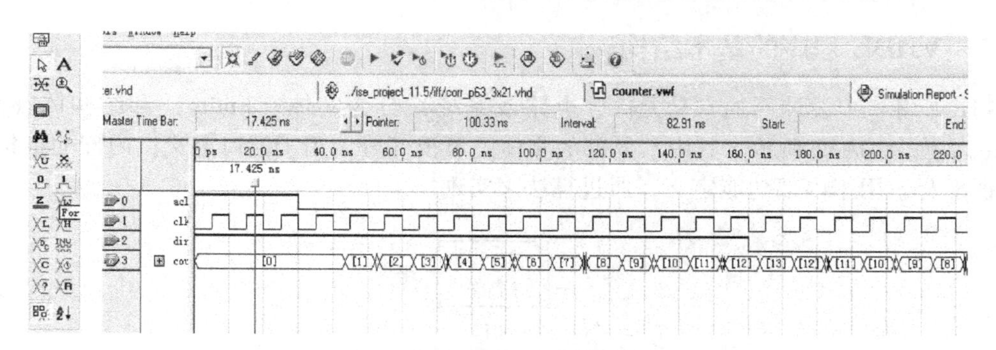

图 3-31 观察仿真结果

3.4 VHDL 语言

3.4.1 VHDL 语言的诞生

VHDL 语言即超高速集成电路硬件描述语言（Very High Speed Integrated Circuit Hardware Description Language）。

HDL 发展的技术源头是：在 HDL 形成发展之前，已有了许多程序设计语言，如汇编、C、Pascal、Fortran、Prolog 等。这些语言运行在不同硬件平台和不同的操作环境中，它们适合于描述过程和算法，不适合硬件描述。CAD 的出现，使人们可以利用计算机进行建筑、服装等行业的辅助设计，电子辅助设计也同步发展起来。在从 CAD 工具到 EDA 工具的进化过程中，电子设计工具的人机界面能力越来越高。在利用 EDA 工具进行电子设计时，逻辑图、分立电子原件作为整个越来越复杂的电子系统的设计已不适应。任何一种 EDA 工具，都需要一种硬件描述语言来作为 EDA 工具的工作语言。这些众多的 EDA 工具软件开发者，各自推出了自己的 HDL 语言。

HDL 发展的社会根源是：美国国防部电子系统项目有众多的承包公司，由于各公司技术路线不一致，许多产品不兼容，他们使用各自的设计语言，使得甲公司的设计不能被乙公司重复利用，造成了信息交换困难和维护困难。美国政府为了降低开发费用，避免重复设计，国防部为他们的超高速集成电路提供了一种硬件描述语言，以期望 VHDL 功能强大、严格、可读性好。政府要求各公司的合同都用它来描述，以避免产生歧义。

由政府牵头，VHDL 工作小组于 1981 年 6 月成立，提出了一个满足电子设计各种要求的能够作为工业标准的 HDL。1983 年第 3 季度，由 IBM 公司、TI 公司、Intermetrics 公司签约，组成开发小组，工作任务是提出语言版本和开发软件环境。1986 年 IEEE 标准化组织开始工作，讨论 VHDL 语言标准，于 1987 年 12 月通过标准审查，并宣布实施，即 IEEE STD 1076—1987［LRM87］。1993 年 VHDL 重新修订，形成了新的标准，即 IEEE STD 1076—1993［LRM93］。

从此以后，美国国防部实施新的技术标准，要求电子系统开发商的合同文件一律采用 VHDL 文档，至此第一个官方 VHDL 标准得到推广、实施和普及。

3.4.2　VHDL 程序的基本结构

VHDL 将一个设计（通常是元件、电路或系统）分为实体（Entity）和结构体（Architecture），如图 3-32 所示。其中，外部的实体是可视部分，用于端口定义；内部的结构体是不可视部分，用于内部功能定义，通过算法来实现。

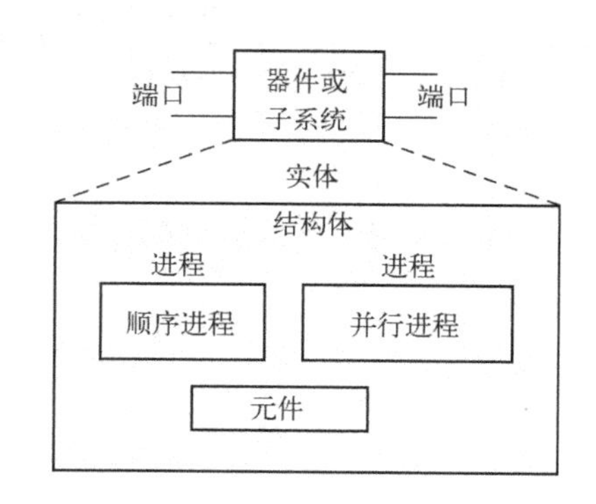

图 3-32　VHDL 的设计模块

一个完整的 VHDL 程序包含库（Library）、实体（Entity）、结构体（Architecture）、程序包（Package）、配置（Configuration）5 个部分。一个最小化的 VHDL 程序至少包含前 3 个部分：库、实体和结构体。

例 3-1 是一个 8 位比较器的程序结构模板。从这个抽象的程序可以归纳出 VHDL 程序的基本结构。

【例 3-1】 8 位比较器程序结构模板

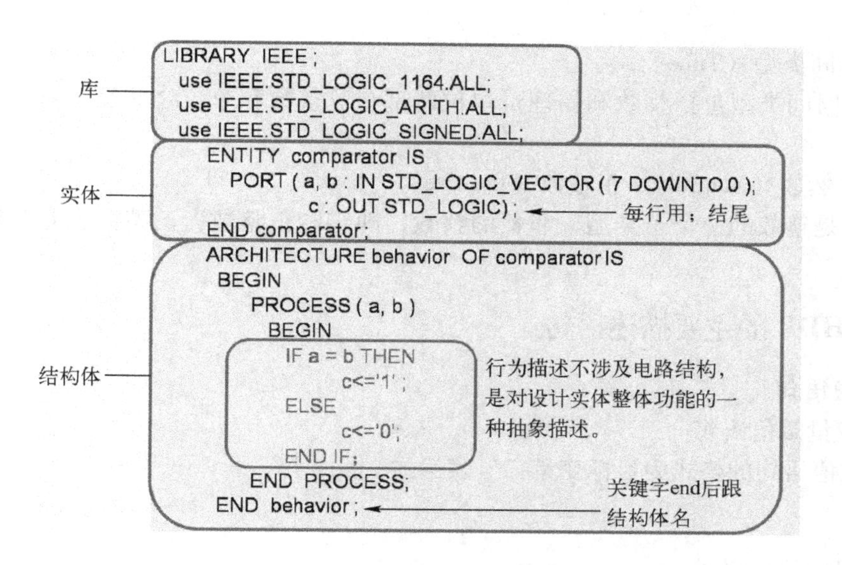

由例 3-1 可以看出，VHDL 程序由 3 部分组成：第 1 部分为库的调用，第 2 部分为实体说明，第 3 部分为结构体。

3.4.3 VHDL 数据类型

VHDL 语言所定义的标准数据类型如下：

（1）整型（Integer）

整型 Integer 表示 32 位二进制有符号整数，最大可实现的整数范围为 $-(2^{31}-1)$ ~ $(2^{31}-1)$。例如，语句“signal s：integer range 0 to 15；”规定信号 s 的取值范围是 0 ~ 15，可用 4 位二进制数表示，因此 s 将被综合成由 4 条信号线构成的信号。

（2）实型（Real）

VHDL 的实数类型类似于数学上的实数或者浮点数。通常情况下，实数类型只能在 VHDL 仿真器中使用，VHDL 综合器不支持实数。

（3）位（Bit）

位数据类型属于枚举型，取值只能是 1 和 0，只表示一个位的两种取值。位数据类型的数据对象（如变量、信号等）可以参与逻辑运算，运算结果仍是位的数据类型。

（4）位矢量（Bit_Vector）

位矢量是基于 Bit 数据类型的数组。它是使用双引号的一组位数据，如“1011”。

（5）布尔量（Boolean）

布尔量数据类型常用来表示信号的状态或者总线上的情况。它是一个二值枚举型数据类型，取值有 False 和 True 两种。布尔量没有数值含义，不能进行算术运算，但可以进行关系运算。

（6）字符（Character）

字符数据类型通常使用单引号，如‘A’。字符类型区分大小写，如‘B’不同于‘b’。

（7）字符串（String）

字符串数据类型又称为字符串数组，字符串必须用双引号标明。

（8）时间类型（Time）

完整的时间类型包括整数和物理量单位两部分。整数和单位之间至少留一个空格，如10 ms。

（9）自然数（Natural）、正整数（Positive）

自然数是整数的一个子类型，非负的整数，即零和正整数；正整数也是整数的一个子类型。

3.4.4 VHDL的主要描述语句

1. 赋值语句

（1）变量赋值语句

变量赋值语句的格式为目标变量：=表达式；

例如：

```
a:IN STD_LOGIC;
  …
a := '1';
```

需要注意的是，变量赋值只能在顺序语句中使用，这种赋值是立即赋值，变量值的改变是立即发生的。

（2）信号赋值语句

信号赋值语句的格式为目标变量<=表达式；

例如：

```
b:IN STD_LOGIC_VECTOR(3 downto 0);
  …
b <= "1111";
```

需要注意的是，信号赋值可以在顺序语句中使用，也可以在并行语句中使用，这种赋值是延迟赋值，信号值的改变是在进程结束时发生的。

2. IF语句

IF语句是一种条件控制语句，它根据语句中所设置的一种或多种条件有选择地执行指定的顺序语句。IF语句有以下3种格式。

（1）开关控制语句

这类语句书写格式为：

```
IF 条件  THEN
    顺序语句;
END IF;
```

（2）二选一控制语句

这种语句的书写格式为：

```
IF 条件  THEN
    顺序语句1;
```

```
ELSE
    顺序语句 2;
END IF;
```

（3）多选择控制语句

这种语句的书写格式为

```
IF 条件 THEN
    顺序语句 1;
ELSIF 条件 THEN
    顺序语句 2;
ELSIF 条件 THEN
    顺序语句 3;
…
ELSE
    顺序语句 n;
END IF;
```

3. CASE 语句

CASE 语句根据表达式的不同取值，直接从多项顺序语句中选取其中的一项语句来进行操作。

CASE 语句的书写格式为

```
    CASE 表达式  IS
        WHEN 选择值 1 => 顺序语句 1;
        WHEN 选择值 2 => 顺序语句 2;
        WHEN 选择值 3 => 顺序语句 3;
        …
        WHEN  选择值 n-1 => 顺序语句 n-1;
        WHEN  OTHERS => 顺序语句 n;
END CASE;
```

3.4.5 VHDL 的进程

PROCESS 语句即进程语句。一般来说，一个结构体可以包含一个或多个进程语句，多个进程可以将结构体分割成功能相对独立的多个模块。

进程的启动由 PROCESS 语句后的敏感量列表中的信号量触发，其中任意一个信号的变化都将启动该 PROCESS 语句。例如 PROCESS(clk,aclr)，该进程中如果时钟信号 clk 或异步复位信号 aclr 发生变化，则该进程将被执行。

进程一般采用时序逻辑触发，在时序逻辑中，时钟是采用边沿来触发的，时钟边沿分为上升沿和下降沿。

两种边沿的描述方式如下。

上升沿描述：

```
PROCESS(clk)
```

```
BEGIN
    IF(clk'EVENT AND clk = '1')THEN
                    ⋮
END PROCESS;
```

下降沿描述：

```
PROCESS(clk)
BEGIN
    IF(clk'EVENT AND clk = '0')THEN
                    ⋮
END PROCESS;
```

3.5 VHDL 语言编程实例

【例 3-2】 新建一个工程，编写一个正向/反向可控的 4 bit 计数器，文件名为 counter_bi. vhd，输入信号分别为时钟信号 clk、异步复位信号 aclr、控制信号 direction，输出信号为 counter_out。当 direction = 0 时，反向计数；当 direction = 1 时，正向计数。完成全仿真和时序仿真，观察仿真结果。

【程序 3-2】

```
library IEEE;
use IEEE.STD_LOGIC_1164.ALL;
use IEEE.STD_LOGIC_ARITH.ALL;
use IEEE.STD_LOGIC_UNSIGNED.ALL;

entity counter_bi is
    port(
        clk             :in   std_logic;
        aclr            :in   std_logic;
        direction       :in   std_logic;
        counter_out     :out std_logic_vector(3 downto 0)
    );
end counter_bi;

architecture Behavioral of counter_bi is

signal counter_out_reg:std_logic_vector(3 downto 0);

begin
    process(clk,aclr)
        begin
            if aclr ='1'then
```

```
            counter_out_reg <= (others =>'0');
        elsif clk'event and clk ='1'then
            if direction ='1'then
                counter_out_reg <= counter_out_reg + 1;
            else
                counter_out_reg <= counter_out_reg - 1;
            end if;
        end if;
    end process;

    counter_out <= counter_out_reg;

end Behavioral;
```

此程序的时序仿真结果如图 3-33 所示。

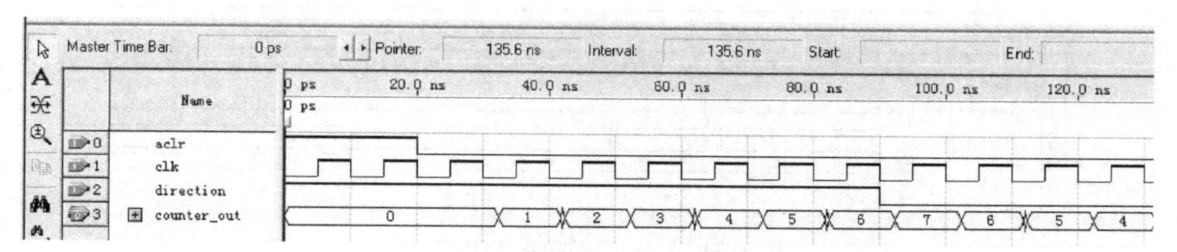

图 3-33　正向/反向可控的 4 bit 计数器时序仿真结果

【例 3-3】 目标：设计一个 8 bit 比较器，完成时序仿真。具体功能如下：当输入 a < b 时，输出 c = 01；当输入 a = b 时，输出 c = 10；当输入 a > b 时，输出 c = 11。

【程序 3-3】

```
library IEEE;
use IEEE. STD_LOGIC_1164. ALL;
use IEEE. STD_LOGIC_ARITH. ALL;
use IEEE. STD_LOGIC_UNSIGNED. ALL;

entity compare8 is
    port(
        a               :in  std_logic_vector(7 downto 0);
        b               :in  std_logic_vector(7 downto 0);
        c               :out std_logic_vector(1 downto 0)
    );
end compare8;

architecture Behavioral of compare8 is
```

```
begin
    process(a,b)
        begin
            if(a < b) then
                c <= "01";
            elsif(a = b) then
                c <= "10";
            else
                c <= "11";
            end if;
    end process;

end Behavioral;
```

此程序的时序仿真结果如图3-34所示。

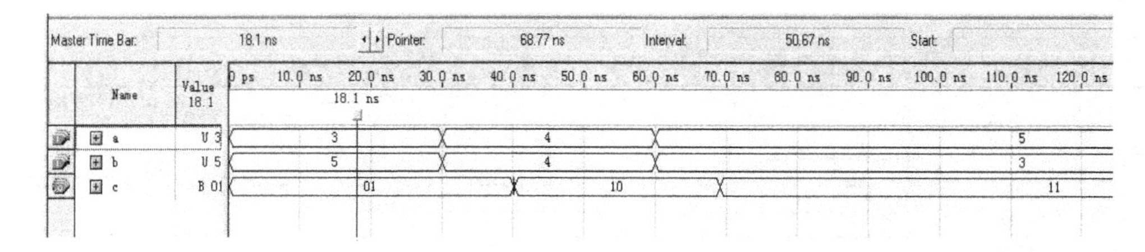

图3-34 8 bit比较器的时序仿真结果

第4章　信源编译码

本章主要讨论信源编译码的基本原理，在此基础上对PCM和CVSD语音编码的原理进行了分析，并介绍了其在MATLAB、DSP和FPGA中的实现方法。

4.1　信源编译码概述

信源编码是一种以提高通信有效性为目的而对信源符号进行的变换，或者说为了减少或消除信源冗余度而进行的信源符号变换。具体来说，就是针对信源输出符号序列的统计特性来寻找某种方法，把信源输出符号序列变换为最短的码字序列，使后者的各码元所载荷的平均信息量最大，同时又能保证无失真地恢复原来的符号序列。

信源编码是产生信源数据的源头，利用信源的统计特性，解除信源的相关性，去掉信源多余的冗余信息，以达到压缩信源信息率、提高系统有效性的目的。信源编码的作用之一是设法减少码元数目和降低码元速率，即通常所说的数据压缩；作用之二是将信源的模拟信号转化成数字信号，以实现模拟信号的数字化传输。

4.2　信源编译码的基本原理

在数字通信系统中，信息的传输都是以数字信号的形式进行的，因而在通信发送端必须将模拟信号转换为数字信号，在接收端将数字信号还原成模拟信号。通信系统中的模拟信源信号主要是语音信号和图像信号，相应的转换过程就是语音编译码和图像编译码。

通信中最多的信息是语音信号，语音编译码是一种最典型的信源编译码方式。它将模拟语音信号变成数字信号以便在信道中传输。语音编译码技术通常分为以下3类：波形编码、参量编码和混合编码。

1）波形编码是将时间域信号直接变换为数字代码，其目的是尽可能精确地再现原来的语音波形。波形编码的基本原理是在时间轴上对模拟语音按一定的速率抽样，然后将幅度样本分层量化，并用代码表示。译码是其反过程，将接收的数字序列经过译码和滤波恢复成模拟信号。

2）参量编码是将信源信号在频率域或其他正交变换域提取特征参量，并将其变换为数字代码进行传输。译码是其反过程，将接收到的数字序列经过变换恢复特征参量，再根据特征参量重建语音信号。

3）混合编码将波形编码和参量编码结合起来，以参量编码为基础并附加一定的波形编码的特征，力图保持波形编码的高质量和参量编码的低速率。

以上3类语音编码中，波形编码质量最高，其质量与压缩处理前相比几乎没有大的变化，可用于公共通信网；参量编码质量最差，比较适合于军事和保密通信；混合编码质量介于以上两者之间，主要用于移动通信网。

本章主要针对几种典型的波形编码技术进行讨论，分别给出在 MATLAB、DSP 和 FPGA 中的实现方法。

4.3 PCM 的设计实现

脉冲编码调制（PCM）是最早提出的语音编码方法，并且至今仍被广泛使用，尤其在有线通信网中，PCM 是主要的数字传输方式，其系统原理图如图 4-1 所示。首先，在发送端进行抽样、量化和编码，把模拟信号变换为二进制码组。然后，在接收端对二进制码组进行译码，还原为量化后的样值脉冲序列。最后，经过低通滤波器滤除高频分量，得到重构信号。

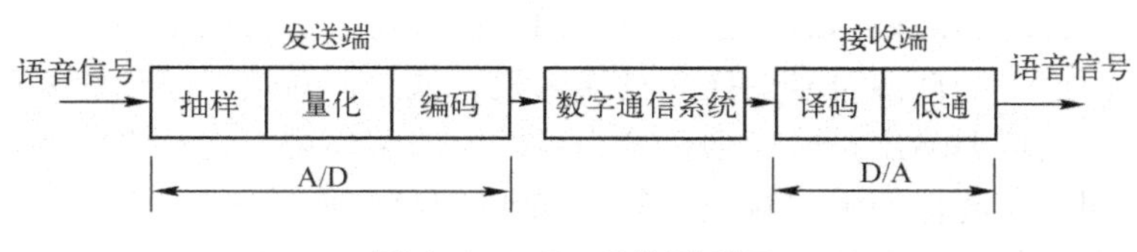

图 4-1　PCM 系统原理图

PCM 信号形成示意图如图 4-2 所示。抽样是按抽样定理把时间上连续的模拟信号转换成时间上离散的抽样信号；量化是把幅度上仍连续的抽样信号进行幅度离散，即指定 M 种规定的电平，把抽样值用最接近的电平表示；编码是用二进制码组表示量化后的 M 种样值脉冲。

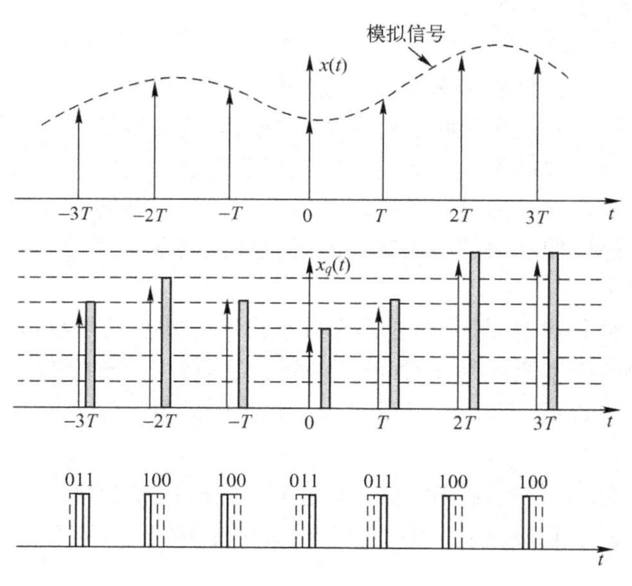

图 4-2　PCM 信号形成示意图

下面详细介绍 PCM 编码的整个过程。

1. 量化

从数学上来看，量化就是把一个连续幅度值的无限数集合映射成一个离散幅度值的有限数集合。如图 4-3 所示，量化器 Q 输出 L 个量化值 y_k，$k=1,2,3,\cdots,L$。y_k 常称为重建电平或量化电平。当量化器输入信号幅度 x 落在 x_k 与 x_{k+1} 之间时，量化器输出电平为 y_k。这个量化过程可以表达为

x 模拟输入 → 量化器 → y 量化值

图 4-3　模拟信号的量化

$$y=Q(x)=Q\{x_k<x\leqslant x_{k+1}\}=y_k,\qquad k=1,2,3,\cdots,L$$

这里 x_k 称为分层电平或判决阈值。通常 $\delta_k=x_{k+1}-x_k$ 称为量化间隔。

模拟信号的量化分为均匀量化和非均匀量化，这里先讨论均匀量化。把输入模拟信号的取值域按等距离分割的量化称为均匀量化。在均匀量化中，每个量化区间的量化电平均取在各区间的中点，如图 4-4 所示。其量化间隔（量化台阶）δ 取决于输入信号的变化范围和量化电平数。当输入信号的变化范围和量化电平数确定后，量化间隔也被确定。例如，输入信号的最小值和最大值分别用 a 和 b 表示，量化电平数为 M，那么均匀量化的量化间隔为

$$\delta=\frac{b-a}{M}$$

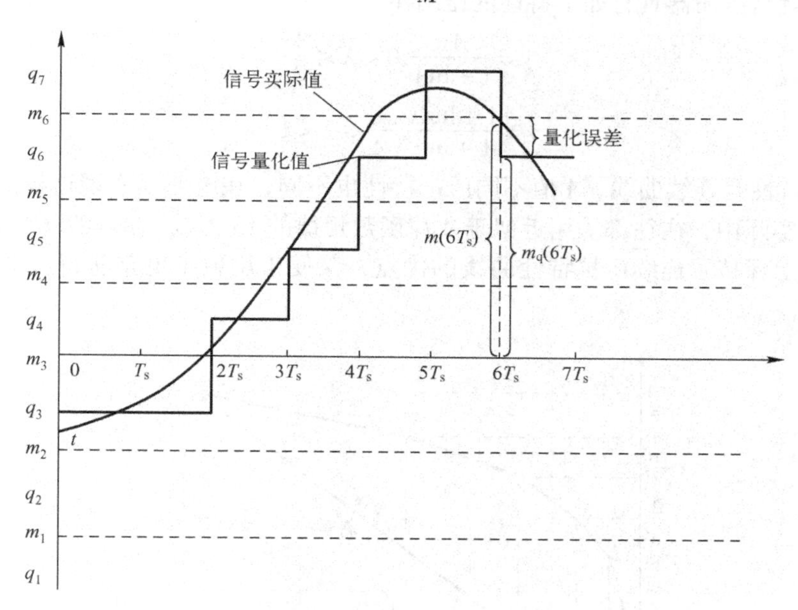

图 4-4　均匀量化过程示意图

量化器输出 m_q 为

$$m_q=q_i,\quad m_{i-1}<m\leqslant m_i$$

式中，m_i 为第 i 个量化区间的终点，可写成

$$m_i=a+i\delta$$

q_i 为第 i 个量化区间的量化电平，可表示为

$$q_i=\frac{m_i+m_{i-1}}{2},\qquad i=1,2,\cdots,M$$

均匀量化必须满足以下两个假设条件，才能获得很好的效果：输入信号幅度变化范围是已知的；信号幅度值在已知的范围内是均匀分布的。而语音信号的特点刚好相反，即语音信

号动态范围大，甚至可达 40 dB；语音信号幅度为非均匀分布，小信号出现的概率大，大信号出现的概率小。均匀量化 PCM 明显不能适应该要求，为了克服这个缺点，实际中，往往采用非均匀量化 PCM。

非均匀量化是根据信号的不同区间来确定量化间隔的。对于信号取值小的区间，其量化间隔 δ 也小；反之，量化间隔就大。它与均匀量化相比，有以下两个突出的优点：首先，当输入量化器的信号具有非均匀分布的概率密度（实际中常常是这样）时，非均匀量化器的输出端可以得到较高的平均信号量化噪声功率比；其次，非均匀量化时，量化噪声功率的均方根值基本上与信号抽样值成比例。因此，量化噪声对大、小信号的影响大致相同，即改善了小信号时的量化信噪比。

实际中，非均匀量化的实际方法通常是将抽样值通过压缩再进行均匀量化。通常使用的压缩器中，大多采用对数式压缩。广泛采用的两种对数压缩律是 μ 压缩律和 A 压缩律。美国采用 μ 压缩律，我国和欧洲各国均采用 A 压缩律，因此本实验模块采用的 PCM 编码方式也是 A 压缩律。

A 压缩律就是压缩器具有如下特性的压缩律：

$$y=\frac{Ax}{1+\ln A},0<X\leqslant\frac{1}{A}$$

$$y=\frac{1+\ln Ax}{1+\ln A},\frac{1}{A}\leqslant X<1$$

A 律压扩特性是连续曲线，A 值不同压扩特性也不同，在电路上实现这样的函数规律是相当复杂的。实际中，往往都采用近似于 A 律函数规律的 13 折线（$A=87.6$）的压扩特性。这样，它基本上保持了连续压扩特性曲线的优点，又便于用数字电路实现。图 4-5 显示了这种压扩特性。

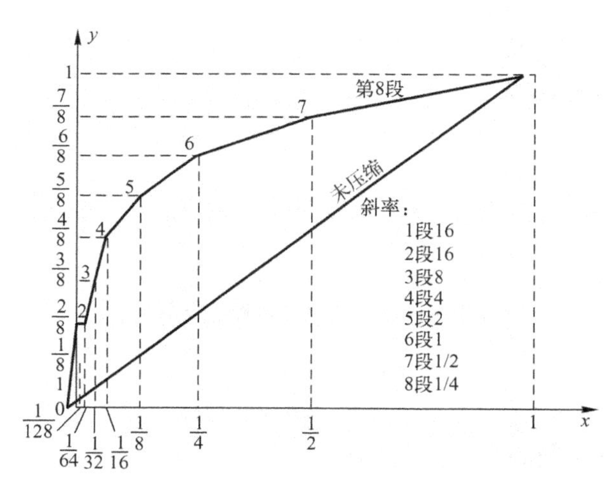

图 4-5　A 律 13 折线

2. 编码

在现有的编码方法中，若按编码的速度来分，则大致可分为两大类：低速编码和高速编码。通信中一般都采用第二类。编码器的种类大体上可以归结为 3 类：逐次比较型、折叠级联型和混合型。在逐次比较型编码方式中，无论采用几位码，一般均按极性码、段落码、段内码的顺序排列。下面结合13折线的量化来加以说明。

在13折线编码中，普遍采用8位二进制码，对应有$M=2^8=256$个量化级，即正、负输入幅度范围内各有128个量化级。这需要将13折线中的每个折线段再均匀划分为16个量化级，由于每个段落长度不均匀，因此正或负输入的8个段落被划分成$8\times16=128$个不均匀的量化级。按折叠二进制码的码型，这8位码的分配见表4-1。

表4-1　13折线8位码的分配

极性码	段落码	段内码
C_1	$C_2C_3C_4$	$C_5C_6C_7C_8$

其中，第1位码C_1的数值“1”或“0”分别表示信号的正、负极性，称为极性码。对于正、负对称的双极性信号，在极性判决后被整流，相当于取绝对值，以后则按信号的绝对值进行编码，因此只要考虑13折线中的正方向的8段折线就行了。这8段折线共包含128个量化级，正好用剩下的7位幅度码$C_2\sim C_8$来表示。

第2~4位码$C_2C_3C_4$为段落码，表示信号绝对值处在哪个段落，3位码的8种可能状态分别代表8个段落的起始电平。

第5~8位码$C_5C_6C_7C_8$为段内码，这4位码的16种可能状态分别用来代表每一段落内的16个均匀划分的量化级。

段落码和8个段落之间的关系见表4-2，段内码与16个量化级之间的关系见表4-3。可见，上述编码方法是把压缩、量化和编码合为一体。

表4-2　段落码

段落序号	段落码 $C_2C_3C_4$
8	111
7	110
6	101
5	100
4	011
3	010
2	001
1	000

表4-3　段内码

电平序号	段内码 $C_5C_6C_7C_8$
15	1111
14	1110
13	1101
12	1100
11	1011
10	1010
9	1001
8	1000
7	0111
6	0110
5	0101
4	0100
3	0011
2	0010
1	0001
0	0000

注意，在13折线编码方法中，虽然各段内的16个量化级是均匀的，但是由于段落长度不等，因此不同段落间的量化级是非均匀的。小信号时，段落短，量化间隔小；反之，量化

间隔大。13 折线中的第 1、第 2 段最短，只有归一化的 1/128，再将它等分成 16 小段，每一小段长度为(1/128)×(1/16)=1/2048。这是最小的量化级间隔，它仅有输入信号归一化值的 1/2048。第 8 段最长，它是归一化值的 1/2，将它等分成 16 小段后，每一小段归一化长度为 1/32。如果以非均匀量化时的最小量化间隔 1/2048 作为输入 x 轴的单位，那么各段的起点电平分别是 0、16、32、64、128、256、512、1024 个量化单位。表 4-4 列出了 A 律 13 折线每一量化段的起始电平、电平范围与段落码的对应关系。

表 4-4　*A* 律 13 折线幅度码及其对应电平

量化段序号	电 平 范 围	段　落　码	段落起始电平	量 化 间 隔
1	0~16	000	0	1
2	16~32	001	16	1
3	32~64	010	32	2
4	64~128	011	64	4
5	128~256	100	128	8
6	256~512	101	256	16
7	512~1024	110	512	32
8	1024~2048	111	1024	64

下面将非均匀量化与均匀量化进行比较。假设以非均匀量化时的最小量化间隔 $\delta=1/2048$ 作为均匀量化的量化间隔，那么均匀量化为 2048 个量化级，而非均匀量化只需 $C_2 \sim C_8$ 共 128 个量化级。即均匀量化需要 11 位编码，非均匀量化只需 7 位编码。可见，在保证小信号时的量化间隔相同的条件下，7 位非均匀量化 PCM 编码与 11 位均匀量化 PCM 编码等效。

4.3.1　13 折线 PCM 的 MATLAB 实现

【例 4-1】 编写 MATLAB 程序，完成以下功能：

（1）输入一个单音信号。

$x(n)=\sin\left(2\pi\frac{f_0}{f_s}\times n\right)$，其中 $f_0=800\,\text{Hz}$，$f_s=32\,\text{kHz}$，n 的取值范围为 0~255。

（2）把单音的浮点数据转化为定点数据（即整数），绘制定点型单音的波形。A/D 采样位数为 10 位。

（3）将单音信号的定点数据输出到文本文件，制作成表格样式，作为 CCS 软件中 13 折线 PCM 编码的待输入数据缓冲区。

（4）对输入定点型数据进行 13 折线 PCM 编码，将编码信号直接进行译码输出，绘制译码信号的时域波形。

【程序 4-1】

```
%%%%%%%%%%%%%%%%%%%%%%%%%%%
%           A 律非均匀 PCM 编译码程序
```

```
%%%%%%%%%%%%%%%%%%%%%%%%%%
    clc;
    clear;

    fs = 32000;                          % 采样频率,取 32 kHz;

    LEN_SIG = 1024;                      % Length of Samples to be processed
    t = 1/fs * (0:LEN_SIG - 1);

    SCALE_SHIFT = 10;
    SCALE_PCM = 2^SCALE_SHIFT - 1;

    LEN_VIEW = 256;
    View_X = [1:LEN_VIEW];

% ----------------------------------------
%       Source Data
% ----------------------------------------
    SrcSignal = round(SCALE_PCM * sin(2 * pi * 800 * t));  % 800 Hz;

    figure(1);
    subplot(2,1,1);plot(View_X,SrcSignal(View_X));      % 画原信号波形;
    axis([0  LEN_VIEW - 1 - SCALE_PCM SCALE_PCM]);
    title('输入信号波形');

% ----------------------------------------
%   A 律非均匀 PCM 编码
% ----------------------------------------

    for i = 1:LEN_SIG
        if SrcSignal(i) >0
            out(i,1) =0;
        else
            out(i,1) =1;
        end

        if abs(SrcSignal(i))  > =0 & abs(SrcSignal(i)) <16
            out(i,2) =0;out(i,3) =0;out(i,4) =0;step =1;st =0;
        elseif 16 <= abs(SrcSignal(i))&abs(SrcSignal(i)) <32
            out(i,2) =0;out(i,3) =0;out(i,4) =1;step =1;st =16;
        elseif 32 <= abs(SrcSignal(i))&abs(SrcSignal(i)) <64
            out(i,2) =0;out(i,3) =1;out(i,4) =0;step =2;st =32;
        elseif 64 <= abs(SrcSignal(i))&abs(SrcSignal(i)) <128
```

```
            out(i,2) =0;out(i,3) =1;out(i,4) =1;step =4;st =64;
        elseif 128 <= abs(SrcSignal(i))&abs(SrcSignal(i)) <256
            out(i,2) =1;out(i,3) =0;out(i,4) =0;step =8;st =128;
        elseif 256 <= abs(SrcSignal(i))&abs(SrcSignal(i)) <512
            out(i,2) =1;out(i,3) =0;out(i,4) =1;step =16;st =256;
        elseif 512 <= abs(SrcSignal(i))&abs(SrcSignal(i)) <1024
            out(i,2) =1;out(i,3) =1;out(i,4) =0;step =32;st =512;
        elseif 1024 <= abs(SrcSignal(i))&abs(SrcSignal(i)) <2048
            out(i,2) =1;out(i,3) =1;out(i,4) =1;step =64;st =1024;
        else
            out(i,2) =1;out(i,3) =1;out(i,4) =1;step =64;st =1024;
        end

        if abs(SrcSignal(i)) >2048
            out(i,2:8) =[1 1 1 1 1 1 1];
        else
            tmp = floor((abs(SrcSignal(i)) - st)/step);
            t = dec2bin(tmp,4) - 48;     % 函数 dec2bin 输出的是 ASCII 字符串,48 对应 0
            out(i,5:8) = t(1:4);
        end
    end
    EncOut = reshape(out',1,8 * LEN_SIG);

% ----------------------------------------
%       A 律非均匀 PCM 译码
% ----------------------------------------
    in = reshape(EncOut',8,LEN_SIG)';
    slot(1) =0;
    slot(2) =16;
    slot(3) =32;
    slot(4) =64;
    slot(5) =128;
    slot(6) =256;
    slot(7) =512;
    slot(8) =1024;

    step(1) =1;
    step(2) =1;
    step(3) =2;
    step(4) =4;
    step(5) =8;
    step(6) =16;
    step(7) =32;
```

```
    step(8) =64;

    for i =1:LEN_SIG
        if in(i,1) ==0
            ss =1;
        else
            ss = -1;
        end
        tmp =in(i,2) *4 +in(i,3) *2 +in(i,4) +1;
        st =slot(tmp);
        dt =(in(i,5) *8 +in(i,6) *4 +in(i,7) *2 +in(i,8)) *step(tmp);
        DecOut(i) =ss *(st +dt);
    end

    subplot(2,1,2);plot(View_X,DecOut(View_X));      % 画译码信号波形
    axis([0  LEN_VIEW -1 -SCALE_PCM SCALE_PCM]);
    title('译码信号波形');


% ---------------------------------------------------------------
%                    CCS_DSP Export
% ---------------------------------------------------------------
    fid1 =fopen('PCM_SigIn.txt','W');
    fprintf(fid1,'PCM_SigIn[%d] = {\r',LEN_VIEW);

for j =1:LEN_VIEW
    x =floor(SrcSignal(j));
    if(x >=  32767.0)
        x =32767;
    elseif(x <= -32768.0)
        x = -32768;
    end

    fprintf(fid1,'%6d,',x);
    if((mod(j,8) ==0) &&(j >1))
        fprintf(fid1,'\r');
    end
end

fclose(fid1);
```

该程序的仿真结果如图 4-6 所示。

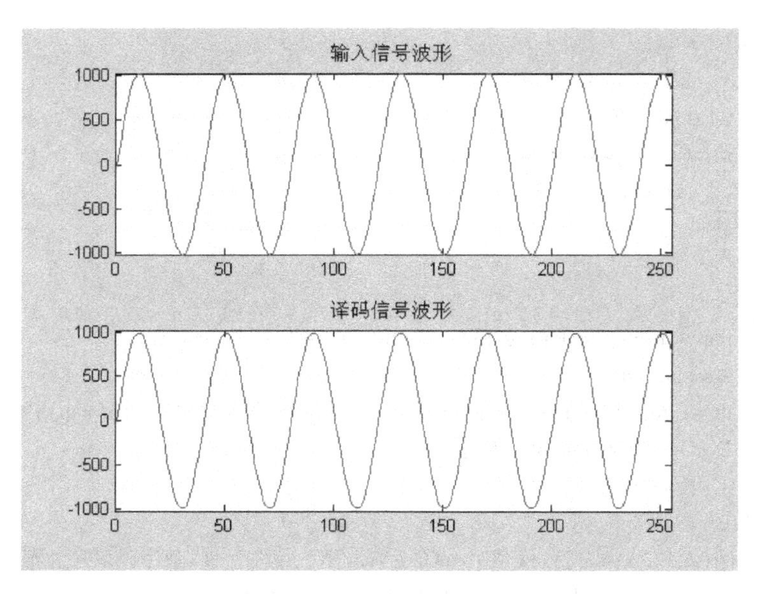

图 4-6　MATLAB 中 13 折线 PCM 编码的输入和译码波形对比

4.3.2　13 折线 PCM 的 DSP 实现

【例 4-2】 在 CCS 软件中编写 C 程序，完成以下功能：

（1）在 CCS 软件中输入一个单音信号。

$x(n)=\sin\left(2\pi\dfrac{f_0}{f_s}\times n\right)$，其中 $f_0=800\ \mathrm{Hz}$，$f_s=32\ \mathrm{kHz}$，n 的取值范围为 0 ~ 255。

将 MATLAB 中生成的文本文件制作成表格样式，作为 CCS 软件中 13 折线 PCM 编码的待输入数据缓冲区。

（2）在 CCS 软件中对输入定点型数据进行 13 折线 PCM 编码，将编码信号直接进行译码输出，绘制译码信号的时域波形。

【程序 4-2】

```
#include <stdio.h>
#include <math.h>
short seg[8] = {16,32,64,128,256,512,1024,2048};
short slot[8] = {0,16,32,64,128,256,512,1024};
short level[8] = {1,1,2,4,8,16,32,64};
short datain,step,st,ss,dt;
short EncOut[256][8];
short DecOut[256];
short datarec[8];
short i,j;
short temp;
short PCM_SigIn[256] = {
```

```
     0,    160,    316,    464,    601,    723,    828,    911,
   973,   1010,   1023,   1010,    973,    911,    828,    723,
   601,    464,    316,    160,      0,   -160,   -316,   -464,
  -601,   -723,   -828,   -911,   -973,  -1010,  -1023,  -1010,
  -973,   -911,   -828,   -723,   -601,   -464,   -316,   -160,
     0,    160,    316,    464,    601,    723,    828,    911,
   973,   1010,   1023,   1010,    973,    911,    828,    723,
   601,    464,    316,    160,      0,   -160,   -316,   -464,
  -601,   -723,   -828,   -911,   -973,  -1010,  -1023,  -1010,
  -973,   -911,   -828,   -723,   -601,   -464,   -316,   -160,
     0,    160,    316,    464,    601,    723,    828,    911,
   973,   1010,   1023,   1010,    973,    911,    828,    723,
   601,    464,    316,    160,      0,   -160,   -316,   -464,
  -601,   -723,   -828,   -911,   -973,  -1010,  -1023,  -1010,
  -973,   -911,   -828,   -723,   -601,   -464,   -316,   -160,
     0,    160,    316,    464,    601,    723,    828,    911,
   973,   1010,   1023,   1010,    973,    911,    828,    723,
   601,    464,    316,    160,      0,   -160,   -316,   -464,
  -601,   -723,   -828,   -911,   -973,  -1010,  -1023,  -1010,
  -973,   -911,   -828,   -723,   -601,   -464,   -316,   -160,
     0,    160,    316,    464,    601,    723,    828,    911,
   973,   1010,   1023,   1010,    973,    911,    828,    723,
   601,    464,    316,    160,      0,   -160,   -316,   -464,
  -601,   -723,   -828,   -911,   -973,  -1010,  -1023,  -1010,
  -973,   -911,   -828,   -723,   -601,   -464,   -316,   -160,
     0,    160,    316,    464,    601,    723,    828,    911,
   973,   1010,   1023,   1010,    973,    911,    828,    723,
   601,    464,    316,    160,      0,   -160,   -316,   -464,
  -601,   -723,   -828,   -911,   -973,  -1010,  -1023,  -1010,
  -973,   -911,   -828,   -723,   -601,   -464,   -316,   -160,
     0,    160,    316,    464,    601,    723,    828,    911,
   973,   1010,   1023,   1010,    973,    911,    828,    723};
                                 /* --------------------------
                                       Functions Declaration
                                    --------------------------*/
void PCM_Encode(void);
void PCM_Decode(void);

void main()
{
    PCM_Encode();
    PCM_Decode();
    do
    {
    }while(1);
```

```
}

void PCM_Encode(void)
{
    for (i=0;i<256;i++)
    {
        datain = PCM_SigIn[i];
        if (datain >=0)
        {
            EncOut[i][0] =0;
        }
            else
            {
                EncOut[i][0] =1;
                datain = abs(datain);
            }

            if ((abs(datain) >=0) && (abs(datain) <16))
                {EncOut[i][1] =0;EncOut[i][2] =0;EncOut[i][3] =0;step =1;st =0;}
            else if ((abs(datain) >=16) && (abs(datain)) <32)
                {EncOut[i][1] =0;EncOut[i][2] =0;EncOut[i][3] =1;step =1;st =16;}
            else if ((abs(datain) >=32) && (abs(datain) <64))
                {EncOut[i][1] =0;EncOut[i][2] =1;EncOut[i][3] =0;step =2;st =32;}
            else if ((abs(datain) >=64) && (abs(datain) <128))
                {EncOut[i][1] =0;EncOut[i][2] =1;EncOut[i][3] =1;step =4;st =64;}
            else if ((abs(datain) >=128) && (abs(datain) <256))
                {EncOut[i][1] =1;EncOut[i][2] =0;EncOut[i][3] =0;step =8;st =128;}
            else if ((abs(datain) >=256) && (abs(datain) <512))
                {EncOut[i][1] =1;EncOut[i][2] =0;EncOut[i][3] =1;step =16;st =256;}
            else if ((abs(datain) >=512) && (abs(datain) <1024))
                {EncOut[i][1] =1;EncOut[i][2] =1;EncOut[i][3] =0;step =32;st =512;}
            else if ((abs(datain) >=1024) && (abs(datain) <2048))
                {EncOut[i][1] =1;EncOut[i][2] =1;EncOut[i][3] =1;step =64;st =1024;}
            else
                {EncOut[i][1] =1;EncOut[i][2] =1;EncOut[i][3] =1;step =64;st =1024;}

            if (abs(datain) >2048)
            {
                for (j=1;j<7;j++)
                {
                    EncOut[i][j] =1;
                }
            }

            temp = (abs(datain) - st)/step;
```

```
            EncOut[i][4] = temp >> 3;
            EncOut[i][5] = (temp - ((EncOut[i][4]) << 3)) >> 2;
            EncOut[i][6] = (temp - ((EncOut[i][4]) << 3) - ((EncOut[i][5]) << 2)) >> 1;
            EncOut[i][7] = temp - ((EncOut[i][4]) << 3) - ((EncOut[i][5]) << 2) - ((En-
cOut[i][6]) << 1);
        }
}

void PCM_Decode(void)
{
    for (i = 0;i < 256;i ++)
    {
        for (j = 0;j < 8;j ++)
        {
            datarec[j] = EncOut[i][j];
        }
        if (datarec[0] == 0)
            ss = 1;
        else
            ss = -1;
        temp = datarec[1] * 4 + datarec[2] * 2 + datarec[3];
        st = slot[temp];
        dt = (datarec[4] * 8 + datarec[5] * 4 + datarec[6] * 2 + datarec[7]) * level[temp];
        DecOut[i] = ss * (st + dt);
    }
}
```

该程序的仿真结果如图 4-7 所示。

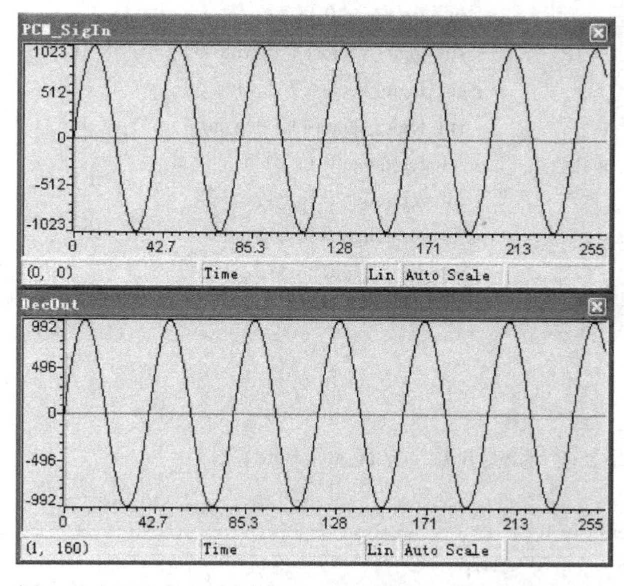

图 4-7　CCS 中 13 折线 PCM 编码的输入和译码波形对比

4.3.3 13折线PCM的FPGA实现

【例4-3】 在Quartus软件中编写VHDL程序，完成以下功能：

（1）对输入定点型数据进行13折线PCM编码，绘制编码输出和指示信号。

（2）对编码输出直接进行13折线PCM译码，绘制译码输出和指示信号。

【程序4-3】

13折线PCM编码的VHDL程序如下：

```
library IEEE;
use IEEE.STD_LOGIC_1164.ALL;
use IEEE.STD_LOGIC_ARITH.ALL;
use IEEE.STD_LOGIC_SIGNED.ALL;

entity PCM_Encode is
    port(
        clk:        in  std_logic;
        aclr:       in  std_logic;
        Sig_In:     in  std_logic_vector(10 downto 0);
        iNd:        in  std_logic;
        Enc_Out:    out std_logic_vector(7 downto 0);
        Rdy:        out std_logic
    );
end PCM_Encode;

architecture Behavioral of PCM_Encode is

signal State            : integer range 0 to 7;
signal iNd_dly          : std_logic_vector(1 downto 0);
signal Enc_Out_reg      : std_logic_vector(7 downto 0);
signal Sig_Buf          : std_logic_vector(10 downto 0);
signal Sig_Buf_abs      : integer range 0 to 1023;
signal step             : integer range 0 to 64;
signal thresh           : integer range 0 to 512;
signal diff             : integer range 0 to 512;
signal diff_vec         : std_logic_vector(8 downto 0);

begin

process(clk,aclr,Sig_In,Sig_Buf,Sig_Buf_abs,State)
begin
if aclr='1'then
    State           <=0;
    iNd_dly         <=(others=>'0');
```

```
            Enc_Out_reg         <= (others =>'0');
            Enc_Out             <= (others =>'0');
            Rdy                 <='0';
            Sig_Buf             <= (others =>'0');
            Sig_Buf_abs         <=0;
            step                <=0;
            thresh              <=0;

    elsif clk'event and clk ='1'then
            iNd_dly  <= iNd_dly(0) & iNd;
            State       <=0;
            case State is
                when 0 =>
                    Rdy  <='0';
                    if iNd_dly = "01"  then
                        State <= 1;
                        if Sig_In(10) ='0'then
                            Enc_Out_reg(7) <='0';
                            Sig_Buf  <= Sig_In;
                        else
                            Enc_Out_reg(7) <='1';
                            Sig_Buf  <= not(Sig_In);
                        end if;
                    end if;

                    when 1 =>
                        if Sig_In(10) ='0'then
                            Sig_Buf_abs  <= conv_integer(Sig_Buf);
                        else
                            Sig_Buf_abs  <= conv_integer(Sig_Buf) +1;
                        end if;
                        state <=2;

                        when 2 =>
                            if ((Sig_Buf_abs >=0) and (Sig_Buf_abs <16)) then
                                Enc_Out_reg(6 downto 4) <= "000";
                                step <= 1;
                                thresh <=0;
                            elsif ((Sig_Buf_abs >=16) and (Sig_Buf_abs <32)) then
                                Enc_Out_reg(6 downto 4) <= "001";
                                step <= 1;
                                thresh <=16;
                            elsif ((Sig_Buf_abs >=32) and (Sig_Buf_abs <64)) then
```

```
            Enc_Out_reg(6 downto 4) <= "010";
            step <= 2;
            thresh <= 32;
        elsif ((Sig_Buf_abs >= 64) and (Sig_Buf_abs < 128)) then
            Enc_Out_reg(6 downto 4) <= "011";
            step <= 4;
            thresh <= 64;
        elsif ((Sig_Buf_abs >= 128) and (Sig_Buf_abs < 256)) then
            Enc_Out_reg(6 downto 4) <= "100";
            step <= 8;
            thresh <= 128;
        elsif ((Sig_Buf_abs >= 256) and (Sig_Buf_abs < 512)) then
            Enc_Out_reg(6 downto 4) <= "101";
            step <= 16;
            thresh <= 256;
        else
            Enc_Out_reg(6 downto 4) <= "110";
            step <= 32;
            thresh <= 512;
        end if;
        state  <= 3;

    when 3 =>
        diff        <= Sig_Buf_abs - thresh;
        State       <= 4;

    when 4 =>
        diff_vec    <= conv_std_logic_vector(diff,9);
        State       <= 5;

    when 5 =>
        if (step = 2) then
            Enc_Out_reg(3 downto 0) <= diff_vec(4 downto 1);
        elsif (step = 4) then
            Enc_Out_reg(3 downto 0)  <= diff_vec(5 downto 2);
        elsif (step = 8) then
            Enc_Out_reg(3 downto 0)  <= diff_vec(6 downto 3);
        elsif (step = 16) then
            Enc_Out_reg(3 downto 0)  <= diff_vec(7 downto 4);
        elsif (step = 32) then
            Enc_Out_reg(3 downto 0)  <= diff_vec(8 downto 5);
        else
            Enc_Out_reg(3 downto 0)  <= diff_vec(3 downto 0);
```

```
                end if;
                State       <=6;

            when 6 =>
                Enc_Out  <= Enc_Out_reg;
                Rdy         <='1';
                State       <=0;

            when others =>  NULL;
        end case;
    end if;
  end process;
end Behavioral;
```

该程序的仿真结果如图 4-8 所示。

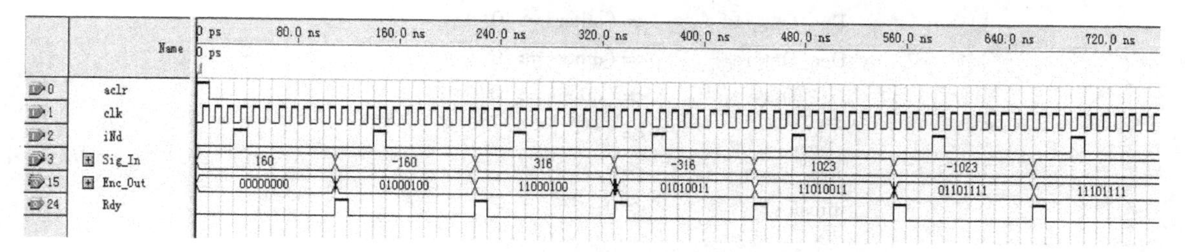

图 4-8　Quartus 中 13 折线 PCM 编码的波形仿真

13 折线 PCM 译码的 VHDL 程序如下：

```
library IEEE;
use IEEE. STD_LOGIC_1164. ALL;
use IEEE. STD_LOGIC_ARITH. ALL;
use IEEE. STD_LOGIC_SIGNED. ALL;

entity PCM_Decode is
    port(
        clk:           in   std_logic;
        aclr:          in   std_logic;
        Code_In:       in   std_logic_vector(7 downto 0);
        iNd:           in   std_logic;
        Dec_Out:       out  std_logic_vector(10 downto 0);
        Rdy:           out  std_logic
    );
end PCM_Decode;

architecture Behavioral of PCM_Decode is

signal State                  : integer range 0 to 7;
signal iNd_dly                : std_logic_vector(1 downto 0);
```

```
signal Dec_Out_buf          : std_logic_vector(9 downto 0);
signal Dec_Out_reg          : std_logic_vector(10 downto 0);
signal step                 : integer range 0 to 32;
signal thresh               : integer range 0 to 512;
signal factor               : integer range 0 to 15;
signal increase             : integer range 0 to 512;
signal Dec_Out_int          : integer range 0 to 1023;

begin
    process(clk,aclr)
    begin
        if aclr = '1 'then
            State           <=0;
            iNd_dly         <= (others =>'0 ');
            Dec_Out_buf     <= (others =>'0 ');
            Dec_Out_reg     <= (others =>'0 ');
            Dec_Out         <= (others =>'0 ');
            Rdy             <='0 ';
            step            <=0;
            thresh          <=0;

        elsif clk 'event and clk = '1 'then
            iNd_dly  <= iNd_dly(0) & iNd;
            State       <=0;

            case State is
            when 0 =>
                Rdy  <='0 ';
                if iNd_dly = "01" then
                    State <= 1;
                    if (Code_In(7) ='0 ') then
                        Dec_Out_reg(10) <='0 ';
                    else
                        Dec_Out_reg(10) <='1 ';
                    end if;
                end if;

            when 1 =>
                if (Code_In(6 downto 4) = "000") then
                    step <= 1;
                    thresh <= 0;
                elsif (Code_In(6 downto 4) = "001") then
                    step <= 1;
                    thresh <= 16;
```

```
        elsif ( Code_In(6 downto 4) = "010" ) then
            step <= 2;
            thresh <= 32;
        elsif ( Code_In(6 downto 4) = "011" ) then
            step <= 4;
            thresh <= 64;
        elsif ( Code_In(6 downto 4) = "100" ) then
            step <= 8;
            thresh <= 128;
        elsif ( Code_In(6 downto 4) = "101" ) then
            step <= 16;
            thresh <= 256;
        else
            step <= 32;
            thresh <= 512;
        end if;
        state  <= 2;

    when 2 =>
        factor          <= conv_integer( Code_In(3 downto 0) ) ;
        state           <= 3;

    when 3 =>
        increase        <= factor * step;
        state           <= 4;

    when 4 =>
        Dec_Out_int <= thresh  +  increase;
        state           <= 5;

    when 5 =>
        Dec_Out_buf <= conv_std_logic_vector( Dec_Out_int,10) ;
        state DW <= 6;

    when 6 =>
        if ( Dec_Out_reg( 10) = '0 ') then
            Dec_Out_reg(9 downto 0)  <= Dec_Out_buf;
        else
            Dec_Out_reg(9 downto 0)  <= not( Dec_Out_buf) + 1;
        end if;
        state           <= 7;

    when 7 =>
        Dec_Out <= Dec_Out_reg;
        Rdy             <= '1 ';
```

```
                State          <= 0;
            when others => NULL;
        end case;
    end if;
end process;
end Behavioral;
```

该程序的仿真结果如图 4-9 所示。

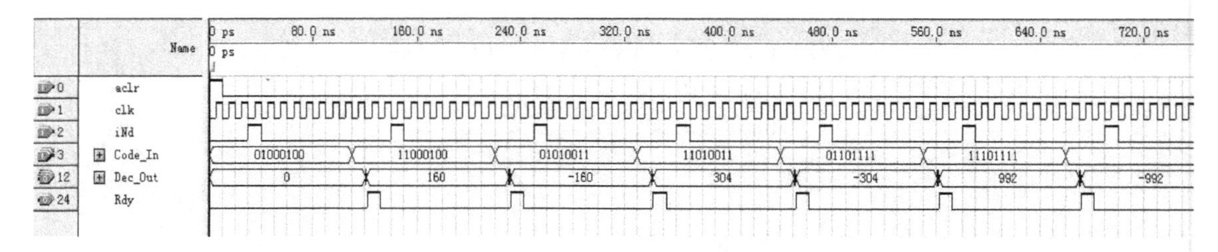

图 4-9　Quartus 中 13 折线 PCM 译码的波形仿真

4.4　CVSD 的设计实现

增量调制简称为 ΔM 或 DM，它是继 PCM 后出现的又一种模拟信号数字化方法。ΔM 和 PCM 虽然都是用二进制编码去表示模拟信号，但是 PCM 编码是对每个采样幅度进行编码，编码速率较高；而 ΔM 所产生的二进制编码表示模拟信号前后两个采样幅度的差别，而不是采样值本身的大小，相当于 1bit 编码，编码速率大大降低。

ΔM 编码波形示意图如图 4-10 所示，图中 $m(t)$ 代表时间连续变化的模拟信号，m_k 为离散的采样值，m_k' 为本地参考电平。当 $m_k' > m_k$ 时，编码输出为 0，m_k' 下降一个固定量化台阶 δ；当 $m_k' < m_k$ 时，编码输出为 1，m_k' 上升一个固定量化台阶 δ。阶梯波形 $m_k'(t)$ 就是得到的量化波形，可以近似替代 $m(t)$。

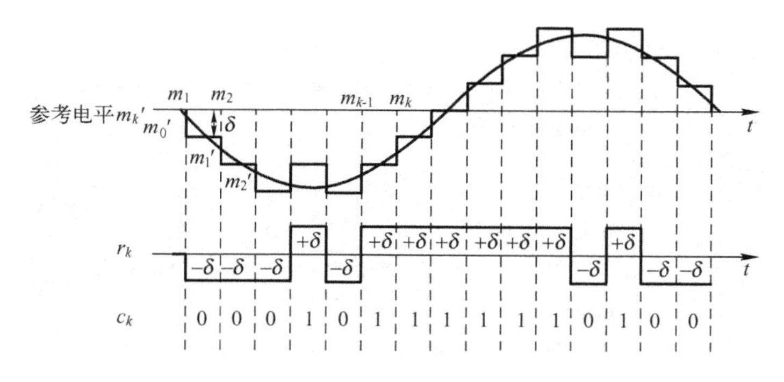

图 4-10　ΔM 编码波形示意图

增量调制 ΔM 也有缺点，主要在于量化台阶 δ 固定不变，即为均匀量化。如图 4-11 所示，对均匀量化而言，如果量化台阶 δ 取值较大，则信号斜率变化较小的信号量化噪声（又称颗粒噪声）就大；如果量化台阶 δ 取值较小，则信号斜率较大的量化噪声（又称过载噪声）就大。均匀量化无法使两种噪声同时减小，这样就导致了信号的动态范围变窄。

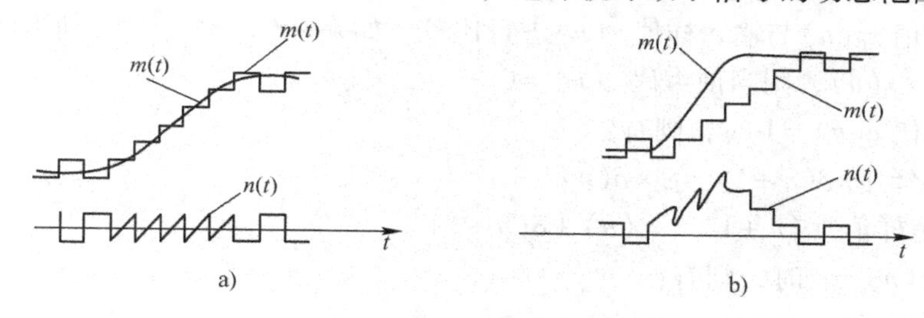

图 4-11　两种形式的量化噪声

a）一般量化噪声　b）过载量化噪声

针对均匀量化 ΔM 的缺点，出现了自适应增量调制 ADM。连续可变斜率增量调制（CVSD）是 ADM 的一种典型实现方法。CVSD 的基本思想是：使量化台阶 δ 自适应随语音信号的平均斜率变化，当信号波形平均斜率变大时，δ 自动增大，反之则减小。平均斜率可以根据编码值的趋势来判别。例如，当出现 3 个连“1”或连“0”编码时，说明量化电平无法跟上信号电平的变化，需要增大量化台阶，这时在原有量化台阶的基础上，再增加一个固定台阶增量。而当无 3 个连“1”或连“0”情况时，说明量化电平满足信号电平变化的动态范围，可以适当减小量化电平，降低量化噪声，提高量化精度。

假设输入信号样值为 $x(n)$，参考信号样值为 $x_0(n)$，编码输出为 $c(n)$，参考电平初始值为 $x(0)$，量化台阶初始值为 $\delta(0)$，固定台阶增量为 δ_0，衰减值为 β。CVSD 编码和译码过程分别如图 4-12 和图 4-13 所示。

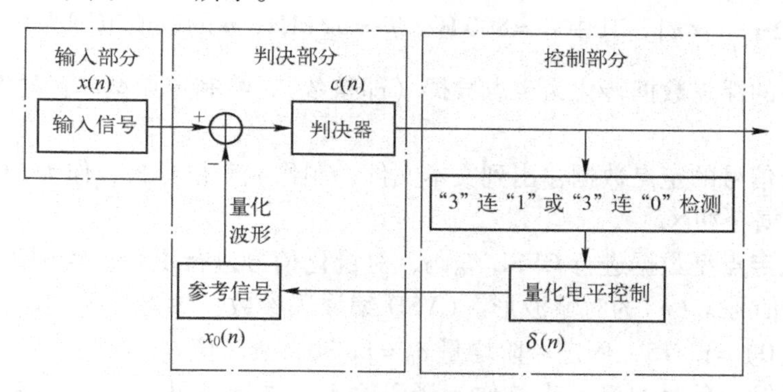

图 4-12　CVSD 编码过程

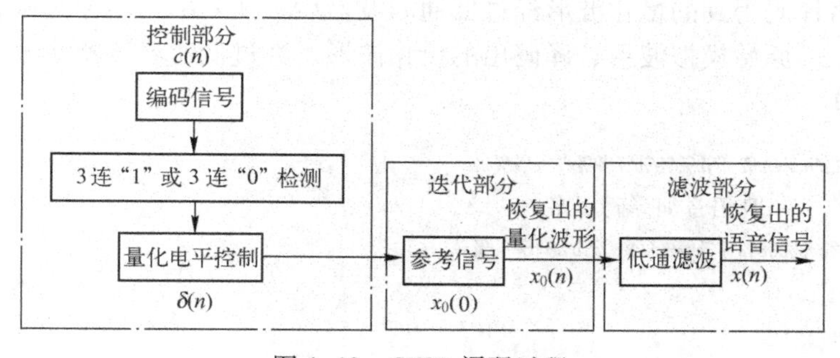

图 4-13　CVSD 译码过程

CVSD 编码的步骤如下：

1）参考样值 $x_0(n)$ 与输入样值 $x(n)$ 进行比较，如果 $x_0(n) \leqslant x(n)$，则当前编码 $c(n)=1$；如果 $x_0(n)>x(n)$，则当前编码 $c(n)=0$。

2）当前编码 $c(n)=1$ 时，则有：

下一个量化台阶 $\delta(n+1)=\beta\times\delta(n)$

下一个参考样值 $x_0(n+1)=x_0(n)+\delta(n+1)$

当前编码 $c(n)=0$ 时，则有：

下一个量化台阶 $\delta(n+1)=\beta\times\delta(n)$

下一个参考样值 $x_0(n+1)=x_0(n)-\delta(n+1)$

3）一旦出现 3 连“1”时，即编码 $c(n)=c(n-1)=c(n-2)=1$，则有：

下一个量化台阶 $\delta(n+1)=\beta\times\delta(n)+\delta_0$

下一个参考样值 $x_0(n+1)=x_0(n)+\delta(n+1)$

一旦出现 3 连“0”时，即编码 $c(n)=c(n-1)=c(n-2)=0$，则有：

下一个量化台阶 $\delta(n+1)=\beta\times\delta(n)+\delta_0$

下一个参考样值 $x_0(n+1)=x_0(n)-\delta(n+1)$

4.4.1 CVSD 的 MATLAB 实现

【例 4-4】 编写 MATLAB 程序，完成以下功能：

（1）输入一个单音信号。

$x(n)=\sin\left(2\pi\dfrac{f_0}{f_s}\times n\right)$，其中 $f_0=800\text{ Hz}$，$f_s=32\text{ kHz}$，n 的取值范围为 0 ~ 255。

（2）把单音的浮点数据转化为定点数据（即整数），绘制定点型单音的波形。A/D 采样位数为 14 位。

（3）将单音信号的定点数据输出到文本文件，制作成表格样式，作为 CCS 软件中 CVSD 编码的待输入数据缓冲区。

（4）对输入定点型数据进行 CVSD 编码，对量化信号进行更新，绘制编码信号 $c(n)$ 的时域波形和量化信号 $x_0(n)$ 的时域波形。CVSD 编译码参数：参考电平初始值 $x(0)=0$，量化台阶初始值 $\delta(0)=\text{pi}/15$，固定台阶增量 $\delta_0=\text{pi}/30$，衰减值 $\beta=7/8$。

（5）对编码输出信号自环，直接作为译码输入，进行译码，绘制 CVSD 译码得到的量化波形。

（6）绘制将译码得到的量化波形经过低通滤波器后，恢复出的信号时域波形。

（7）观察比较原始模拟波形、译码出的量化波形、经过低通滤波器滤波后的频域波形。

【程序 4-4】

```
%%%%%%%%%%%%%%%%%%%%%%%%%%%
%          CVSD 语音编译码程序
%%%%%%%%%%%%%%%%%%%%%%%%%%%
    clc;
    clear;
```

```
fs = 32000;                               % 采样频率,取 32 kHz;

LEN_SIG = 1024;                           % Length of Samples to be processed
t = 1/fs * (0:LEN_SIG - 1);

SCALE_SHIFT = 13;
SCALE_CVSD = 2^SCALE_SHIFT - 1;

LEN_VIEW = 256;
View_X = [1:LEN_VIEW];

% ---------------------------------------------
%   Source Data
% ---------------------------------------------
SrcSignal = round(SCALE_CVSD * sin(2 * pi * 800 * t));   % 800 Hz

figure(1);
subplot(4,1,1);plot(View_X,SrcSignal(View_X));           % 画原信号波形
axis([0  LEN_VIEW - 1  - SCALE_CVSD SCALE_CVSD]);
title('输入信号波形');

% ---------------------------------------------
%           CVSD 编码
% ---------------------------------------------
                                                          % Initialize
LocalDec = 0;
Delta = floor(pi/15 * SCALE_CVSD);
Delta0 = floor(pi/30 * SCALE_CVSD);
beta = floor(7/8 * SCALE_CVSD);

y = zeros(1,fs);                                          % 编码输出序列
Delta_Dbg = [ ];
LocalDec_Dbg = [ ];
for i = 1:1:LEN_SIG

    Delta_Dbg = [Delta_Dbg Delta];
    LocalDec_Dbg = [LocalDec_Dbg LocalDec];
    e(i) = SrcSignal(i) - LocalDec;                       % 差分

    if e(i) <=0
        EncOut(i) =0;
else
        EncOut(i) =1;
```

```
        end
                                                                        % 台阶控制
        if i <3                                                         % 前 3 个码
            if EncOut(i) ==0
                LocalDec = LocalDec - bitshift(beta * Delta, -SCALE_SHIFT);
            else
                LocalDec = LocalDec + bitshift(beta * Delta, -SCALE_SHIFT);
            end
        else
            if ((EncOut(i) ==EncOut(i-1))&(EncOut(i-1) ==EncOut(i-2))) %有 3 连码
                if EncOut(i) ==0;                                       %3 个连“0”
                    Delta = Delta0 + bitshift(beta * Delta, -SCALE_SHIFT);
                    LocalDec = LocalDec - Delta;
                else                                                    %3 个连“1”
                    Delta = Delta0 + bitshift(beta * Delta, -SCALE_SHIFT);
                    LocalDec = LocalDec + Delta;
                end
            else                                                        %非 3 连码
                if EncOut(i) ==0
                    Delta = bitshift(beta * Delta, -SCALE_SHIFT);
                    LocalDec = LocalDec - Delta;
                else
                    Delta = bitshift(beta * Delta, -SCALE_SHIFT);
                    LocalDec = LocalDec + Delta;
                end
            end
        end
    end

    subplot(4,1,2);stem(View_X,EncOut(View_X));                         % CVSD 编码输出波形
    axis([0  LEN_VIEW-1 0 1]);
    title('编码输出序列');

    % -----------------------------------------
    %              CVSD 解码
    % -----------------------------------------
                                                                        % Loop Rcc
    RcvDec = EncOut;
    LocalDec =0;
    Delta = floor(pi/15 * SCALE_CVSD);
    Delta0 = floor(pi/30 * SCALE_CVSD);
    beta = floor(7/8 * SCALE_CVSD);
    DecOut = zeros(1,fs);                                               % DecOut:解码输出序列
```

```
LocalDec = 0;
for i = 1:LEN_SIG
    DecOut(i) = LocalDec;
                                                        %台阶控制
    if i < 3                                            %前3个码
        if RcvDec(i) == 0
            LocalDec = LocalDec - bitshift(beta * Delta, - SCALE_SHIFT);
        else
            LocalDec = LocalDec + bitshift(beta * Delta, - SCALE_SHIFT);
        end
    else
        if ((RcvDec(i) == RcvDec(i - 1))&(RcvDec(i - 1) == EncOut(i - 2)))
            if RcvDec(i) == 0;                          %3个连"0"
                Delta = Delta0 + bitshift(beta * Delta, - SCALE_SHIFT);
                LocalDec = LocalDec - Delta;
            else                                        %3个连"1"
                Delta = Delta0 + bitshift(beta * Delta, - SCALE_SHIFT);
                LocalDec = LocalDec + Delta;
            end
        else                                            %非3连码
            if RcvDec(i) == 0
                Delta = bitshift(beta * Delta, - SCALE_SHIFT);
                LocalDec = LocalDec - Delta;
            else
                Delta = bitshift(beta * Delta, - SCALE_SHIFT);
                LocalDec = LocalDec + Delta;
            end
        end
    end
end

subplot(4,1,3);plot(View_X,DecOut(View_X));
axis([0  LEN_VIEW - 1  - SCALE_CVSD SCALE_CVSD]);
title('解码后未滤波波形');

% ---------------------------------------------------------
%                    Filter
% ---------------------------------------------------------

FreStop = 4000;
FltCoe = fir1(62,FreStop/(fs/2));

FilterOut = filter(FltCoe,1,DecOut);
```

```
figure(1);subplot(4,1,4);
plot(View_X,FilterOut(View_X));
axis([0 LEN_VIEW - 1  - SCALE_CVSD SCALE_CVSD]);
title('解码滤波后波形');

% ------------------------------------------------------
%                    CCS_DSP Export
% ------------------------------------------------------
fid1 = fopen('CVSD_SigIn.txt','W');
fprintf(fid1,'CVSD_SigIn[%d] = {\r',LEN_SIG);

for j = 1:LEN_SIG
    x = floor(SrcSignal(j));
    if (x >= 32767.0)
        x = 32767;
    elseif (x <= -32768.0)
        x = -32768;
    end

    fprintf(fid1,'%6d,',x);
    if ((mod(j,8) ==0) && (j >1))
        fprintf(fid1,'\r');
    end
end

fclose(fid1);

figure(3);
SrcSignal_Spec = abs(fft(SrcSignal,1024));
DecOut_Spec = abs(fft(DecOut,1024));
FilterOut_Spec = abs(fft(FilterOut,1024));
subplot(3,1,1);
plot(SrcSignal_Spec);
title('输入信号波形频谱');
subplot(3,1,2);
plot(DecOut_Spec);
title('解码后未滤波波形频谱');
subplot(3,1,3);
plot(FilterOut_Spec);
title('解码滤波后波形频谱');
```

该程序的仿真结果如图 4-14 和图 4-15 所示。

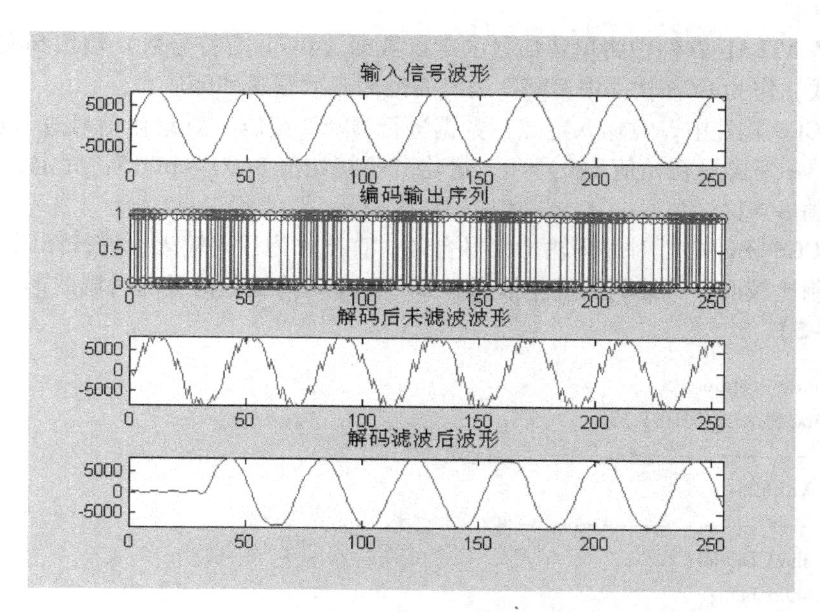

图 4-14　MATLAB 中输入信号波形、CVSD 编码输出序列、译码输出及滤波输出时域波形对比

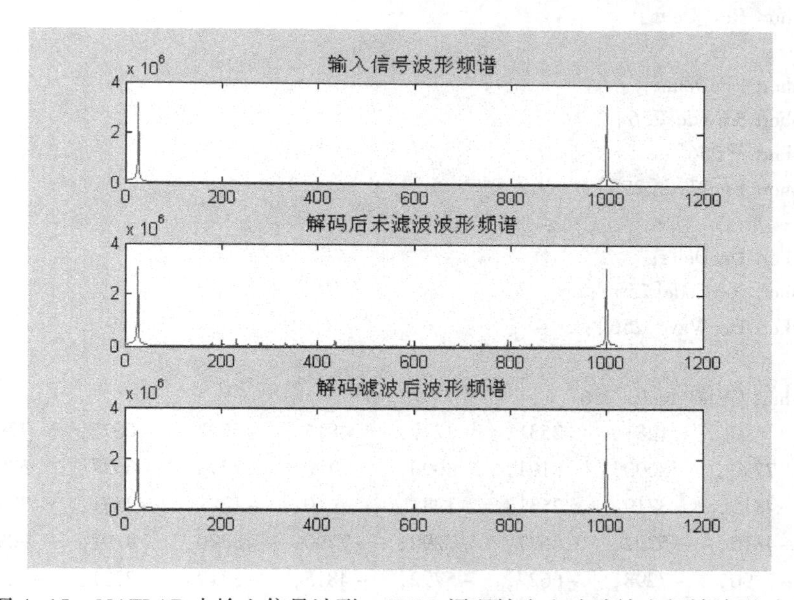

图 4-15　MATLAB 中输入信号波形、CVSD 译码输出和滤波输出频域波形对比

4.4.2　CVSD 的 DSP 实现

【例 4-5】 在 CCS 软件中编写 C 程序，完成以下功能：

（1）在 MATLAB 软件中输入一个单音信号。

$x(n)=\sin\left(2\pi\frac{f_0}{f_s}\times n\right)$，其中 $f_0=800\ \text{Hz}$，$f_s=32\ \text{kHz}$，n 的取值范围为 0～255。

（2）把单音的浮点数据转化为定点数据（即整数），绘制定点型单音的波形。A/D 采样位数为 14 位。

（3）在MATLAB软件中将单音信号的定点数据（14 bit有符号数）输出到文本文件，制作成表格样式，作为CCS软件中CVSD编码的待输入数据缓冲区。

（4）在CCS软件中，对输入定点型数据进行CVSD编码，对量化信号进行更新。CVSD编译码参数：参考电平初始值 $x(0)=0$，量化台阶初始值 $\delta(0)=pi/15$，固定台阶增量 $\delta_0=pi/30$，衰减值 $\beta=7/8$。

（5）在CCS软件中，对编码输出信号自环，直接作为译码输入，进行译码。

（6）绘制比较CVSD编码的量化信号和CVSD译码的量化信号的时域波形。

【程序4-5】

```
#include <stdio.h>
#define SCALE_SHIFT 13
/* ---------------------
    Varialles
   --------------------- */
    short Delta0;
    short beta;
    short Sd_Delta;
    short Rcv_Delta;

    short EncDelta;
    short SdCode[256];
    short e[256];
    short EncWave[256];

    short DecDelta;
    short RevCode[256];
    short DecWave[256];

    short CVSD_SigIn[256] = {
          0,     1281,    2531,    3719,    4815,    5792,    6627,    7298,
       7790,     8090,    8191,    8090,    7790,    7298,    6627,    5792,
       4815,     3719,    2531,    1281,       0,   -1281,   -2531,   -3719,
      -4815,    -5792,   -6627,   -7298,   -7790,   -8090,   -8191,   -8090,
      -7790,    -7298,   -6627,   -5792,   -4815,   -3719,   -2531,   -1281,
          0,     1281,    2531,    3719,    4815,    5792,    6627,    7298,
       7790,     8090,    8191,    8090,    7790,    7298,    6627,    5792,
       4815,     3719,    2531,    1281,       0,   -1281,   -2531,   -3719,
      -4815,    -5792,   -6627,   -7298,   -7790,   -8090,   -8191,   -8090,
      -7790,    -7298,   -6627,   -5792,   -4815,   -3719,   -2531,   -1281,
          0,     1281,    2531,    3719,    4815,    5792,    6627,    7298,
       7790,     8090,    8191,    8090,    7790,    7298,    6627,    5792,
       4815,     3719,    2531,    1281,       0,   -1281,   -2531,   -3719,
      -4815,    -5792,   -6627,   -7298,   -7790,   -8090,   -8191,   -8090,
      -7790,    -7298,   -6627,   -5792,   -4815,   -3719,   -2531,   -1281,
```

```
        0,     1281,     2531,     3719,     4815,     5792,     6627,     7298,
     7790,     8090,     8191,     8090,     7790,     7298,     6627,     5792,
     4815,     3719,     2531,     1281,        0,    -1281,    -2531,    -3719,
    -4815,    -5792,    -6627,    -7298,    -7790,    -8090,    -8191,    -8090,
    -7790,    -7298,    -6627,    -5792,    -4815,    -3719,    -2531,    -1281,
        0,     1281,     2531,     3719,     4815,     5792,     6627,     7298,
     7790,     8090,     8191,     8090,     7790,     7298,     6627,     5792,
     4815,     3719,     2531,     1281,        0,    -1281,    -2531,    -3719,
    -4815,    -5792,    -6627,    -7298,    -7790,    -8090,    -8191,    -8090,
    -7790,    -7298,    -6627,    -5792,    -4815,    -3719,    -2531,    -1281,
        0,     1281,     2531,     3719,     4815,     5792,     6627,     7298,
     7790,     8090,     8191,     8090,     7790,     7298,     6627,     5792,
     4815,     3719,     2531,     1281,        0,    -1281,    -2531,    -3719,
    -4815,    -5792,    -6627,    -7298,    -7790,    -8090,    -8191,    -8090,
    -7790,    -7298,    -6627,    -5792,    -4815,    -3719,    -2531,    -1281,
        0,     1281,     2531,     3719,     4815,     5792,     6627,     7298,
     7790,     8090,     8191,     8090,     7790,     7298,     6627,     5792};
    /* ---------------------------
        Functions Declaration
        --------------------------- */
    void app_ini(void);
    void CVSD_Encode(void);
    void CVSD_Decode(void);

void main()
{

    app_ini();

    CVSD_Encode();

    CVSD_Decode();

    do
    {
    }while(1);

}

void app_ini(void)
{

    EncDelta = 0;
```

```
    DecDelta  = 0;
    Delta0    = 857;              // floor( pi/30 * ( SCALE_CVSD - 1) );
    beta      = 7167;             // floor( 7/8 * ( SCALE_CVSD - 1) );
    Sd_Delta  = 1715;             // floor( pi/15 * ( SCALE_CVSD - 1) );
    Rcv_Delta= 1715;              // floor( pi/15 * ( SCALE_CVSD - 1) );

}

void CVSD_Encode( void)
{
    short i;
    long lTemp;
    short iTemp;

    for (i = 0;i < 256;i ++ )
    {

        e[ i] = CVSD_SigIn[ i] - EncDelta;
        EncWave[ i] = EncDelta;

        if (e[ i] <= 0)
            SdCode[ i] = 0;
        else
            SdCode[ i] = 1;
        if (i < 2)
        {
            lTemp = ( long) beta * Sd_Delta;
            iTemp = lTemp >> SCALE_SHIFT;
            if ( SdCode[ i] == 0)
                EncDelta = EncDelta - iTemp;
            else
                EncDelta = EncDelta + iTemp;
        }
        else
        {
            if ( ( SdCode[ i] == SdCode[ i - 1] ) &&( SdCode[ i - 1] == SdCode[ i - 2] ) )
            {
                lTemp = ( long) beta * Sd_Delta;
                iTemp = lTemp >> SCALE_SHIFT;
                if ( SdCode[ i] == 0)
                {
                    Sd_Delta = Delta0 + iTemp;
                    EncDelta = EncDelta - Sd_Delta;
```

```
                }
                else
                {
                    Sd_Delta = Delta0 + iTemp;
                    EncDelta = EncDelta + Sd_Delta;
                }
            }
            else
            {
                lTemp = (long)beta * Sd_Delta;
                iTemp = lTemp >> SCALE_SHIFT;
                if (SdCode[i] ==0)
                {
                    Sd_Delta = iTemp;
                    EncDelta = EncDelta - Sd_Delta;
                }
                else
                {
                    Sd_Delta = iTemp;
                    EncDelta = EncDelta + Sd_Delta;
                }

            }
        }
    }
}

void CVSD_Decode(void)
{
    short i;
    long  lTemp;
    short iTemp;

    for (i=0;i<256;i++)
    {
        RevCode[i] =SdCode[i];
    }

    for (i=0;i<256;i++)
    {

        DecWave[i] = DecDelta;
```

```
if (i<2)
{
    lTemp = (long)beta * Rcv_Delta;
    iTemp = lTemp >> SCALE_SHIFT;
    if (RevCode[i] ==0)
        DecDelta = DecDelta - iTemp;
    else
        DecDelta = DecDelta + iTemp;
}
else
{
    if ((RevCode[i] == RevCode[i-1])&&(RevCode[i-1] == RevCode[i-2]))
    {
        lTemp = (long)beta * Rcv_Delta;
        iTemp = lTemp >> SCALE_SHIFT;
        if (RevCode[i] ==0)
        {
            Rcv_Delta = Delta0 + iTemp;
            DecDelta = DecDelta - Rcv_Delta;
        }
        else
        {
            Rcv_Delta = Delta0 + iTemp;
            DecDelta = DecDelta + Rcv_Delta;
        }
    }
    else
    {
        lTemp = (long)beta * Rcv_Delta;
        iTemp = lTemp >> SCALE_SHIFT;
        if (RevCode[i] ==0)
        {
            Rcv_Delta = iTemp;
            DecDelta = DecDelta - Rcv_Delta;
        }
        else
        {
            Rcv_Delta = iTemp;
            DecDelta = DecDelta + Rcv_Delta;
        }

    }
}
```

```
    }
}
```

该程序的仿真结果如图 4-16 所示，CVSD 编码量化信号与译码量化信号的时域波形在每个样点的数值应该是完全一致的，通过 CCS 软件计算得到的输出样值应该与 MATLAB 软件计算所得的完全相同。

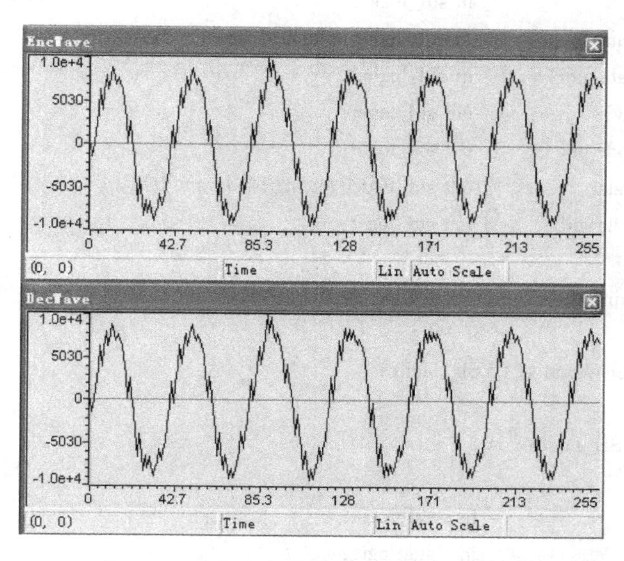

图 4-16　CCS 中 CVSD 编码量化信号和译码量化信号的时域波形对比

4.4.3　CVSD 的 FPGA 实现

【例 4-6】 在 Quartus 软件中编写 VHDL 程序，完成以下功能：

（1）在 Quartus 软件中对输入定点型数据（14 bit 有符号数）进行 CVSD 编码，对编码输出信号自环，直接作为译码输入，进行译码输出。CVSD 编译码参数：参考电平初始值 $x(0)=0$，量化台阶初始值 $\delta(0)=\mathrm{pi}/15$，固定台阶增量 $\delta_0=\mathrm{pi}/30$，衰减值 $\beta=7/8$。A/D 采样位数为 14 位。

（2）为波形文件测试方便，在 Quartus 软件中输入一个单音信号作为测试信号。

$x(n)=\sin\left(2\pi\dfrac{f_0}{f_s}\times n\right)$，其中 $f_0=800\ \mathrm{Hz}$，$f_s=32\ \mathrm{kHz}$，n 的取值范围为 0～255。

将 MATLAB 中生成的文本文件制作成表格样式，作为 Quartus 软件波形文件的 CVSD 编码的待输入数据。

（3）绘制比较 CVSD 编码的量化信号和 CVSD 译码的量化信号的时域波形。

【程序 4-6】

主程序 CVSD_Main. vhd

```
-------------------------------------------------------------------
library IEEE;
use IEEE. STD_LOGIC_1164. ALL;
use IEEE. STD_LOGIC_ARITH. ALL;
```

```
use IEEE. STD_LOGIC_UNSIGNED. ALL;

entity CVSD_Main is
    port(
        clk             : in std_logic;
        aclr            : in std_logic;
        SdData          : in std_logic_vector(13 downto 0);
        SdData_nd       : in std_logic;
        SdCode          : out std_logic;
        SdCode_nd       : out std_logic;
        RvData          : out std_logic_vector(14 downto 0);
        RvData_nd       : out std_logic
    );
end CVSD_Main;

architecture Behavioral of CVSD_Main is

component CVSD_LocDec is
    port(
        clk             :in   std_logic;
        aclr            :in   std_logic;
        CodeBit         :in   std_logic;
        iNd             :in   std_logic;
        LocalDecOut     :out std_logic_vector(14 downto 0);
        Rdy             :out std_logic
    );
end component;

signal RvCode                   : std_logic;
signal RvCode_nd                : std_logic;
signal SdState                  : integer range 0 to 3;
signal SdData_nd_dly            : std_logic_vector(1 downto 0);
signal Sd_LocalDecCode          : std_logic;
signal Sd_LocalDeciNd           : std_logic;
signal Sd_LocalDecOut           : std_logic_vector(14 downto 0);
signal Sd_LocalDecRdy           : std_logic;
signal Sd_LocalDecRdy_dly       : std_logic_vector(1 downto 0);
signal Rv_LocalDecOut           : std_logic_vector(14 downto 0);
signal Temp15                   : std_logic_vector(14 downto 0);

begin

Locdec_SdInst: CVSD_LocDec
```

```
    port map(
        clk                 => clk,
        aclr                => aclr,
        CodeBit             => Sd_LocalDecCode,
        iNd                 => Sd_LocalDeciNd,
        LocalDecOut         => Sd_LocalDecOut,
        Rdy                 => Sd_LocalDecRdy
    );
    RvCode  <= Sd_LocalDecCode;
    RvCode_nd  <= Sd_LocalDeciNd;

Locdec_RvInst: CVSD_LocDec
    port map(
        clk                 => clk,
        aclr                => aclr,
        CodeBit             => RvCode,
        iNd                 => RvCode_nd,
        LocalDecOut         => Rv_LocalDecOut,
        Rdy                 => RvData_nd
    );
    RvData  <= Rv_LocalDecOut;

CVSD_Sd:process(clk,aclr)
    begin
        if aclr = '1' then
            SdState                         <= 0;

            SdCode                          <= '0';
            SdCode_nd                       <= '0';

            Sd_LocalDecCode                 <= '0';
            Sd_LocalDeciNd                  <= '0';

            SdData_nd_dly                   <= "00";
            Sd_LocalDecRdy_dly              <= "00";

            Temp15                          <= (others => '0');
        elsif clk'event and clk = '1' then
            SdData_nd_dly  <= SdData_nd_dly (0) & SdData_nd;
        Sd_LocalDecRdy_dly <= Sd_LocalDecRdy_dly(0) &Sd_LocalDecRdy;
            case SdState is
                when 0 =>
                    if SdData_nd_dly = "01" then
```

```
                        Temp15 <= SdData(13)&SdData - Sd_LocalDecOut;
                        SdState  <= 1;
                    end if;

                when 1 =>
                    if Temp15(14) = '1 'or Temp15 = "000000000000000" then -- if e(i) <=0,
EncOut(i) =0;
                        SdCode              <= '0 ';
                        Sd_LocalDecCode     <= '0 ';
                    else
                        SdCode              <= '1 ';
                        Sd_LocalDecCode     <= '1 ';
                    end if;
                    SdCode_nd           <= '1 ';
                    Sd_LocalDeciNd      <= '1 ';
                    SdState             <= 2;

                when 2 =>
                    SdCode_nd           <= '0 ';
                    sd_LocalDeciNd      <= '0 ';
                    if Sd_LocalDecRdy_dly = "01" then
                        SdState  <= 0;
                    end if;

                when others => NULL;

            end case;
        end if;
    end process CVSD_Sd;

end Behavioral;
```

子程序 CVSD_LocDec. vhd

```
-----------------------------------------------------------------
library IEEE;
use IEEE. STD_LOGIC_1164. ALL;
use IEEE. STD_LOGIC_ARITH. ALL;
use IEEE. STD_LOGIC_UNSIGNED. ALL;

entity CVSD_LocDec is
    port(
        clk:            in  std_logic;
        aclr:           in  std_logic;
```

```
        CodeBit:        in  std_logic;          -- 1 bit CVSD code(0 or 1)
        iNd:            in  std_logic;          -- input new data indicate
        LocalDecOut:    out std_logic_vector(14 downto 0);
        Rdy:            out std_logic
    );
end CVSD_LocDec;

architecture Behavioral of CVSD_LocDec is

signal LocalDec_Cntr:    integer range 0 to 3;                 -- first 3 bits control counter
signal LocalDec_reg:     std_logic_vector(2 downto 0);
signal Delta0:           std_logic_vector(13 downto 0);        -- 857
signal Beta:             std_logic_vector(13 downto 0);        -- 7167
signal Delta:            std_logic_vector(13 downto 0);        -- 1715
signal LocalDecOut_reg:  std_logic_vector(14 downto 0);

signal State:            integer range 0 to 7;
signal Delay:            integer range 0 to 3;
signal iNd_dly:          std_logic_vector( 1 downto 0);
signal Temp28:           std_logic_vector(27 downto 0);        -- 28 bit buffer
signal Temp14:           std_logic_vector(13 downto 0);        -- 14 bit buffer

begin
    process(clk,aclr)
    begin
        if aclr ='1'then
            State               <=0;
            iNd_dly             <= (others =>'0');
            Delta0              <= "00001101011001";
            Beta                <= "01101111111111";
            Delta               <= "00011010110011";
            LocalDec_Cntr       <=0;
            LocalDec_reg        <= (others =>'0');
            LocalDecOut         <= (others =>'0');
            LocalDecOut_reg     <= (others =>'0');
            Delay               <=0;
            Rdy                 <='0';
            Temp14              <= (others =>'0');
            Temp28              <= (others =>'0');
        elsif clk'event and clk ='1'then
            iNd_dly  <= iNd_dly(0) & iNd;
            case State is
                when 0 =>
```

```
        Rdy  <='0';
        if iNd_dly = "01" then
            LocalDec_reg <= LocalDec_reg(1) & LocalDec_reg(0) & CodeBit;
            Temp28          <= Beta * Delta;
            State           <= 1;
        end if;

    when 1 =>
        if LocalDec_Cntr = 2 then
            Delay           <= 0;
            State           <= 2;
        else
            LocalDec_Cntr   <= LocalDec_Cntr + 1;
            Temp14          <= Temp28(26 downto 13);
            Delay           <= 2;
            State           <= 4;
        end if;

    when 2 =>
        if LocalDec_reg = "000" or LocalDec_reg = "111" then
            Delta   <= Temp28(26 downto 13) + Delta0;
        else
            Delta   <= Temp28(26 downto 13);
        end if;
        State  <= 3;

    when 3 =>
        Temp14  <= Delta;
        State   <= 4;

    when 4 =>
        if LocalDec_reg(0) = '0' then
            LocalDecOut_reg <= LocalDecOut_reg - (Temp14(13) &Temp14);
        else
            LocalDecOut_reg <= LocalDecOut_reg + (Temp14(13)&Temp14);
        end if;
        State  <= 5;

    when 5 =>
        if Delay = 0 then
            LocalDecOut  <= LocalDecOut_reg;
            Rdy          <= '1';
            State        <= 0;
```

```
                else
                    Delay  <= Delay  - 1;
                end if;

            when others => NULL;
        end case;
    end if;

end process;

end Behavioral;
```

该程序的波形文件输入数值如图 4-17 所示，SdData 为 CVSD 编码的本地输入信号，可以对照 MATLAB 中生成的单音文本文件中，手动输入作为 CVSD 编码的待输入数据。

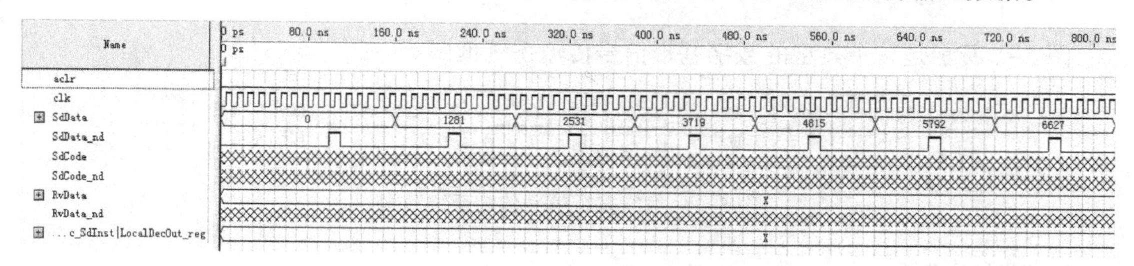

图 4-17　Quartus 中波形仿真文件的输入波形

该程序的仿真结果如图 4-18 所示，CVSD 编码量化信号与译码量化信号的时域波形在数值上应该是完全一致的。图 4-18 中的 LocalDecOut_reg 是 CVSD 编码量化信号的数值，RvData 是 CVSD 译码量化信号的数值，对比发现，两者完全一致。同时，通过 Quartus 软件计算得到的输出样值应该与 MATLAB 软件和 CCS 软件计算所得的值完全相同。

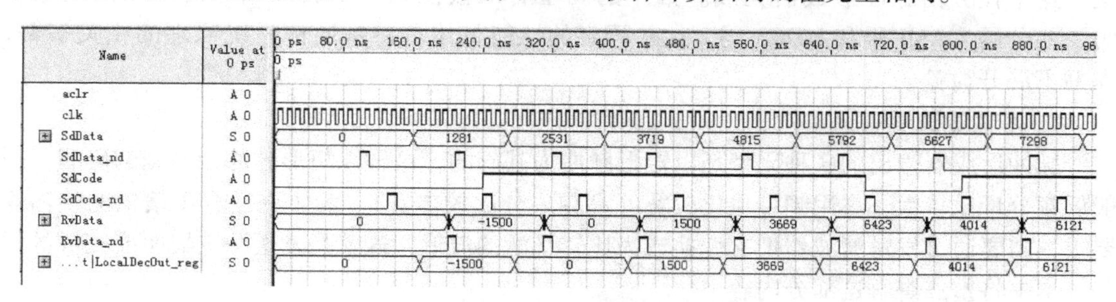

图 4-18　Quartus 中 CVSD 编码量化信号和译码量化信号的时域波形对比

第5章　数字基带传输

数字通信系统因其抗噪声性能好、传输质量高、便于保密等一系列优点，得到了迅速发展。数字通信系统包括两种传输方式：基带传输和频带传输。基带传输是频带传输的前提和基础。本章将简要介绍数字基带传输的基本原理和实现方法，包括MATLAB、DSP和FPGA的实现。

5.1　数字基带信号传输系统

图5-1所示是一个典型的数字基带信号传输系统框图。

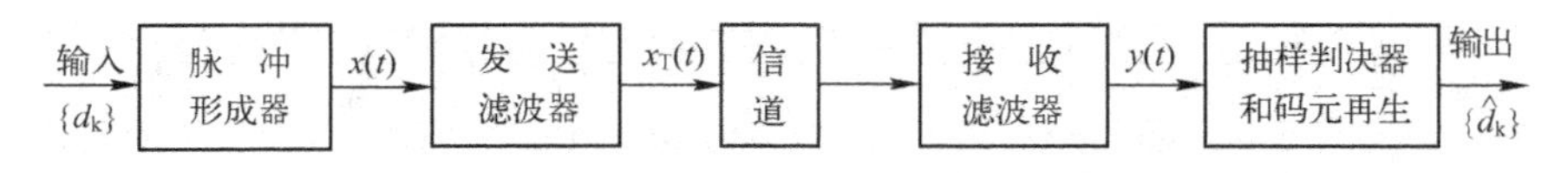

图5-1　数字基带信号传输系统框图

1. 脉冲形成器

数字基带信号传输的输入端通常是码元速率为 R_B、码元宽度为 T_B 的二进制或多进制脉冲序列，一般终端设备送来的“1”和“0”代码序列就是这种二进制数据序列。“1”码代表正电平，“0”码代表负电平，这种代码序列称为单极性码。由于这种单极性码有直流成分等原因不太适合于基带信道的传输，因此要变成比较适合于信道传输的各种码型，这个任务由脉冲形成器完成。常用的码型有双极性码、单极性归零码、双极性归零码、差分码、AMI码和HDB3码，这些码字的性能具体可参考通信系统原理的相关书籍，本书不展开讨论。

2. 发送滤波器

脉冲形成器输出的各种码型是以矩形脉冲为基础的，这种以矩形脉冲为基础的码型，一般低频分量比较大，占用频带也比较宽（高频成分比较丰富）。为了更适合于信道的传输等要求，需要通过发送滤波器把它变换成为比较平滑的波形，这就是发送滤波器所要完成的任务。本书将重点讲解这部分内容。

3. 信道

基带传输系统的信道通常是电缆、架空明线等有线信道，这些信道一般都是带限信道的，这不仅会引起发送波形的失真，还会引入噪声。为了简单起见，在实现时不考虑噪声的影响。

4. 接收滤波器

接收滤波器具有低通特性，可以滤除大量的带外噪声，同时和发送滤波器一起构成了无码间串扰的传输特性，有利于抽样判决器的抽取。

5. 抽样判决器和码元再生

信号经过了接收滤波器的匹配滤波之后，就可以在合适的时间对信号进行抽样，然后进行判决以及码元的再生。

下面重点介绍发送滤波器和接收滤波器以及判决的 MATLAB、DSP、FPGA 的实现。

5.2 发送滤波器的基本原理

发送滤波器主要完成的是脉冲成型的功能，之所以需要脉冲成型，主要是因为矩形脉冲的频谱比较宽，如果直接发送矩形脉冲的波形，由于信道一般是带限信道，当频带较宽的矩形脉冲通过带限信道时，则矩形脉冲会在时间上扩展，每个符号的脉冲将扩展到相邻符号的码元内。这会造成码间串扰（ISI），并导致接收机在检测一个码元时发生错误的概率增大。

在通信原理课程中，分析了系统无码间串扰的传输条件为

$$h[(n-k)T_b]=\begin{cases}1 & n=k\\0 & n\neq k\end{cases}$$

式中，$h(t)$为系统的冲激响应，是发送滤波器、信道及接收滤波器三者级联的结果。

其实能满足这个要求的 $h(t)$是可以找到的，而且很多，最熟悉的就是抽样函数 $h(t)=\mathrm{Sa}\left(\frac{\pi t}{T_b}\right)$。如果发送滤波器、信道及接收滤波器三者级联的冲激响应是抽样函数，那么就能保证无码间串扰。抽样函数如图 5-2 所示。

在实际的应用中，抽样函数也存在着一些问题，一个主要的问题就是这个函数的拖尾比较大，这对接收时定时判决的精度要求较高。因此，需要选择不但符合无码间串扰，而且还要拖尾小的函数。这样的函数有余弦滚降函数、升余弦特性函数、直线滚降函数及三角形特性函数，其中升余弦特性的尾巴衰减最快，当定时不准时对码间串扰的影响比较小。

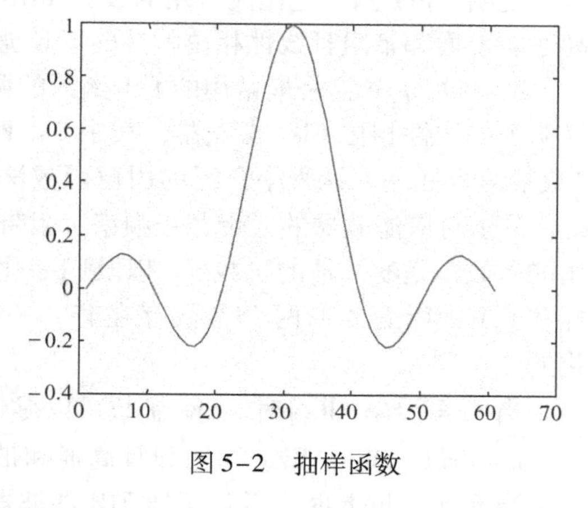

图 5-2　抽样函数

在这些脉冲成型的函数中，带宽问题是需要专门说明的问题。抽样函数所占的信道带宽最小，只有 $f_b/2$，它的频带利用率为 2 Baud/Hz；余弦滚降波形占用的带宽为$(1+a)f_b/2$，当滚降系数为 1 时，此时占用的带宽为f_b，为抽样函数的两倍，这也就是这种脉冲拖尾小的代价，所以要综合考虑拖尾和带宽的问题，在实际中用的较多的是 $a=0.25$ 的余弦滚降函数。

还有一个需要说明的问题是，在实际中发送滤波器所采用的是平方根升余弦滤波器，而不是升余弦滤波器。这主要是因为这里所说的升余弦函数是指整个系统的传输函数，包括发送滤波器、信道及接收滤波器，由于信道的特性未知，所以只需要考虑发送滤波器和接收滤波器两者的特性。也就是说，发送滤波器和接收滤波器两者级联起来的特性满足余弦滚降特性就可以了。在匹配滤波器的情况下，发送滤波器和接收滤波器的特性必须满

足以下条件：

$$h_r(t) = K \times h_s(t_0 - t)$$

式中，$h_r(t)$表示接收滤波器的冲激响应；$h_s(t)$表示发送滤波器；t_0 表示信道的延迟。由于发送滤波器和收滤波器级联起来的响应需要满足升余弦特性，而它们两者又满足上述的关系，时域级联相当于频域相乘，因此在实际中发送滤波器和接收滤波器的频率特性都采用平方根升余弦波形，而不是直接用升余弦进行成型。

下面主要用 MATLAB、DSP 及 FPGA 等 3 种不同的语言来实现数字基带信号的传输。

5.3 数字基带传输的 MATLAB 实现

在介绍数字基带信号传输的 MATLAB 实现之前，首先介绍几个常用的 MATLAB 函数。

5.3.1 常用的 MATLAB 函数

1. fir1 函数

功能：用窗函数法设计 FIR 滤波器

语法：b = fir1(n,W$_n$)

b = fir1(n,W$_n$,'ftype')

b = fir1(n,W$_n$,Window)

b = fir1(n,W$_n$,'ftype',Window)

说明：fir1 函数是比较常用的设计 FIR 滤波器的函数，它可以设计出具有标准的低通、高通、带通和带阻且线性相位特性的 FIR 滤波器。

b = fir1(n,W$_n$)是最常用的 fir1 函数的调用形式，用来设计 n 阶低通、截止频率为 W_n 的汉明窗的线性相位 FIR 滤波器，其中 $0 \leqslant W_n \leqslant 1$，$W_n = 1$ 相当于 $0.5f_s$。需要指出的是，在"数字信号处理"课程中介绍的用窗函数法设计 FIR 滤波器时给出的参数往往是 ω_p、ω_s 和 α_s，分别对应滤波器的通带截止频率、阻带起始频率、阻带的最小衰减，而在 fir1 函数中使用的参数却是滤波器的阶数 n，以及归一化的 6dB 截止频率 W_n。其实书本上所讲的 3 个指标和 fir1 中所需要的两个参数存在着一一对应的关系，在实际应用的时候是可以相互转化的。

当$W_n = [W_1 \quad W_2]$时，fir1 函数可以得到带通滤波器，其通带为 $W_1 < w < W_2$。

b = fir1(n,W$_n$,'ftype')可设计高通和带通滤波器，参数 ftype 决定滤波器的类型。

当 ftype = high 时，设计高通 FIR 滤波器；当 ftype = stop 时，设计带阻 FIR 滤波器。

在设计高通和带阻滤波器时，当滤波器的阶数为奇数时，其在 Nyquist 频率处的频率响应为零，不适合构成高通和带阻滤波器，因此 fir1 函数总是使用阶数为偶数的滤波器。当输入的阶数为奇数时，fir1 函数会自动将阶数增加 1。

b = fir1(n,W$_n$,Window)利用参数 Window 来指定滤波器采用的窗函数类型。其默认值为汉明窗。

b = fir1(n,W$_n$,'ftype',Window)可利用 ftype 和 Window 参数设计各种滤波器。

2. freqz 函数

功能：数字滤波器的频率响应。

语法：

```
[H,W] = freqz(B,A,N)
[H,W] = freqz(B,A,N,'whole')
H = freqz(B,A,W)
[H,F] = freqz (B,A,N,Fs)
H = freqz (B,A,F,Fs)
freqz (B,A,...)
```

说明：[H,W] = freqz(B,A,N)是用来计算数字滤波器的 N 点的复频率响应 H 和 N 点的频率向量 W。数字滤波器的特性由向量 B 和 A 确定，其中 B 是分子的向量，A 是分母的向量，N 表示将单位圆的上半圆周分为 N 等份来计算滤波器的频率响应。如果 N 没有定义，则默认为512。

[H,W] = freqz(B,A,N,'whole')和[H,W] = freqz(B,A,N)的区别在于前者是将整个单位圆分为 N 等份来计算滤波器的频率响应，而后者是将上半圆周分为 N 等份来计算滤波器的频率响应。

H = freqz(B,A,W)主要是按照频率向量 W 指定的频率点来计算滤波器的频率响应。

```
[H,F] = freqz (B,A,N,Fs)
```

【例 5-1】 试用 MATLAB 设计一个低通滤波器，通带的截止频率为 1000 Hz，阻带的起始频率为 3000 Hz，采样频率为 12 kHz，阻带的最小衰减为 50 dB，并画出滤波器的幅度特性和相位特性。

分析：由于 $\omega_p = 2\pi \dfrac{f_p}{f_s} = \dfrac{\pi}{6}, \omega_s = 2\pi \times \dfrac{3}{12} = \dfrac{\pi}{2}$，$\alpha_s$ 为 50 dB，因此可以选择汉明窗，$\dfrac{8\pi}{n} = \dfrac{\pi}{2} - \dfrac{\pi}{6} = \dfrac{\pi}{3}$，可以求出 $n = 24$，$\omega_n = \dfrac{\omega_p + \omega_s}{2\pi} = \dfrac{1}{3}$。因此可以得到如下的 MATLAB 程序：

```
b = fir1(24,1/3)
freqz(b,1);
```

从图 5-3 可以看出，设计的滤波器满足所要求的技术指标。

3. rcosine 函数

功能：设计升余弦滤波器。

语法：

```
NUM = RCOSINE(Fd, Fs)
[NUM, DEN] = RCOSINE(Fd, Fs, TYPE_FLAG)
[NUM, DEN] = RCOSINE(Fd, Fs, TYPE_FLAG, R)
[NUM, DEN] = RCOSINE(Fd, Fs, TYPE_FLAG, R, DELAY)
[NUM, DEN] = RCOSINE(Fd, Fs, TYPE_FLAG, R, DELAY, TOL)
```

说明：NUM = RCOSINE(Fd,Fs)用来设计一个 FIR 的升余弦滤波器，输入信号的采样频率为 Fd，滤波器的采样频率为 Fs，Fs/Fd 必须是一个正整数。默认的升余弦滚降因子为 0.5，默认的滤波器延时为 3/Fd（单位：s）。

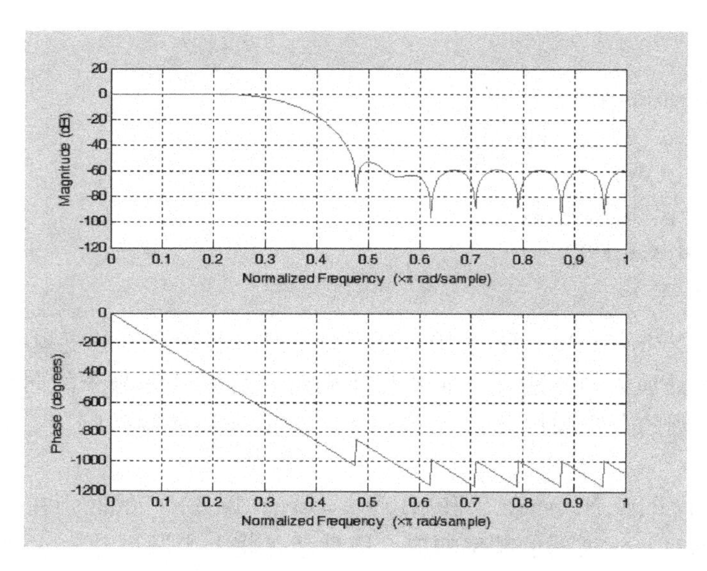

图 5-3　滤波器的幅度特性和相位特性

[NUM, DEN] = RCOSINE(Fd, Fs, TYPE_FLAG) 比 RCOSINE(Fd, Fs) 多了一个参数 TYPE_FLAG。它的具体取值和含义如下。

'fir'：设计一个 FIR 升余弦滤波器。

'iir' 设计一个 IIR 的升余弦滤波器。

'sqrt' 设计一个平方根升余弦滤波器。

[NUM, DEN] = RCOSINE(Fd, Fs, TYPE_FLAG, R) 又增加了一个参数 R。它表示升余弦滤波器的滚降因子，范围为 0 ~ 1。

[NUM, DEN] = RCOSINE(Fd, Fs, TYPE_FLAG, R, DELAY) 又增加了一个参数 DELAY。它表示滤波器的延时，DELAY 必须是一个正整数，DELAY/Fd 是滤波器的实际延时，以 s 为单位。

[NUM, DEN] = RCOSINE(Fd, Fs, TYPE_FLAG, R, DELAY, TOL) 又增加了一个参数 TOL。它主要用来在设计 IIR 升余弦滤波器时指定阻带衰减的大小，默认值为 0.01。

【例 5-2】 设计一个升余弦滤波器，指标如下：输入信号的采样频率为 1000Hz，滤波器的采样频率为 8000 Hz，滚降因子为 0.25，滤波器的延时为 4，并画出升余弦滤波器的时域和频域波形。

MATLAB 程序如下：

```
b = rcosine(1000,8000,'fir',0.25,4);
stem(b,'.k');
freqz(b,1)
```

可以得到如图 5-4 和图 5-5 所示的图形。

从图 5-4 可以看出，设计的升余弦滤波器满足所要求的技术指标。

从图 5-5 可以看出，升余弦滤波器具有低通特性，所以经过升余弦滤波成型后的信号的高频部分得到了较大的抑制，从而减小了信号的带宽。也就是说，对发送信号进行脉冲成

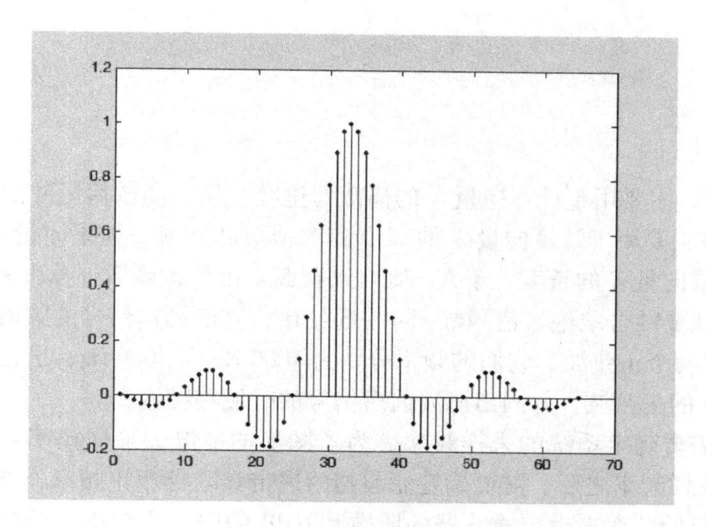

图 5-4　升余弦滤波器的时域图形

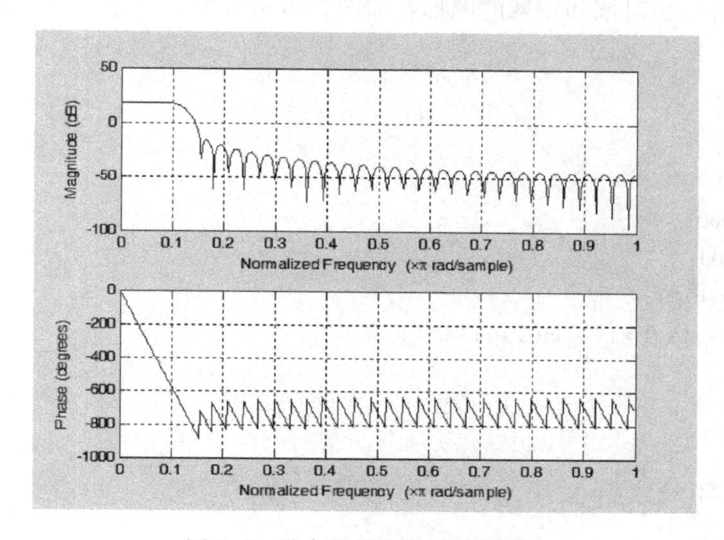

图 5-5　升余弦滤波器的频域图形

型的过程其实也就是低通滤波的过程，这也是脉冲成型的一个特点。

4. filter 函数

功能：对信号进行数字滤波。

语法：

```
Y = FILTER(B,A,X)
```

说明：Y = FILTER(B,A,X)主要用于对信号 *X* 进行数字滤波，数字滤波器的特性由向量 B 和向量 A 决定。其中，B 是滤波器系统函数的分子多项式的系数，而 A 是系统函数分母多项式的系数，多项式按照 Z 的降幂排列。当滤波器为 FIR 时，A 的值为 1。

5. fft 函数

功能：快速计算离散傅里叶变换。

语法：

```
FFT(X)
FFT(X,N)
```

说明：FFT(X)主要用于计算向量 X 的离散傅里叶变换，离散傅里叶的点数是向量 X 的长度。FFT(X,N)主要用于计算向量 X 的 N 点离散傅里叶变换，如果向量 X 的长度小于 N，则自动补零；如果向量 X 的长度大于 N，则自动截断。由于该函数计算出来的离散傅里叶都是复数，因此往往要结合取绝对值函数 abs 一起使用，才能画出信号的频谱图。

【例 5-3】 有两个正弦波，它们的频率分别为 1000 Hz 和 4000 Hz，试设计一个低通滤波器，滤除 4000 Hz 的正弦波，并画出滤波前后信号的时域和频域图。

分析：首先需要确定系统的采样频率，为了图形的平滑，采样频率可以取高一点，如 12 kHz。确定好采样频率之后，需要确定滤波器的通带和阻带截止频率，然后根据通带的截止频率和阻带的起始频率来确定滤波器的阶数和 6 dB 的归一化频率，最后用设计的滤波对信号进行滤波，并画出时域和频域的图形，如图 5-6 ~ 图 5-9 所示。具体的 MATLAB 程序如下：

```
f1 = 1000;
f2 = 3000;
fs = 24000;
fpass = 2000;
fstop = 3000;
t = 0:1/fs:10/f1;
x = sin(2 * pi * f1 * t) + sin(2 * pi * f2 * t);
figure(1)
plot(x)
figure(2)
plot(abs(fft(x)))

wp = 2 * pi * fpass/fs;
ws = 2 * pi * fstop/fs;
n = floor(8 * pi/(ws - wp));
wn = (wp + ws)/(2 * pi);
h = fir1(n,wn);
y = filter(h,1,x);

figure(3)
plot(y)
figure(4)
plot(abs(fft(y)))
```

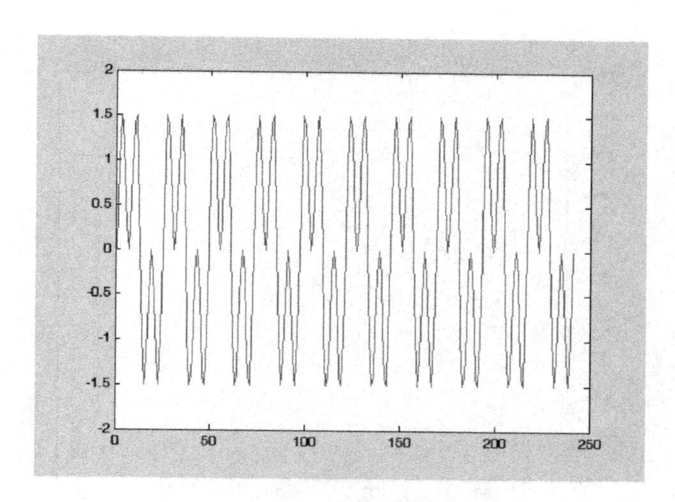

图 5-6　滤波器的时域信号

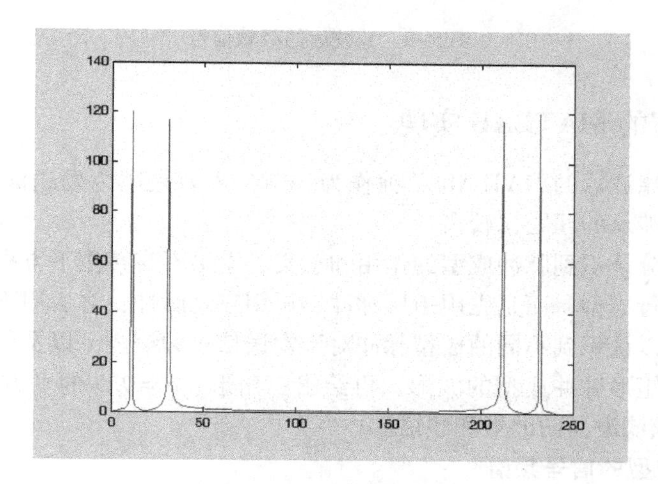

图 5-7　滤波前的频域信号

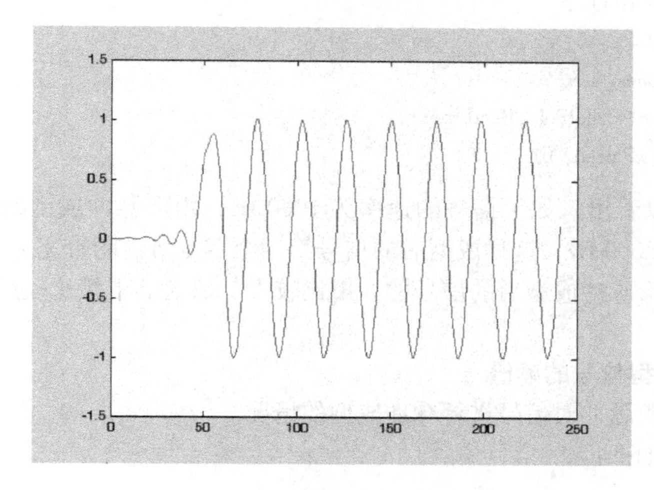

图 5-8　滤波后的时域信号

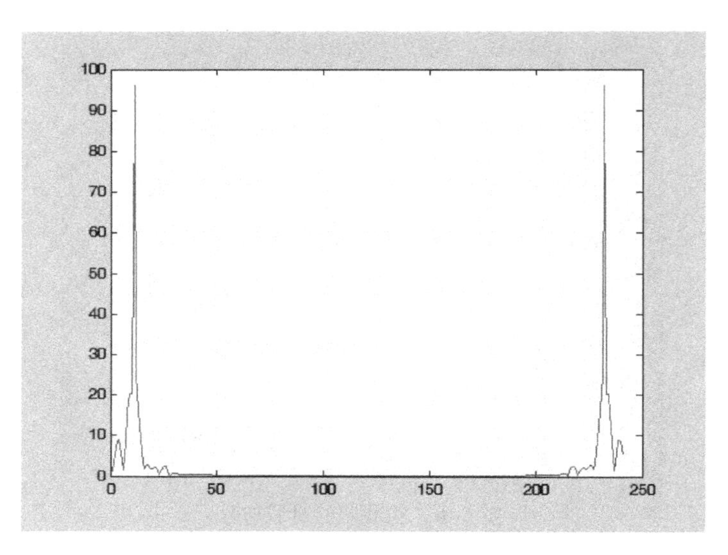

图 5-9　滤波后的频域信号

5.3.2　脉冲成型的 MATLAB 实现

之所以把发送滤波器的 MATLAB 单独作为一节，主要是因为发送滤波器在基带传输中的地位非常重要，涉及的问题比较多。

为了让大家充分认识到脉冲成型的作用和意义，本书不直接用平方根升余弦或者升余弦脉冲对基带信号进行成型，而是先用矩形脉冲、再用三角脉冲，之后用不同滚降系数的余弦脉冲，这个过程可以认识到不同的成型脉冲对于发送信号频谱成分以及信号带宽的影响。下面的程序首先给出矩形脉冲成型的波形，再给出三角形、$a=0.5$ 的平方根余弦滚降滤波器以及 $a=1$ 的升余弦滤波器的波形和频谱。

1. 矩形脉冲成型的信号频谱

```
x = randint(1,1000);
xDualPole = 2 * x - 1;
RectPluse = ones(1,8);
xPlused = kron(xDualPole,RectPluse);
plot(abs(fft(xPlused)))
```

从图 5-10 可以看出，如果信号的速率为 1000 Hz，矩形脉冲成型的时候采用 8 倍过采样，则采样频率为 8000 Hz，这样成型后的信号第一个零点所占的带宽为 1000 Hz。而且还可以清楚地看出，矩形脉冲成型后的信号的旁瓣比较大，邻道的干扰比较严重，这是不利于信号传输的。

2. 三角脉冲成型信号的频谱

下面考虑用三角脉冲对信号进行脉冲成型的情况。

MATLAB 程序如下：

```
x = randint(1,1000);
xDualPole = 2 * x - 1;
```

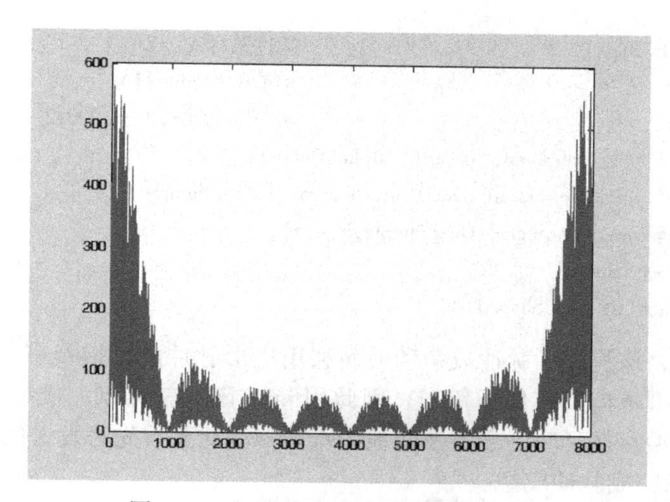

图 5-10　矩形脉冲成型信号的频域波形

```
TriangPluse = (triang(8))';
xPlused = kron(xDualPole,TriangPluse);
plot(abs(fft(xPlused)))
```

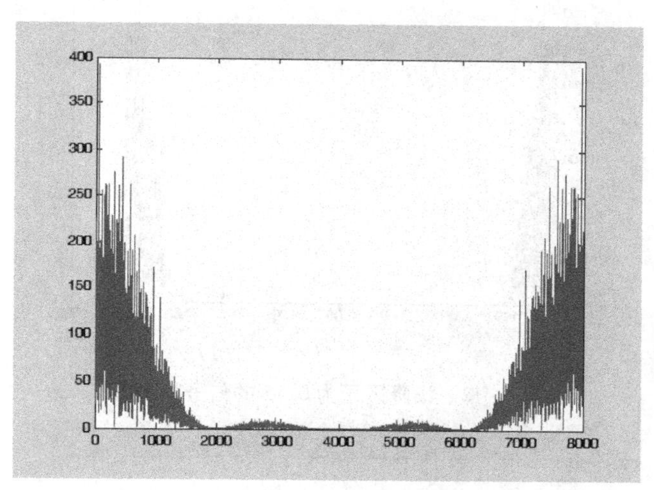

图 5-11　三角脉冲成型信号的频域波形

从图 5-11 可以看出，采用三角脉冲成型后的信号的频谱的旁瓣是降低了许多，但是成型后的第一个零点在 2000 Hz，也就是说占用的带宽更多了。

3. 不同滚降系数平方根升余弦脉冲成型的频谱

下面开始尝试不同滚降系数和延迟的平方根升余弦脉冲成型的效果，基本参数和前面的一致。固定滤波器延时为 3，滚降因子为 0.75，0.5 和 0.25 三者的区别如下。

主要的 MATLAB 程序如下：

```
x = randint(1,1000);
xDualPole = 2 * x - 1;
fb = 1000;                          %符号速率
fs = 8000;                          %采样频率
```

```
OverSamp = fs/fb;                                   % 过采样率 = 8
Delay = 3;                                          % 单位为调制符号
alpha = 0.75;                                       % 滚降系统，B = 1000/2 * (1 + 0.75) = 875 Hz
h_sqrt = rcosine(1,OverSamp,'fir/sqrt',alpha,Delay);
SendSignal_OverSample = kron(xDualPole,[1 zeros(1,OverSamp - 1)]);
SendShaped = conv(SendSignal_OverSample,h_sqrt);
figure;plot(SendShaped)
figure;plot(abs(fft(SendShaped)))
```

需要解释的是，该程序的脉冲成型和前面利用矩形脉冲成型以及三角脉冲成型不一样，前面的矩形脉冲成型不涉及其他的符号，因此用 kron 函数就可以完成成型，但是由于平方根升余弦的脉冲成型存在延时，会涉及其他的符号，因此要首先对发送信号进行过采样，然后再用 conv 函数来完成脉冲成型。

运行后，可以得到如图 5-12 ~ 图 5-14 所示的图形。

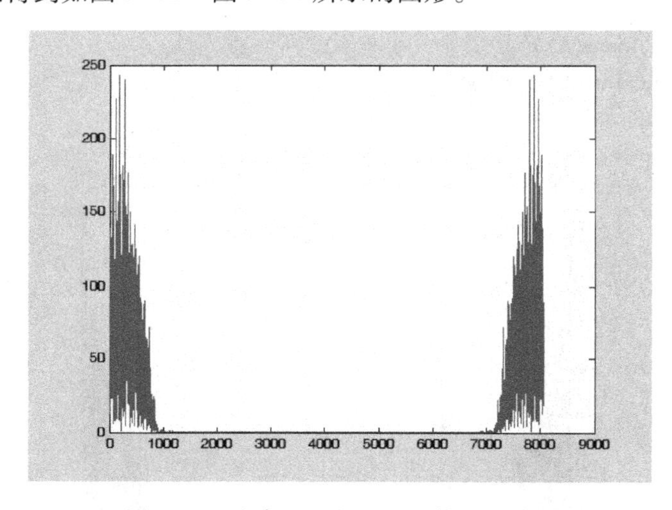

图 5-12　滚降因子为 0.75 的信号频谱图

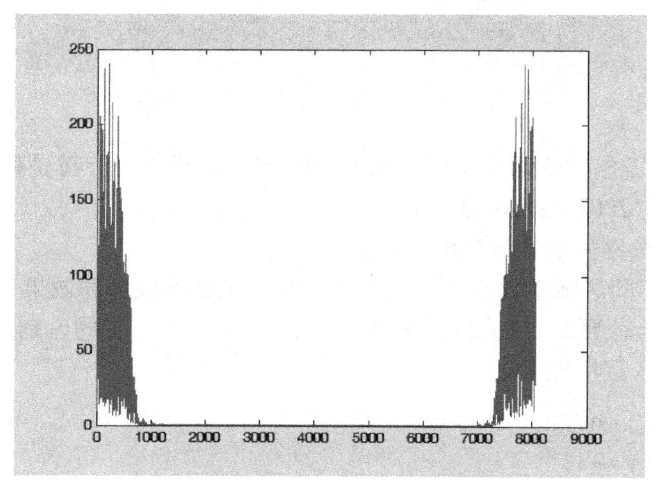

图 5-13　滚降因子为 0.5 的信号频谱图

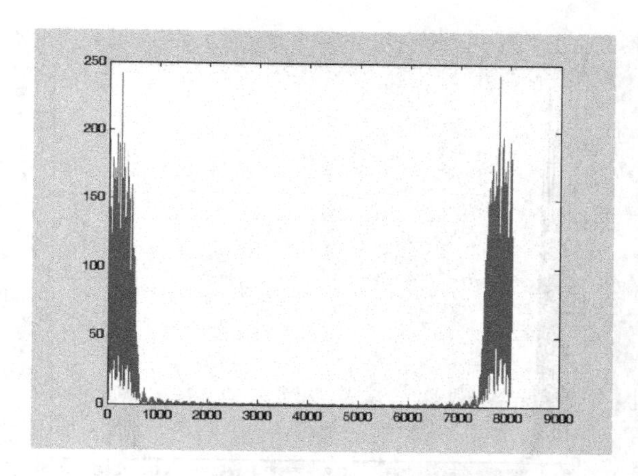

图 5-14　滚降因子为 0. 25 的信号频谱图

从图 5-12 ~ 图 5-14 可以看出，当滚降因子降低时，信号所占用的带宽越来越小，但是旁瓣会慢慢增大，因此这是两个需要折中考虑的问题。

下面固定滚降因子为 0. 25，考虑延时分别为 1、3、5 时，脉冲成型对信号频谱的影响。MATLAB 程序和上面类似，这里直接给出运行的结果，如图 5-15 ~ 图 5-17 所示。

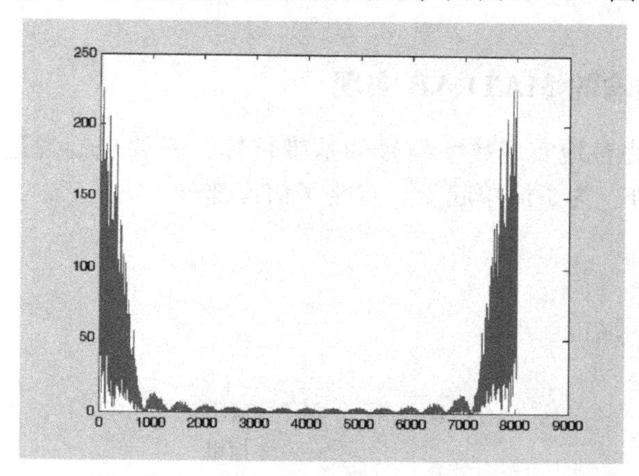

图 5-15　滤波器延时为 1 的信号频谱图

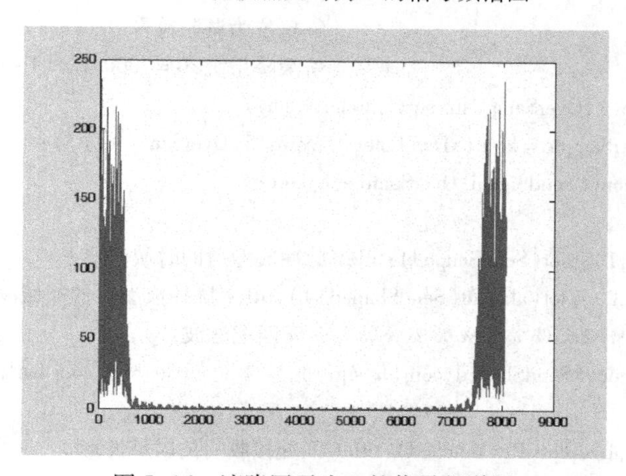

图 5-16　滚降因子为 3 的信号频谱图

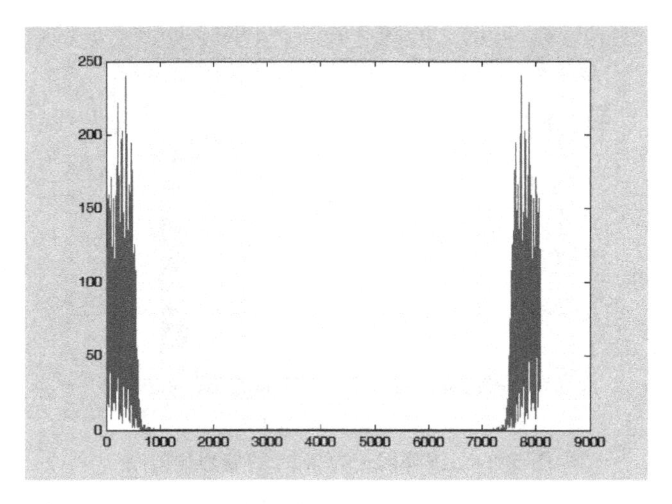

图 5-17　滤波器延时为 5 的信号频谱图

从图 5-15 ~ 图 5-17 可以看出，当滚降因子不变，而延时逐渐增大时，脉冲成型后的信号带宽不变，但旁瓣的幅度逐渐降低，与此同时付出的代价是计算的运算量和延时增加了。

5.3.3 数字基带传输的 MATLAB 实现

下面用 MATLAB 完整地实现数字信号的基带传输，主要包括发送脉冲成型、信道、匹配接收、判决几个部分。为了简单起见，省略了信道部分。

```
clear;clc;
NSym = 10;
x = randint(1,NSym);
xDualPole = 2 * x - 1;
fb = 1000;                              % 符号速率
fs = 8000;                              % 采样频率
OverSamp = fs/fb;                       % 过采样率 = 8
Delay = 5;                              % 单位为调制符号
alpha = 0.25;                           % 滚降系统;B = 1000/2 × (1 + 0.25) = 750 Hz
h_sqrt = rcosine(1,OverSamp,'fir/sqrt',alpha,Delay);
SendSignal_OverSample = kron(xDualPole,[1 zeros(1,OverSamp - 1)]);
SendShaped = conv(SendSignal_OverSample,h_sqrt);
figure;
  subplot(2,1,1);plot(SendShaped);title('脉冲成型后的时域波形')
  subplot(2,1,2);plot(abs(fft(SendShaped)));title('脉冲成型后的频域波形')
%%%%%%%%%%%%%%%%%%匹配滤波
RcvMatched = conv(SendShaped,conj(h_sqrt));   % h_sqrt is real,conj isn't necessary.
figure;
  subplot(2,1,1);plot(RcvMatched);title('匹配接收后的时域波形')
  subplot(2,1,2);plot(abs(fft(RcvMatched)));title('匹配接收后的频域波形')
```

```
%%%%%%%%%符号抽样
SynPosi = Delay * OverSamp * 2 + 1;
SymPosi = SynPosi + (0:OverSamp:(NSym - 1) * OverSamp);
RcvSignal = RcvMatched(SymPosi);
%%%%%%%%%判决
for i = 1:NSym
    if(RcvSignal(i) > 0)
        RcvBit(i) = 1;
    else
        RcvBit(i) = -1;
    end
end
figure;
  subplot(2,1,1);stem(xDualPole);title('发送的信号波形')
  subplot(2,1,2);stem(RcvBit);title('接收的信号波形')
```

运行后可以得到如图 5-18 ~ 图 5-20 所示的图形。

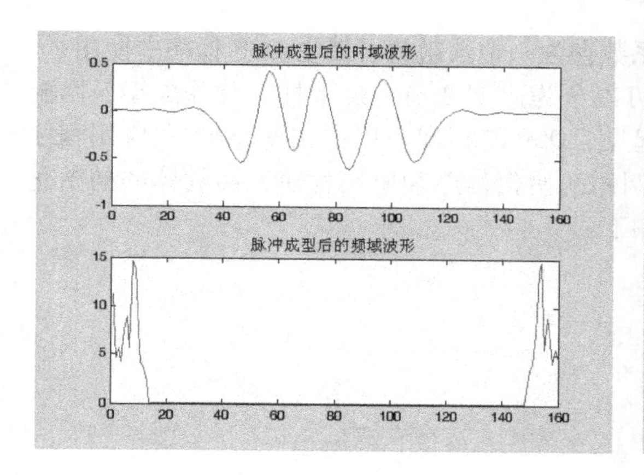

图 5-18　脉冲成型后的时域和频域波形

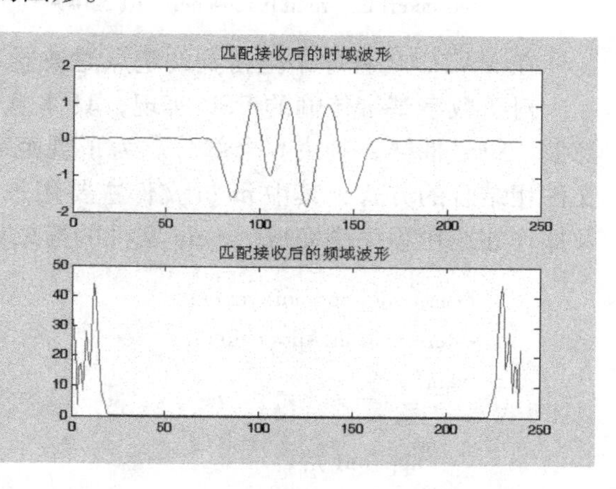

图 5-19　匹配接收后的时域和频域波形

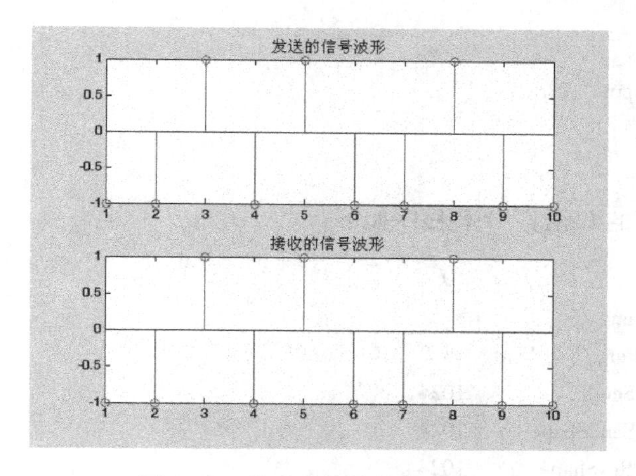

图 5-20　发送和接收的信号波形

从图 5-18 可以看出，最后接收判决的信号和发送信号完全相等。

5.4 数字基带传输的 DSP 实现

DSP 和 MATLAB 在实现上的不同之处如下：①DSP 是定点，MATLAB 是浮点；②MATLAB 实现时可以调用内部的函数，而 DSP 实现时则没有内部函数可以调用。例如，在 MATLAB 中，滤波可以用 filter 一句话来完成，而 DSP 中则不得不用循环语句和乘累加语句来完成。

另外需要指出的是，DSP 的实现和 MATLAB 的实现是有密切关联的，在 MATLAB 中得到的某些结果在 DSP 中是有实际用处的。例如，在 MATLAB 中使用 rcosine 函数来设计平方根升余弦滤波器的系数，而在 DSP 的实现中，不需要再去求解平方根升余弦滤波器的系数，只要把 MATLAB 中求出的浮点的系数转换为定点的系数就可以在 DSP 中使用了。主要的 MATLAB 程序如下：

```
rcoscoeff = rcosine(1,8,'sqrt',0.5);
rcoscoeffFix = round(rcoscoeff * (2^14 - 1));
```

在 MATLAB 程序中把得到的定点滤波器系数存为一个数组就可以在 DSP 程序中使用了。

对于数字基带传输的 DSP 实现，具体也可以分为码型变换、过采样、脉冲成型、匹配滤波、符号抽样，判决 6 个部分。为了规范起见，DSP 的实现采用主文件 main 和应用程序文件相结合的方式，其中 main 文件主要用来调用初始化程序和应用程序，而具体的初始化及操作在应用程序中完成。main 文件的框架如下：

```
extern void app_ini(void);
extern void myApp(void);
main()
{
    app_ini();

    do
    {
        myApp();
    }while(1);
}
```

具体的应用程序的 C 语言 DSP 程序如下：

```
#define NSym              10
#define OverSamp          8
#define LenFilter         48
#define SIZE_Send         1024
#define SIZE_SendShape    1024
#define SIZE_RcvShape     1024
#define SIZE_RcvMatch     1024
```

```
short Coe_RCOS[49] = {18,    -44,    -95,   -114,    -87,    -13,    90,    190,
                      246,   220,     90,   -141,   -435,   -721,   -909,   -900,
                      -615,    -9,   909,   2069,   3352,   4599,   5645,   6340,
                      6584,  6340,  5645,   4599,   3352,   2069,    909,     -9,
                      -615,  -900,  -909,   -721,   -435,   -141,     90,    220,
                      246,   190,     90,    -13,    -87,   -114,    -95,   -44, 18};
short DataIn[10] = {1,1,1,0,0,1,1,0,0,1 };
short DataIn_RP;
short SendSignal[1024];
short SendIQ_WP,SendIQ_RP;
short SendShape[1024];
short SendShape_WP,SendShape_RP;
short RcvShape[1024];
short RcvShape_WP,RcvShape_RP;
short RcvMatch [1024];
short RcvMatch_WP,RcvMatch_RP;
short rData[64];
short rData_WP;
short BER_Cntr;
void app_ini(void);
void myApp(void);
void app_ini(void)
{
    short i;
                                    //initialize
    DataIn_RP = 0;
    rData_WP = 0;

    for(i = 0;i < 1024;i ++)
    {
        SendSignal[i] = 0;
        SendShape[i] = 0;
        RcvShape[i] = 0;
        RcvMatch[i] = 0;
    }
        SendShape_WP = 0;
        SendShape_RP = 0;
        RcvShape_WP = 0;
        RcvShape_RP = 0;
        RcvMatch_WP = 0;
        RcvMatch_RP = 0;
}
```

```
void myApp(void)
{
        short m,n;
        short RPtr;
        long  Sum;
        short Temp;

        Send_WP = LenFilter;
        for (m = 0;m < NSym;m ++ )
        {
If          (DataIn[m] == 1)
        {
            SendSignal[Send_WP] = 1;
        }
Else
        {
            SendSignal[Send_WP] = -1;
        }

            Send_WP += OverSamp;
        }
                                    //发送成型滤波器
        for (m = LenFilter;m < NSym * OverSamp + LenFilter + 49;m ++ )     //
{
            RPtr = m - LenFilter;           //卷积下标:x(n - L + k)
            Sum = 0;;
            for (n = 0;n < 49;n ++ )
            {                               //Coe(k)
                Sum = Sum + SendSignal [RPtr + n] * Coe_RCOS[n];
            }
                SendShape[m] = Sum >> 0;
            }
                                    //收匹配
            for (m = 0;m < (NSym * 8 + 49);m ++ )
            {
                Sum = 0;
                for (n = 0;n < 49;n ++ )
                {
                    Sum = Sum + (((long)SendShape [m + n] * (long)Coe_RCOS[n]) >> 3);
                }
                RcvMatch [m] = Sum >> 15;
            }
                                    //符号抽样判决
```

```
        RPtr = 48;
        for (m = 0;m < NSym;m ++ )
        {
            Temp = RcvMatch [RPtr];

            if(Temp > 0)
            {
                rData[rData_WP ++ ] = 1;
            }
            else
            {
                rData[rData_WP ++ ] = 0;
        }
        RPtr += OverSamp;
        }
                                        //BER
        BER_Cntr = 0;
        for (m = 0;m < NSym;m ++ )
        {
            if (DataIn[m]!  = rData[m])
                BER_Cntr ++ ;
        }
}
```

编写好上面的程序之后，还需要做如下的准备工作：首先要新建一个工程，然后把编辑好的程序加入到工程中去，再新建一个 cmd 文件并添加到工程中去，进行编译链接，然后加载 . out 文件，最后运行程序。

程序运行后，可以得到如图 5-21 所示的图形。

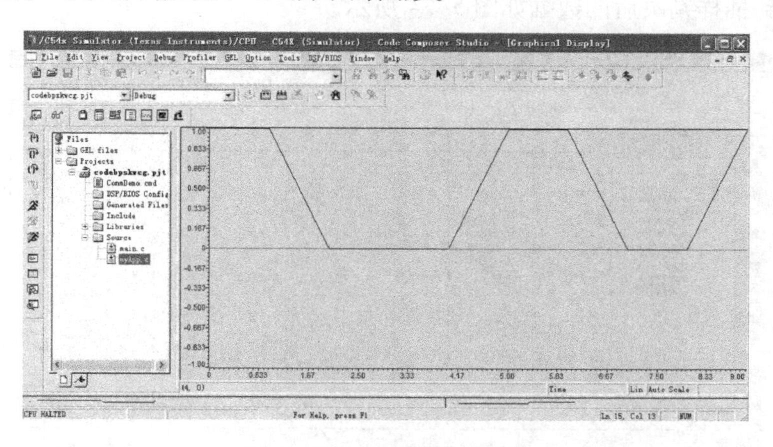

图 5-21　发送数据的图形

平方根升余弦脉冲成型后的时域波形如图 5-22 所示。

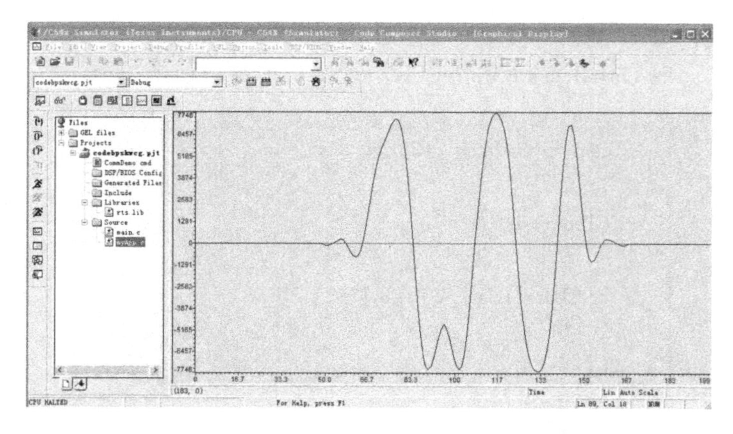

图 5-22　平方根升余弦脉冲成型后的时域波形

匹配滤波后的时域波形如图 5-23 所示。

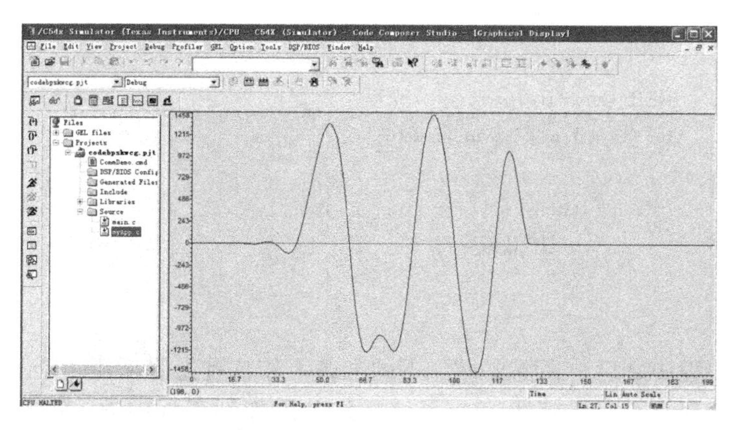

图 5-23　匹配滤波后的时域波形

最后，得到抽样判决后的数据如图 5-24 所示。

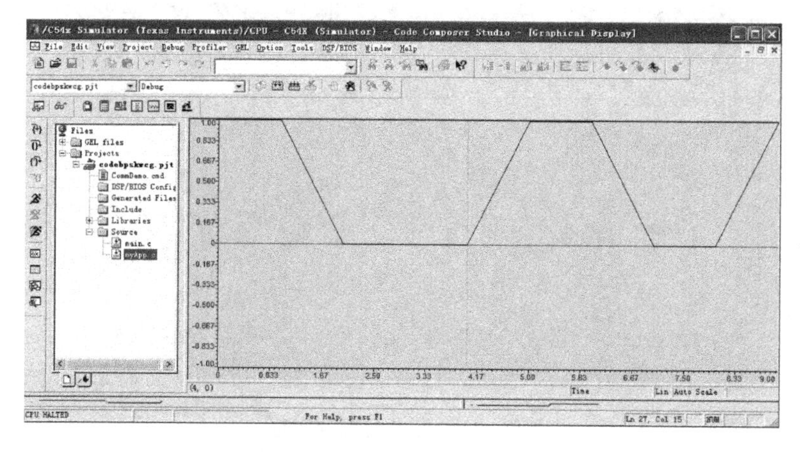

图 5-24　抽样判决后的数据

通过对比图 5-21 和图 5-24，可以发现发送和接收的数据是完全一致的。

5.5 数字基带传输的 FPGA 实现

数字基带信号传输的 FPGA 实现和 DSP 在实现手段和方法上有些不同。下面重点讲解 FPGA 实现的不同之处，不再重复原理。

FPGA 的实现一般采用 TOP - down 的模式，即自顶向下。首先要划分模块，主要的模块如图 5-25 所示。

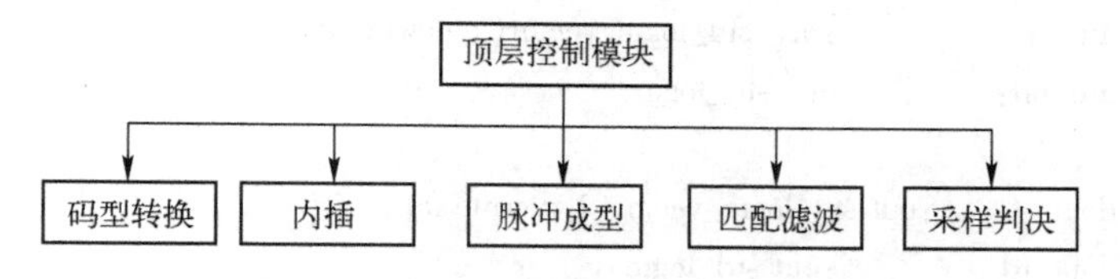

图 5-25 数字基带信号传输的 FPGA 实现框图

顶层模块要定义输入/输出接口，包括对下层子模块进行实例化，产生正确的连接关系。每个模块的输入包括 clk、aclr、din、din_nd，输出包括 dout、dout_rd。clk 为时钟信号，aclr 为复位信号，din 为输入信息，din_nd 为新输入指示信号，dout 为输出信息，dout_rd 为输出信号指示。

其中，顶层模块的输入是 1 bit 的输入数据，同时有新数据指示信号 din_nd、时钟 clk 及复位信号 aclr，输出是 1 bit 的输出数据，同时伴有新数据输出指示信号。

实体的输入/输出定义：

```
ENTITY basebandtransmit IS
    PORT (
        clk:            IN STD_LOGIC;
        rst:            IN STD_LOGIC;
        data_in:        IN STD_LOGIC;
        din_nd:         IN STD_LOGIC;
        dout                    :OUT STD_LOGIC;
        dout_rd                 :OUT STD_LOGIC;
    );
END basebandtransmit;
```

底层包括 5 个模块，分别为码型转换、内插、脉冲成型、匹配滤波和采样判决。在顶层文件中采用的是元件调用语句，首先要对这 5 个元件进行说明：

```
COMPONENT code_convert IS
    PORT (
        clk         :IN STD_LOGIC;
    rst             :IN STD_LOGIC;
    data_in         :IN STD_LOGIC;
    din_nd          :IN STD_LOGIC;
```

```
        dout        :OUT STD_LOGIC_VECTOR (1 DOWNTO 0);
        dout_rd                 :OUT STD_LOGIC
        );
    END COMPONENT;

    COMPONENT insertzeros IS
        PORT(
            clk:in              std_logic;
            aclr:       in  std_logic;
            din                 :in  std_logic_vector(1 downto 0);
            din_nd:             in  std_logic;

            dout        :out std_logic_vector(1 downto 0);
            dout_rd             :out std_logic
            );
    END COMPONENT;

    COMPONENT firfilter IS
        PORT(
            rst   :      in  std_logic;
            clk   :      in  std_logic;
            xin   :      in  std_logic_vector(1 downto 0);
            xin_nd:      in  std_logic;
            yout   :     out std_logic_vector(31 downto 0);
            yout_rd:     out std_logic);
    END COMPONENT;

    COMPONENT matchfilter IS
        PORT(
            rst   :      in  std_logic;
            clk   :      in  std_logic;
            xin:in std_logic_vector(31 downto 0);
            xin_nd:      in  std_logic;
            yout   :     out std_logic_vector(31 downto 0);
            yout_rd:     out std_logic);
    END COMPONENT;


    COMPONENT Sample_Decision IS
        port(
            rst   :      in  std_logic;
            clk   :      in  std_logic;
            xin   :      in  std_logic_vector(31 downto 0);
```

```
        xin_nd:      in std_logic;
        dout   :     out std_logic;
        dout_rd:     out std_logic);
END COMPONENT;
```

每个模块的端口映射语句如下：

```
signal    code_convert_dout         :std_logic_vector(1 downto 0);
signal    code_convert_dout_rd      :std_logic;
signal    insertzero_dout              :std_logic_vector(1 downto 0);
signal    insertzero_dout_rd        :std_Logic;
signal  filter_dout                 :std_Logic_vector(31 downto 0);
signal  filter_dout_rd              :std_Logic;
signal  matchfilter_dout            :std_Logic_vector(31 downto 0);
signal  matchfilter_dout_rd         :std_Logic;

BEGIN
    code_convert_inst :code_convert
    PORT   MAP(
        clk         => clk,
        rst         => rst,
        data_in  => data_in,
        din_nd    => din_nd,
        dout => code_convert_dout,
        dout_rd => code_convert_dout_rd
    );

    add_zero_inst :   insertzeros
    PORT MAP(
        clk             => clk,
        aclr    => rst,
        din     => code_convert_dout,
        din_nd          => code_convert_dout_rd,
        dout            => insertzero_dout,
        dout_rd         => insertzero_dout_rd
    );

    firfilter_inst:firfilter
    PORT MAP(
        rst             => rst,
        clk             => clk,
        xin             => insertzero_dout,
        xin_nd          => insertzero_dout_rd,
        yout          => filter_dout,
```

```
        yout_rd         => filter_dout_rd
    );

        matchfilter_inst:   matchfilter
            PORT MAP(
            rst             => rst,
            clk             => clk,
            xin             => filter_dout,
            xin_nd          => filter_dout_rd,
            yout        => matchfilter_dout,
            yout_rd         => matchfilter_dout_rd
            );

    Sample_decision_inst:   Sample_Decision
        PORT MAP(
            rst             => rst,
            clk             => clk,
            xin             => matchfilter_dout,
            xin_nd        => matchfilter_dout_rd,
            dout            => dout,
            dout_rd => dout_rd
            );
```

下面介绍每个模块的主要功能和实现的方法。

1）码型转换模块：主要负责将 0、1 bit 的信息转换为 +1 和 -1 的双极性码字，在 VHDL 中，采用 2 bit 的二进制补码来表示 +1 和 -1，其中 11 表示 -1，01 表示 +1。所以，主要的输入是 1 bit 的输入信息和新数据指示信号，输出为 2 bit 码型转换后补码信号。具体的 VHDL 语言实现如下：

```
LIBRARY IEEE;
USE IEEE. STD_LOGIC_1164. ALL;
USE IEEE. STD_LOGIC_ARITH. ALL;
USE IEEE. STD_LOGIC_SIGNED. ALL;
ENTITY code_convert IS
    PORT (
        clk                 :IN STD_LOGIC;
        rst                 :IN STD_LOGIC;
        data_in             :IN STD_LOGIC;
        din_nd              :IN STD_LOGIC;
        dout        :OUT STD_LOGIC_VECTOR (1 DOWNTO 0);
        dout_rd             :OUT STD_LOGIC
    );
END code_convert;
```

```
ARCHITECTURE Behavioral OF code_convert IS
signal din_nd_dly:std_logic;
BEGIN
process (rst,clk)
      begin
    if (rst ='1') then
        dout        <= (others =>'0');
        dout_rd           <= '0';
        din_nd_dly        <= '0';
    elsif(clk'event and clk ='1') then
        din_nd_dly        <= din_nd;
        if(din_nd_dly ='0'and din_nd ='1') then
            if (data_in ='0') then
                dout <= "11";
            else
                dout <= "01";
            end if;
            dout_rd <= '1';
            else
                dout_rd <= '0';
            end if;
        end if;
    end process;
END Behavioral;
```

2）内插模块：主要负责将输入数据的速率和采样的频率相匹配，为后面的脉冲成型做好准备，系统的时钟为 1 MHz，采样频率为 8000 Hz，而输入数据的速率为 1000 Hz，所以需要进行 8 倍的内插，采用 0 值内插的方法。主要的输入数据是 2 bit 码型转换后的数据以及输入数据指示信号，主要的输出数据是内插后的数据及输出指示信号。具体的 VHDL 语言实现如下：

```
library IEEE;
use IEEE.STD_LOGIC_1164.ALL;
use IEEE.STD_LOGIC_ARITH.ALL;
use IEEE.STD_LOGIC_UNSIGNED.ALL;
entity insertzeros is
    port(
        clk           :in  std_logic;
        aclr      :in  std_logic;
        din           :in  std_logic_vector(1 downto 0);
        din_nd        :in  std_logic;
        dout      :out std_logic_vector(1 downto 0);
        dout_rd       :out std_logic
```

```
        );
end insertzeros;

    architecture Behavioral of insertzeros is
    signal din_nd_dly            :std_logic_vector(1 downto 0);
    signal state                 :integer range 0 to 2;
    signal clk_count             :integer range 0 to 124;
    signal zeros_num             :integer range 0 to 6;

    begin
        process(clk,aclr)
        begin
            if aclr ='1'then
                din_nd_dly      <= "00";
                dout        <="00";
                dout_rd         <='0';
                state       <= 0;
                clk_count       <= 0;
                zeros_num <= 0;
            elsif clk'event and clk ='1'then
                din_nd_dly      <= din_nd_dly(0) & din_nd;
                case state is
                    when 0  =>
                        if din_nd_dly = "01"  then
                            state <=1;
                            clk_count <=0;
                        end if;

                    when 1  =>
                            dout <= din;
                        if clk_count = 124 then
                            state <=2;
                            clk_count <=0;
                            zeros_num <=0;
                        else
                            clk_count <= clk_count + 1;
                        end if;

                        if clk_count =0 then
                            dout_rd <='1';
                        else
                            dout_rd <='0';
                        end if;
```

```
            when 2  =>
                dout <= "00" ;
                if clk_count = 124 then
                    clk_count <= 0;
                    zeros_num <= zeros_num + 1;
                else
                    clk_count <= clk_count + 1;
                end if;

                if clk_count = 0 then
                    dout_rd <= '1';
                else
                    dout_rd <= '0';
                end if;
                if (zeros_num = 6) and (clk_count = 123)  then
                    state <= 0;
                end if;
            when others  => null;
        end case;
    end if;
end process;
end Behavioral;
```

3）脉冲成型模块：该模块的主要目的是将信号的频谱压缩，减少码间串扰，脉冲成型采用平方根升余弦滤波器，滚降因子为 0.5，延时为 1，可以通过如下的 MATLAB 语句得到脉冲成型滤波器的系数 coeff = floor(rcosine(1,8,'sqrt',0.5,1) * 2^13)。主要的输入数据为内插后的 2 bit 数据和新数据指示信号，主要的输出数据为 31 bit 的脉冲成型后的信号以及输出指示信号，具体的 VHDL 语言实现如下：

```
library ieee;
use ieee.std_logic_1164.all;
use ieee.std_logic_arith.all;
use ieee.std_logic_signed.all;
entity firfilter IS
    port(
        rst    :    in   std_logic;
        clk    :    in   std_logic;
        xin    :    in   std_logic_vector(1 downto 0);
        xin_nd :    in   std_logic;
        yout   :    out  std_logic_vector(31 downto 0);
        yout_rd:    out  std_logic);
    end firfilter;
```

```
architecture part of firfilter is
signal x0,x1,x2,x3,x4,x5,x6,x7,x8,x9,x10,x11,x12,x13,x14,x15,x16:std_logic_vector(1 downto 0);
    constant  h0   :  integer: = -308;
    constant  h1   :  integer: = -5;
    constant  h2   :  integer: =454;
    constant  h3   :  integer: =1034;
    constant  h4   :  integer: =1675;
    constant  h5   :  integer: =2299;
    constant  h6   :  integer: =2822;
    constant  h7   :  integer: =3169;
    constant  h8   :  integer: =3291;
    constant  h9   :  integer: =3169;
    constant  h10  :  integer: =2822;
    constant  h11  :  integer: =2299;
    constant  h12  :  integer: =1675;
    constant  h13  :  integer: =1034;
    constant  h14  :  integer: =454;
    constant  h15  :  integer: = -5;
    constant  h16  :  integer: = -308;

    signal    p0,p1,p2,p3,p4,p5,p6,p7,p8      :integer;
    signal    sum                   :  integer;
    signal    xin_nd_dly            :  std_logic;
    signal    state                       :  integer range 0 to 2;

    begin
        sample_delay_line:
        process(rst,clk)
        begin
        if rst ='1'then
                x16 <= (others =>'0');
                x15 <= (others =>'0');
                x14 <= (others =>'0');
                x13 <= (others =>'0');
                x12 <= (others =>'0');
                x11 <= (others =>'0');
                x10 <= (others =>'0');
                x9 <= (others =>'0');
                x8 <= (others =>'0');
                x7 <= (others =>'0');
                x6 <= (others =>'0');
                x5 <= (others =>'0');
                x4 <= (others =>'0');
```

```
                x3 <= (others =>'0');
                x2 <= (others =>'0');
                x1 <= (others =>'0');
                x0 <= (others =>'0');
                sum <=  0;
                p0 <=0;
                p1 <=0;
                p2 <=0;
                p3 <=0;
                p4 <=0;
                p5 <=0;
                p6 <=0;
                p7 <=0;
                p8 <=0;
                state <=0;
        elsif rising_edge(clk)then
                xin_nd_dly <= xin_nd;
            case state is
                when 0 =>
                    if( xin_nd ='1'and xin_nd_dly ='0') then
                        state <= 1;
                        x16 <= x15;
                        x15 <= x14;
                        x14 <= x13;
                        x13 <= x12;
                        x12 <= x11;
                        x11 <= x10;
                        x10 <= x9;
                        x9 <= x8;
                        x8 <= x7;
                        x7 <= x6;
                        x6 <= x5;
                        x5 <= x4;
                        x4 <= x3;
                        x3 <= x2;
                        x2 <= x1;
                        x1 <= x0;
                        x0 <= xin;
                    end if;

                when 1 =>
                    if( xin_nd ='1'and xin_nd_dly ='0') then
                        state <= 2;
```

```
                x16 <= x15;
                x15 <= x14;
                x14 <= x13;
                x13 <= x12;
                x12 <= x11;
                x11 <= x10;
                x10 <= x9;
                x9 <= x8;
                x8 <= x7;
                x7 <= x6;
                x6 <= x5;
                x5 <= x4;
                x4 <= x3;
                x3 <= x2;
                x2 <= x1;
                x1 <= x0;
                x0 <= xin;

----------------------------------------用于实现加法、乘法功能
            p0 <= (conv_integer(x0) + conv_integer(x16)) * h0;
            p1 <= (conv_integer(x1) + conv_integer(x15)) * h1;
            p2 <= (conv_integer(x2) + conv_integer(x14)) * h2;
            p3 <= (conv_integer(x3) + conv_integer(x13)) * h3;
            p4 <= (conv_integer(x4) + conv_integer(x12)) * h4;
            p5 <= (conv_integer(x5) + conv_integer(x11)) * h5;
            p6 <= (conv_integer(x6) + conv_integer(x10)) * h6;
            p7 <= (conv_integer(x7) + conv_integer(x9)) * h7;
            p8 <= conv_integer(x8) * h8;
            sum <= p0 + p1 + p2 + p3 + p4 + p5 + p6 + p7 + p8;
            end if;

        when 2 =>
            if(xin_nd ='1'and xin_nd_dly ='0') then
                x16 <= x15;
                x15 <= x14;
                x14 <= x13;
                x13 <= x12;
                x12 <= x11;
                x11 <= x10;
                x10 <= x9;
                x9 <= x8;
                x8 <= x7;
                x7 <= x6;
```

```
                    x6 <= x5;
                    x5 <= x4;
                    x4 <= x3;
                    x3 <= x2;
                    x2 <= x1;
                    x1 <= x0;
                    x0 <= xin;
--------------------------------------------用于实现加法、乘法功能
                p0 <= (conv_integer(x0) + conv_integer(x16)) * h0;
                p1 <= (conv_integer(x1) + conv_integer(x15)) * h1;
                p2 <= (conv_integer(x2) + conv_integer(x14)) * h2;
                p3 <= (conv_integer(x3) + conv_integer(x13)) * h3;
                p4 <= (conv_integer(x4) + conv_integer(x12)) * h4;
                p5 <= (conv_integer(x5) + conv_integer(x11)) * h5;
                p6 <= (conv_integer(x6) + conv_integer(x10)) * h6;
                p7 <= (conv_integer(x7) + conv_integer(x9)) * h7;
                p8 <= conv_integer(x8) * h8;
                sum <= p0 + p1 + p2 + p3 + p4 + p5 + p6 + p7 + p8;
                yout_rd <='1';
            else
                yout_rd <='0';
            end if;
        end case;
        end if;
    end process;
        ----------------------------------------------数据转换
        yout <= conv_std_logic_vector(sum,32);
end part;
```

4）匹配滤波模块：主要对经过平方根升余弦滤波器成型后的数据经过匹配滤波进行接收，主要的程序和脉冲成型差不多，都是完成卷积运算，主要的不同在于输入/输出的宽度：脉冲成型模块的输入数据宽度为 2 bit，而匹配滤波模块的输入数据为 31 bit。具体的程序可以参考脉冲成型模块。匹配滤波模块的实体说明如下：

```
entity matchfilter IS
    port(
        rst    : in  std_logic;
        clk    : in  std_logic;
        xin    : in  std_logic_vector(31 downto 0);
        xin_nd: in  std_logic;
        yout   : out std_logic_vector(31 downto 0);
        yout_rd: out std_logic);
end matchfilter;
```

5）采样判决模块：主要对匹配滤波后的数据进行采样和判决，由于脉冲成型和匹配滤波器的长度都为17，而且内插的倍数为8，因此第一个采样的位置为17，后面的采样位置是每隔8点采样一次，然后进行判决。

```
library ieee;
use ieee. std_logic_1164. all;
use ieee. std_logic_arith. all;
use ieee. std_logic_signed. all;
entity Sample_Decision IS
    port(
        rst    :    in      std_logic;
        clk    :    in      std_logic;
        xin    :    in      std_logic_vector(31 downto 0);
        xin_nd:    in std_logic;
        dout   :    out std_logic;
        dout_rd     ;out std_logic);
end Sample_Decision;

architecture part of Sample_Decision is
signal  matchfilter_dout_rd_dly       :std_Logic;
signal    count_dout_rd               :integer range 0 to 9;
signal    state                       :integer range 0 to 3;

begin
        process(rst,clk)
        begin
        if(rst ='1') then
            count_dout_rd <=0;
            state <=0;
        elsif rising_edge(clk)then
            matchfilter_dout_rd_dly <= xin_nd;
            case state is
                when 0 =>
                    if(xin_nd ='1'and matchfilter_dout_rd_dly ='0') then
                        count_dout_rd <= count_dout_rd +1;
                        state <=1;
                    end if;

                when 1  =>
                    if(count_dout_rd =9) then
                        state <=2;
                        count_dout_rd <=0;
                    else
```

```
                    state <= 0;
                end if;

            when 2 =>
                    dout_rd <= '0';
                if( xin_nd = '1' and matchfilter_dout_rd_dly = '0') then
                    count_dout_rd <= count_dout_rd + 1;
                    state <= 3;
                end if;

            when 3  =>
                    state <= 2;
                if( count_dout_rd = 8) then
                    dout <= not xin(31);
                    count_dout_rd <= 0;
                    dout_rd <= '1';
                end if;
            end case;
        end if;
        end process;
end part;
```

在完成上述模块的编写后，可以参考前面 Quartus 的应用进行程序的编译，编译成功之后，进行功能仿真，功能仿真之前需要编写波形仿真文件。在设置波形文件时，设置系统时钟 clk 的周期为 1 MHz、输入数据 data_in 的宽度为 1 ms、din_nd 的周期为 1000 Hz、采样频率为 8000 Hz。最后的仿真图形如图 5-26 所示。

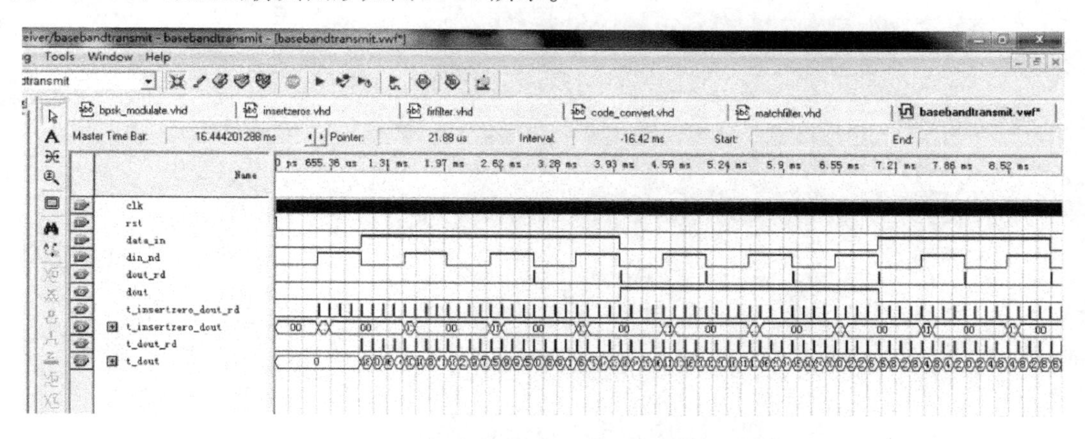

图 5-26　数字基带传输的 FPGA 实现的仿真图形

其中的 t_dout 是匹配滤波后输出的数据，放大之后的数据如图 5-27 所示。

为了便于对比，可以按照上面的仿真数据编写一个 MATLAB 程序，具体的程序如下：

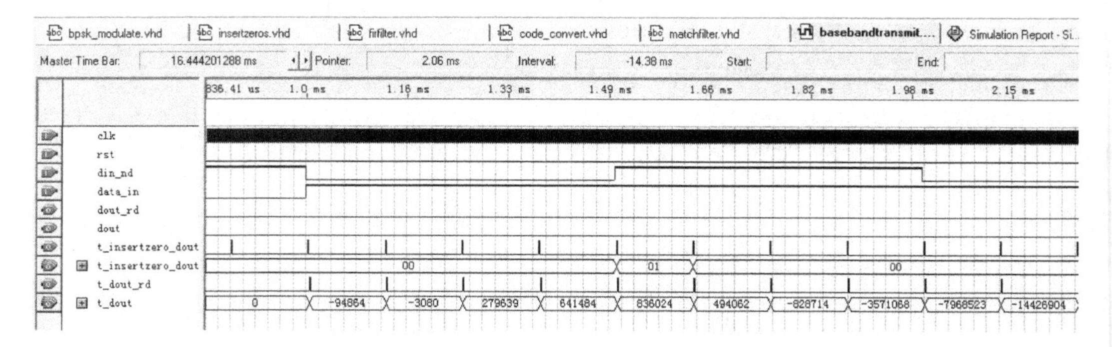

图 5-27　数字基带传输的 FPGA 实现仿真的局部放大图形

```
clc;clear;
h=[ -308  -5 454 1034 1675 2299 2822 3169 3291 3169 2822 2299 1675 1034 454   -5  -308];
data_in=[0 1 1 1 0 0 0 1 1 0 0 1 0 1]
   dualpoledata=2*data_in-1;
   x=kron(dualpoledata,[1 zeros(1,7)]);
   y=conv(x,h)
   matchfilter=conv(y,h);
desiondata=matchfilter(17:8:end-17);
outputdata=(sign(desiondata)+1)/2;
```

运行后可以得到匹配滤波器的输出 matchfilter：

-94864	-3080	279639	641484	836024	494062	
-828714	-3571068	-7968523	-14426904	-22790418	…	

通过比对，可以发现 MATLAB 和 VHDL 程序运行的匹配滤波输出的结果是一样的。

第6章　信道编译码

本章主要讨论信道编译码的基本原理，在此基础上对汉明码和卷积码的原理进行分析，并介绍其MATLAB、DSP和FPGA的实现方法。

6.1　信道编译码概述

无线信道具有多径和衰落特点，在无线信道上传输数字信号时，由于信道特性不理想及噪声的影响，接收到的数字信号不可避免地会发生错误。为了在已知信噪比的情况下达到一定的误比特率指标，首先应合理设计基带信号，选择合适的调制、解调方式，采用均衡手段，使误比特率尽可能地降低。但是，若误比特率仍不能满足要求，则必须采用信道编码技术，即差错控制编码来进一步降低误比特率，以满足指标的要求。

差错控制编码的基本做法是：在发送端被传输的信息序列上附加一些监督码元，这些多余的码元与信息码元之间以某种确定的规则互相关联。接收端按照既定的规则检验信息码元与监督码元之间的关系，如果传输过程中发生错误，则信息码元与监督码元之间的关系将受到破坏，从而达到发现和纠正错误的目的。

差错控制编码按照不同的分类准则可以分为多种类型。按照信息码元和附加的监督码元之间的检验关系，差错控制编码可以分为线性码和非线性码。若信息码元与监督码元之间为线性关系，即满足一组线性方程组，则称为线性码。反之，若两者不存在线性关系，则称为非线性码。

按照信息码元和监督码元之间的约束方式不同，差错控制编码可以分为分组码和卷积码。在分组码中，编码后的码元序列每n个分为一组，其中k是信息码元，r是附加的监督码元，$r=n-k$。监督码元仅与本码组的信息码元有关，而与其他码组的信息码元无关。不同的是，卷积码虽然编码后序列也划分为码组，但是其监督码元不仅与本组信息码元有关，而且与前面码组的信息码元也有约束关系。

按照信息码元在编码后是否保持原来的形式不变，差错控制编码可以分为系统码和非系统码。由于系统码的编码和译码相对简单，因此得到了广泛的应用。

6.2　汉明码的基本原理

汉明码是一种高码率的纠单个错误的线性分组码。下面介绍线性分组码的基本概念。

6.2.1　分组码的定义

分组码由一组固定长度（称为码字）的矢量构成。码字的长度等于矢量元素的个数，用n表示。码字的元素选自q个元素组成的字符集。若字符集由0、1两个元素组成，则该码为二进制码。若字符集由 q 个元素（$q>2$）组成时，则该码字为多进制码。

长度为 n 的二进制分组码有 2^n 种可能的码字。从这 2^n 个码字中可以选择 2^k 个码字（$k<n$）组成一种码。即 k 比特的信息分组就可以映射为 n 比特的码字，这个码字是上面选择的 2^k 个码字之一。这样得到的分组码称为(n,k)码，定义 $R_c=k/n$ 为码率。

实数域和复数域含有无穷多个元素，而码字是由有限多个元素的域构成的，具有 q 个元素的有限域通常称为迦罗华域，用 GF(q)表示。每个域必须有一个零元素和一个单位元，最简单的域是二元域 GF(2)。一般地，若 q 是素数，则可以构成一个由元素$\{0,1,\cdots,q-1\}$组成的 q 元域 GF(q)。在域 GF(q)中定义的加、乘运算是模 q 运算。另外，当 q 为素数的幂时，也可以构成有限域，如当 $q=p^m$ 时（p 为素数，m 为任意正整数），可以将 GF(p)域扩展为 GF(p^m)，扩展域中元素的加、乘运算也基于模 p 运算。分组码还可以划分为线性和非线性两类，假设 C_i、C_j是某(n,k)分组码的两个码字，a_1、a_2是码元字符集里的任意两个元素，那么当且仅当 $a_1C_i+a_2C_j$也是码字时，该码才是线性的。

6.2.2 生成矩阵 *G* 和监督矩阵 *H*

设$\boldsymbol{X}_m=[x_{m1},x_{m2},\cdots,x_{mk}]$为输入编码器的 k 个信息比特，编码器的输出记为

$$\boldsymbol{C}_m=[c_{m1},c_{m2},\cdots,c_{mn}] \tag{6-1}$$

则编码运算可以用矩阵的形式表示如下：

$$\boldsymbol{C}_m=\boldsymbol{X}_m\boldsymbol{G} \tag{6-2}$$

式中，$\boldsymbol{G}$ 称为该码的生成矩阵：

$$\boldsymbol{G}=\begin{pmatrix}\boldsymbol{g}_1\\\boldsymbol{g}_2\\\vdots\\\boldsymbol{g}_k\end{pmatrix}=\begin{pmatrix}g_{11}&g_{12}&\cdots&g_{1n}\\g_{21}&g_{22}&\cdots&g_{2n}\\\vdots&\vdots&&\vdots\\g_{k1}&g_{k2}&\cdots&g_{kn}\end{pmatrix} \tag{6-3}$$

任何码字都是生成矩阵 $\boldsymbol{G}$ 的矢量 $\{\boldsymbol{g}_i\}$ 的线性组合，即

$$\boldsymbol{C}_m=x_{m1}\boldsymbol{g}_1+x_{m2}\boldsymbol{g}_2+\cdots+x_{mk}\boldsymbol{g}_k \tag{6-4}$$

(n,k)分组码的生成矩阵可以通过运算简化为系统形式：

$$\boldsymbol{G}=[\boldsymbol{I}_k\boldsymbol{P}]=\begin{pmatrix}1&0&0&\cdots&0&p_{11}&p_{12}&\cdots&p_{1(n-k)}\\0&1&0&\cdots&0&p_{21}&p_{22}&\cdots&p_{2(n-k)}\\\vdots&\vdots&\vdots&&\vdots&\vdots&\vdots&&\vdots\\0&0&0&\vdots&1&p_{k1}&p_{k2}&\cdots&p_{k(n-k)}\end{pmatrix} \tag{6-5}$$

式中，$\boldsymbol{I}_k$ 是 $k\times k$ 维矩阵，$\boldsymbol{P}$ 是 $k\times(n-k)$ 维矩阵。由系统形式的生成矩阵生成的码字称为系统码，每个码字的前 k 位与要发送的信息比特相同，其余 $n-k$ 由 $\boldsymbol{P}$ 决定，是前 k 个信息的线性组合，这 $n-k$ 个冗余位叫作校验位。

(n,k)码的任意码字都应正交于监督矩阵 H 的每一行，即

$$\boldsymbol{C}_m\boldsymbol{H}'=\boldsymbol{0} \tag{6-6}$$

式中，0 代表由 $n-k$ 个元素组成的全零矢量，$\boldsymbol{C}_m$是(n,k)码的一个码字。上式对(n,k)码的每个码字都成立，于是

$$GH' = 0 \tag{6-7}$$

式中，0 代表由全零元素组成的 $k \times (n-k)$ 维矩阵。当(n,k)码为系统码时，其监督矩阵为

$$H = (-P'I_{n-k})$$

下面，我们来分析如何利用监督矩阵 $\boldsymbol{H}$ 来检查接收码字中的错误。设发送码组为$\boldsymbol{C}_m = [c_{m1}, c_{m2}, \cdots, c_{mn}]$，接收码组为$B_m = [b_{m1}, b_{m2}, \cdots, b_{mn}]$，错误图样为 $\boldsymbol{E} = [e_1, e_2, \cdots, e_n]$，$\boldsymbol{E} = B_m - \boldsymbol{C}_m$，错误图样 E 中哪一位不为 0，则说明接收码组中相应的码元发生了错误。令 $S = B_m\boldsymbol{H}'$，称为伴随式或校正子。

$$S = B_{\mathrm{m}}\boldsymbol{H}' = (\boldsymbol{C}_{\mathrm{m}} + E)\boldsymbol{H}' = \boldsymbol{C}_{\mathrm{m}}\boldsymbol{H}' + E\boldsymbol{H}' = E\boldsymbol{H}' \tag{6-8}$$

由于 S 和 E 之间有确定的线性变换关系，因此 S 能代表 B 中错误的情况，从而完成纠错的功能。

6.2.3 汉明码的编译码算法

汉明码是一种高码率的纠单个错误的线性分组码。汉明码既有二进制的，也有非二进制的，这里仅讨论二进制汉明码的性质。汉明码具有的共同特性如下：

$$(n,k) = (2^m - 1, 2^m - 1 - m) \tag{6-9}$$

式中，m 为任意正整数。例如，$m=3$ 时，有(7,4)汉明码。

汉明码的监督矩阵 $\boldsymbol{H}$ 具有特殊的性质。一个(n,k)码的监督矩阵有 $n-k$ 行和 n 列，对于二进制(n,k)汉明码，$n=2^m-1$ 列包含由 $n-k=m$ 个二进制码元组成的所有可能的非全零组合。例如，(7,4)汉明码，其校验矩阵由（001）、（010）、（011）、（100）、（101）、（110）、（111）组成。由此，按照系统码监督矩阵的格式可以很容易地组合出系统汉明码的监督矩阵 $\boldsymbol{H}$，从而进一步得到相应的生成矩阵 $\boldsymbol{G}$。

通过观察可知，$\boldsymbol{H}$ 矩阵中各列都是线性无关的。在 $m>1$ 时，有可能找到 $\boldsymbol{H}$ 的 3 个列，它们之和为零矢量，由此可得(n,k)汉明码的最小距离 $d_{\min}=3$。

以(7,4)系统汉明码为例，由上面的分析可知，其监督矩阵 $\boldsymbol{H}$ 为

$$\boldsymbol{H} = \begin{pmatrix} 1 & 1 & 1 & 0 & 1 & 0 & 0 \\ 1 & 1 & 0 & 1 & 0 & 1 & 0 \\ 1 & 0 & 1 & 1 & 0 & 0 & 1 \end{pmatrix} \tag{6-10}$$

对应的生成矩阵 $\boldsymbol{G}$ 为

$$\boldsymbol{G} = \begin{pmatrix} 1 & 0 & 0 & 0 & 1 & 1 & 1 \\ 0 & 1 & 0 & 0 & 1 & 1 & 0 \\ 0 & 0 & 1 & 0 & 1 & 0 & 1 \\ 0 & 0 & 0 & 1 & 0 & 1 & 1 \end{pmatrix} \tag{6-11}$$

由编码生成规则，得到了表 6-1 所示的(7,4)汉明码字表。

表 6-1 (7,4)汉明码字表

信 息 元				监 督 元		
0	0	0	0	0	0	0
0	0	0	1	0	1	1

（续）

信息元				监督元		
0	0	1	0	1	0	1
0	0	1	1	1	1	0
0	1	0	0	1	1	0
0	1	0	1	1	0	1
0	1	1	0	0	1	1
0	1	1	1	0	0	0
1	0	0	0	1	1	1
1	0	0	1	1	0	0
1	0	1	0	0	1	0
1	0	1	1	0	0	1
1	1	0	0	0	0	1
1	1	0	1	0	1	0
1	1	1	0	1	0	0
1	1	1	1	1	1	1

由式（6-8）可知，伴随式与错误图样存在一一对应关系，即在接收端计算出伴随式就可以知道接收码字的错误图样，从而实现纠错。实现译码的前提就是必须事先根据对应规则建立伴随式和错误图样的对应关系。(7,4)汉明码伴随式与错误图样间的对应关系，见表6-2。

表6-2 (7,4)汉明码伴随式与错误图样的对应关系

错误码位	E							S		
	e_6	e_5	e_4	e_3	e_2	e_1	e_0	s_2	s_1	s_0
/	0	0	0	0	0	0	0	0	0	0
*b*0	0	0	0	0	0	0	1	0	0	1
*b*1	0	0	0	0	0	1	0	0	1	0
*b*2	0	0	0	0	1	0	0	1	0	0
*b*3	0	0	0	1	0	0	0	0	1	1
*b*4	0	0	1	0	0	0	0	1	0	1
*b*5	0	1	0	0	0	0	0	1	1	0
*b*6	1	0	0	0	0	0	0	1	1	1

这样，由表6-2就可以根据伴随式的值来确定错误的位置，以到达纠正错误的目的。

6.3 卷积码的基本原理

分组码是把 k 个信息比特的序列编成 n 个比特的码组，每个码组的 $n-k$ 个校验位仅与

本码组的 k 个信息位有关，而与其他码组无关。为了达到一定的纠错能力和编码效率，分组码的码组长度一般都比较大。编译码时必须把整个信息码组存储起来，由此产生的译码时延随 n 的增加而增加。

卷积码与分组码不同，其编码器具有记忆性，即编码器当前输出的 n 个码元不仅与当前段的 k 个信息有关，还与前面的 $N-1$ 段信息有关，编码过程中互相关联的码元个数为 nN。码率 $R=k/n$，存储器阶数为 M 的卷积编码器可用 k 个输入、n 个输出、输入存储器阶数为 M 的线性序贯电路实现，即输入在进入编码器后仍会多待 M 个时间单元。通常，n 和 k 都是比较小的整数（$k<n$），信息序列被分成长度为 k 的分组，码字被分成长度为 n 的分组。当 $k=1$ 时，信息序列无须分组，处理连续进行。另外，卷积码不是通过增加 n 和 k 来提高纠错性能的，而是通过增加存储器阶数 N 来增大最小码距，提高纠错性能。在编码器复杂性相同的情况下，卷积码的性能优于分组码。

6.3.1 卷积编码算法

图 6-1 给出了(2,1,3)卷积码的一般结构描述，速率 $R=1/2$、存储器阶数 $M=3$ 的非系统前馈卷积编码器框图。该编码器中输入信息比特 $k=1$、$n=2$ 个模 2 加法器、$M=3$ 个延时单元，则共有 2^M 个状态。由于模 2 加法器是一个线性运算，因此编码器是一个线性系统，所有卷积码都可用这类线性前馈移位寄存器编码器实现。

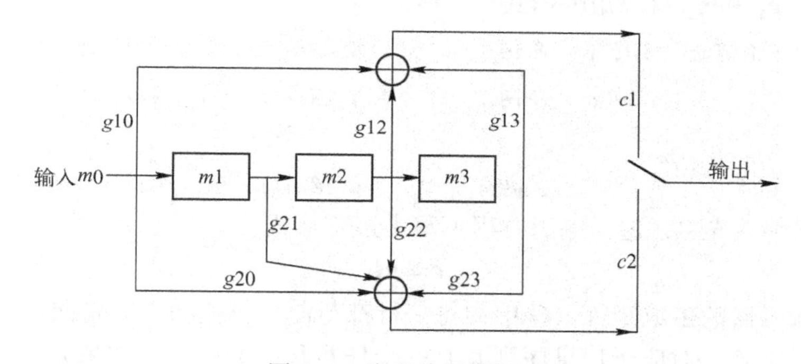

图 6-1　卷积编码结构图

信息序列 $\boldsymbol{u}=(u_0,u_1,u_2,\cdots)$ 进入编码器，每次 1 bit，编码器是一个线性系统，两个编码器输出序列 $\boldsymbol{c}1=(c1_0,c1_1,c1_2,\cdots)$ 和 $\boldsymbol{c}2=(c2_0,c2_1,c2_2,\cdots)$ 可通过输入序列 u 和两个编码器脉冲响应的卷积得到。计算脉冲响应时，可设 $\boldsymbol{u}=(1,0,0,\cdots)$，然后观查两个输出序列。对一个具有 M 阶存储器的编码器，脉冲响应能够持续最多 $M+1$ 个时间单元，可写为 $\boldsymbol{g}_1=(g_{10},g_{11},g_{12},\cdots,g_{1M})$ 和 $\boldsymbol{g}_2=(g_{20},g_{21},g_{22},\cdots,g_{2M})$。对图 6-1 的编码器有：

$$\begin{aligned}\boldsymbol{g}_1&=(1,0,1,1)\\ \boldsymbol{g}_2&=(1,1,1,1)\end{aligned}\tag{6-12}$$

脉冲响应 $\boldsymbol{g}_1$ 和 $\boldsymbol{g}_2$ 称为编码器的生成器序列。这样，编码方程为

$$\begin{aligned}\boldsymbol{c}1&=\boldsymbol{u}\otimes\boldsymbol{g}_1\\ \boldsymbol{c}2&=\boldsymbol{u}\otimes\boldsymbol{g}_2\end{aligned}\tag{6-13}$$

式中，⊗表示离散卷积，且所有运算都是模 2 加运算，对于所有 $l\geqslant0$，有

$$
\begin{aligned}
c1_l &= \sum_{i=0}^{M} u_{l-i} g_{1i} \qquad (6-14)\\
&= u_l g_{10} + u_{l-1} g_{11} + \cdots + u_{l-M} g_{1M}
\end{aligned}
$$

$$
\begin{aligned}
c2_l &= \sum_{i=0}^{M} u_{l-i} g_{2i} \qquad (6-15)\\
&= u_l g_{20} + u_{l-1} g_{21} + \cdots + u_{l-M} g_{2M}
\end{aligned}
$$

式中，对于所有 $l<i$，$u_{l-i}=0$，即将编码器初始化为零状态，这样图中所示的编码器的通式表示为

$$
\begin{aligned}
c1_0 &= u_l + u_{l-2} + u_{l-3}\\
c2_0 &= u_l + u_{l-1} + u_{l-2} + u_{l-3}
\end{aligned}
\qquad (6-16)
$$

编码后，两个输出序列复用成一个序列，称为码字，表示为

$$\boldsymbol{c} = (c1_0, c2_0, c1_1, c2_1, c1_2, c2_2, \cdots) \qquad (6-17)$$

如果信息序列为 $\boldsymbol{u}=(1\quad 0\quad 1\quad 1\quad 1)$，则输出序列为

$$
\begin{aligned}
\boldsymbol{c1} &= (1\quad 0\quad 1\quad 1\quad 1)\otimes(1\quad 0\quad 1\quad 1) = (1\quad 0\quad 0\quad 0\quad 0\quad 0\quad 0\quad 1)\\
\boldsymbol{c2} &= (1\quad 0\quad 1\quad 1\quad 1)\otimes(1\quad 1\quad 1\quad 1) = (1\quad 1\quad 0\quad 1\quad 1\quad 1\quad 0\quad 1)
\end{aligned}
\qquad (6-18)
$$

组合得到的编码序列为

$$\boldsymbol{c} = (11\quad 01\quad 00\quad 01\quad 01\quad 01\quad 00\quad 11) \qquad (6-19)$$

将生成序列 $\boldsymbol{g}_1$ 和 $\boldsymbol{g}_2$ 写成矩阵形式：

$$
\boldsymbol{G} = \begin{pmatrix}
g_{10}g_{20} & g_{11}g_{21} & g_{12}g_{22} & \cdots & g_{1M}g_{2M} & & \\
 & g_{10}g_{20} & g_{11}g_{21} & \cdots & g_{1M-1}g_{2M-1} & g_{1M}g_{2M} & \\
 & \ddots & & & \ddots & & \ddots \\
 & & g_{10}g_{20} & \cdots & g_{1M-2}g_{2M-2} & g_{1M-1}g_{2M-1} & g_{1M}g_{2M}
\end{pmatrix} \qquad (6-20)
$$

其中空白区域为全0，这样编码方程可写为矩阵形式：

$$\boldsymbol{c} = \boldsymbol{uG}$$

$\boldsymbol{G}$ 称为该编码器的生成矩阵。$\boldsymbol{G}$ 中的每一行都与前一行相同，只是向右移位了 $n=2$ 位，它是一个半无限矩阵，对应于信息序列 $\boldsymbol{u}$ 是一个任意长度的序列。如果 $\boldsymbol{u}$ 只有有限长 N，则 $\boldsymbol{G}$ 具有 N 行、$2(M+N)$ 列，$\boldsymbol{c}$ 的长度为 $2(M+N)$。例如上例中 $\boldsymbol{u}=(1\quad 0\quad 1\quad 1\quad 1)$，则

$$
\begin{aligned}
\boldsymbol{c} &= \boldsymbol{uG} \qquad (6-21)\\
&= (1\quad 0\quad 1\quad 1\quad 1)\begin{pmatrix}
11 & 01 & 11 & 11 & & & & \\
 & 11 & 01 & 11 & 11 & & & \\
 & & 11 & 01 & 11 & 11 & & \\
 & & & 11 & 01 & 11 & 11 & \\
 & & & & 11 & 01 & 11 & 11
\end{pmatrix}\\
&= (11\quad 01\quad 00\quad 01\quad 01\quad 01\quad 00\quad 11)
\end{aligned}
$$

可见与前面的结果一致。编码过程可以用状态图来进行描述，编码器的状态定义为其移位寄存器的内容，对于一个 $(n,1,M)$ 的卷积编码来说，则共有 2^M 个状态，在 l 时刻编码器的状态为 $\delta_l=(s_{l-1},s_{l-2},\cdots,s_{l-M})$，由编码器框图可以得到：

$$\delta_l = (u_{l-1}, u_{l-2}, \cdots, u_{l-M}) \qquad (6-22)$$

每当输入 1 bit 都会引起编码器的移位，即转移到一个新的状态。因此，如图 6-2 所示，

在状态图中，离开每个状态有两个分支。转移状态的路径用箭头线表示，每个分支上的a/bc表示状态转移的输入/输出。

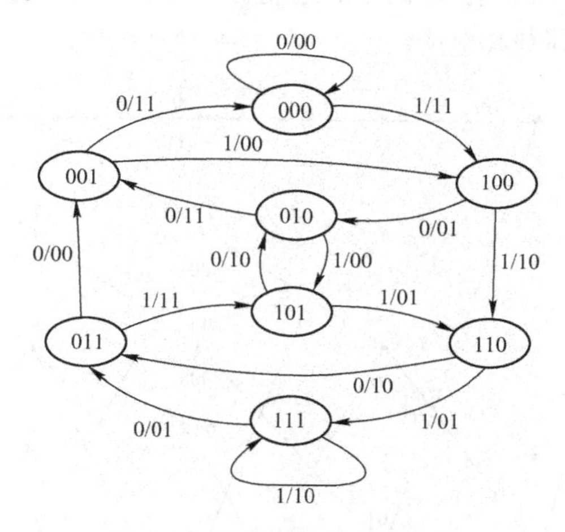

图 6-2　卷积编码状态转移图

假设编码器初始状态在 S_0（全 0 态），对于给定的信息序列根据状态图就可得到码字，最后还要补 M 个 0 使状态返回到 S_0。

6.3.2　Viterbi 译码算法

卷积编码器自身具有网格结构，基于此结构给出以下两种译码算法：Viterbi（维特比）译码算法和 BCJR 译码算法。1967 年，Viterbi 提出了卷积码的 Viterbi 译码算法，后来 Omura 证明 Viterbi 译码算法等效于在加权图中寻找最优路径问题的一个动态规划（Dynamic Programming）解决方案，随后，Forney 证明它实际上是最大似然（Maximum Likelihood，ML）译码算法，即译码器选择输出的码字通常使接收序列的条件概率最大化。BCJR 算法是 1974 年提出的，它实际上是最大后验概率（Maximum A Posteriori probability，MAP）译码算法。基于比特错误概率是最小的 MAP 译码算法，考虑了信息的先验概率，当信息比特先验等概时，MAP 算法就退化为 ML 译码算法。在迭代译码应用中，如逼近 Shannon 限的 Turbo 码常使用 BCJR 算法。

由于基于 ML 的 Viterbi 算法实现更简单，因此在实际中应用的比较广泛。这里主要讨论 Viterbi 算法。另外，在迭代译码应用中，还有一种软输出 Viterbi 算法（Soft－Output Viterbi Algorithm，SOVA）。它是 Hagenauer 和 Hoeher 在 1989 年提出的。

为了理解 Viterbi 译码算法，需要将编码器状态图按时间展开（因为状态图不能反映出时间变化情况），即在每个时间单元用一个分隔开的状态图来表示。例如(2,1,3)卷积码，其生成多项式矩阵可以表示为

$$\boldsymbol{G}(D)=(1+D^2+D^3, 1+D+D^2+D^3) \tag{6-23}$$

基于上面的生成多项式矩阵，下面给出了用来表示卷积码的网格图，即时间与对应状态的转移图，如图 6-3 所示。

可见该卷积码具有 8 个状态 000、001、010、011、100、101、110、111，分别对应于移位寄存器 3 个单元的内容，在每个时间周期内，用 8 点代替这 8 个状态，然后根据状态之间

可能发生的转移情况将这些点连接起来，就可以得到网格图。如图 6-3 所示，当前有个状态向下一时刻两个状态的支路上，用两个二进制符号表示与转移相对应的编码器输出，卷积码的码字与网格上相应的路径相对应。

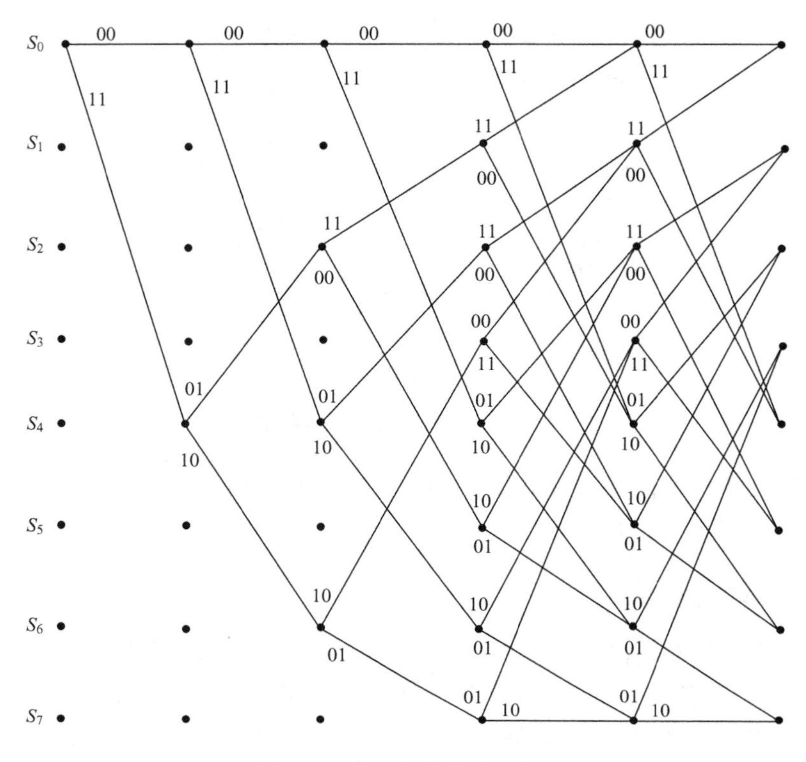

图 6-3　卷积码的状态网格图

下面推导译码算法原理，设$\{c_i\}$表示发送的比特，$\{r_i\}$表示接收端解调器的输出，如果采用硬判决译码，则解调器输出的$\{r_i\}$就是 0 或 1。如果用软判决译码，假设信道为高斯白噪声信道，则

$$r_i = \sqrt{\xi_c}(2c_i - 1) + n_i \tag{6-24}$$

式中，n_i 表示加性高斯白噪声；ξ_c 是每个发送编码比特所用的能量，则解调器输出的条件概率密度函数 $p(r_j/c_j)$ 为

$$p(r_j/c_j) = \frac{1}{\sqrt{2\pi}\delta}\exp\left\{-\frac{[r_j - \sqrt{\xi_c}(2c_j - 1)]^2}{2\delta^2}\right\} \tag{6-25}$$

设码长为 L，发送的编码比特码字表示为 C_k，接收解调输出为 R，则似然函数表示为

$$p(R/C_k) = \left(\frac{1}{\sqrt{2\pi}\delta}\right)^L \exp\left\{-\sum_{n=1}^{L}\frac{[r_n - \sqrt{\xi_c}(2c_{k,n} - 1)]^2}{2\delta^2}\right\} \tag{6-26}$$

式中，k 表示所有可能发送码字中的第 k 个码字，最大似然译码就是将所有可能发送的编码码字代入上式，找到似然概率最大的码字作为译码输出，即表示为

$$\overline{C}_k = \arg\{\max_{C_k} p(R/C_k)\} \tag{6-27}$$

由上进一步推导可得：

$$\overline{C}_k = \arg\{\max_{C_k} \sum_{n=1}^{L} r_n \cdot (2c_{k,n} - 1)\} \tag{6-28}$$

由上式可知，最大似然译码转换为找出与接收序列具有最大相关度量的码字。维特比算法就是通过网格图找到具有最大相关度量的路径，也就是最大似然路径（码字）。维特比算法不是在网格图上依次逐一比较所有的可能路径，而是接收一段，计算、比较一段，保留最有可能的路径，从而大大降低运算复杂度，使卷积码的最大似然译码成为可能。由图 6-3 可知，在每个时间单元的每个状态都增加 2 个分支度量到以前存储的路径度量中，然后对进入每个状态的所有 2 个路径度量进行比较，选择具有最大度量的路径，最后存储每个状态的幸存路径及其度量，从而达到整个码序列是一个最大似然序列。维特比具体算法可以描述如下：

把在阶段 i、状态 S_j 所对应的网格图结点记作 $S_{j,i}$，给每个网格图结点赋值 $V(S_{j,i})$。设接收序列长度为 L，结点值按照如下步骤计算。

1）初始度量设 $V(S_0,0)=0$。

2）在 $i=l$ 阶段，计算进入每一状态的分支的部分路径长度，挑选并存储最大相关值度量的路径及长度 $V(S_j,l)$，该部分路径称为幸存路径；计算度量可以采用硬判决和软判决两种方式，其中软判决的特性要比硬判决好 2～3 dB。

3）在 $i=l+1$ 时，把此阶段进入每一状态的所有分支长度和同这一分支相连的前一阶段的幸存路径的长度 $V(S_j,j)$ 相加，挑选最大路径进行存储并删去其他所有竞争路径，得到该阶段的幸存路径和长度 $V(S_j,i+1)$，使幸存路径的长度增加了一个分支。

4）若 $i<L$，则返回步骤 3)，否则跳入步骤 5)。

5）通过网格图中的幸存路径返回到初始的全 0 状态，该路径即为最大似然路径，对应于它的输入比特序列是最大似然解码的信息序列。

(n,k,M) 卷积码编码器共有 2^{kM} 个状态，因此维特比译码器必需具有同样的 2^{kM} 个状态，并且在译码过程中要存储各状态的幸存路径及长度。维特比译码器的复杂程度随 2^{kM} 指数增加，一般要求 $M\leqslant 10$。同样地，当 L 很大时也会造成译码器的存储量太大而难以实现，可以采用截尾译码来解决这个问题，只要存储 $\tau \ll L$ 段子码即可。当译码器接收并处理完 τ 个码段后，译码器中的路径存储器已经全部存满，当处理第 $\tau+1$ 个码段时，必须对路径存储器中的第一段信息做出判决并输出。截尾译码可以大大降低译码所需的存储器，但其性能可能稍差，如果 τ 选择足够大，则对译码错误概率的影响很小。一般，$\tau=(5\sim 10)M$。

为了更好地理解维特比译码，下面给出一个具体的译码过程。

采用图 6-1 所示的卷积码结构，假设采用硬判决译码，接收硬判决序列为 y = 11 01 10 11 00，维特比译码过程如图 6-4 所示。状态转移译码过程描述如下：

1）由于编码的初始状态为全 0 状态，因此状态转移从状态 S_0 出发。

2）第 1 时刻，S_0 和 S_4 状态都是由前一时刻 S_0 状态转移得到的，利用第 1 时刻接收硬判决比特 11 来计算 $S_0 \to S_0$ 路径和 $S_0 \to S_4$ 的码距，分别为 2 和 0。由 S_0 和 S_4 状态只有一条路径输入，因此不存在删除竞争路径。

3）第 2 时刻，路径包括 $S_0 \to S_0 \to S_0$、$S_0 \to S_0 \to S_4$、$S_0 \to S_4 \to S_2$ 和 $S_0 \to S_4 \to S_6$ 共 4 条路径，计算码距分别为 3、3、0 和 2。此时，进入每一状态还是只有一条路径输入。

4）以此类推，第4时刻，进入 S_0 状态的路径有 $S_0 \to S_0 \to S_0 \to S_0 \to S_0$、$S_0 \to S_4 \to S_2 \to S_1 \to S_0$，码距分别为6和2，进入 S_1 状态的路径有 $S_0 \to S_0 \to S_4 \to S_2 \to S_1$、$S_0 \to S_4 \to S_6 \to S_3 \to S_1$，码距分别为5和4，所有路径共16条。以 S_0 状态为例，当前状态有两条路径输入，选出码距小的 $S_0 \to S_4 \to S_2 \to S_1 \to S_0$ 作为幸存路径输出，码距大的作为 $S_0 \to S_0 \to S_0 \to S_0 \to S_0$ 竞争路径删除。若两条路径的码距一样大，则可以任选一条作为幸存路径，不影响译码性能。其他状态以此过程处理。

5）从第4时刻起，以后每一时刻都删除8条竞争路径，保存8条幸存路径，直到最后时刻。从8条幸存路径中挑选码距最小路径作为译码输出。在图6-4中，用粗线表示的即为最后的幸存路径，由此得到的译码结果为10000。

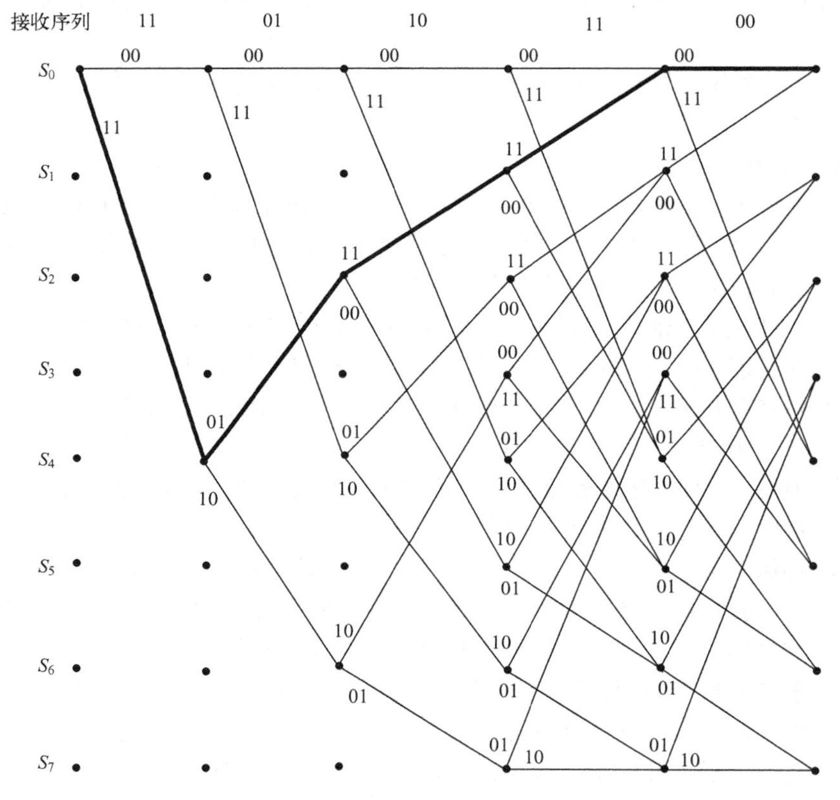

图6-4　维特比译码网格图

6.4　汉明码的设计

6.4.1　汉明码的MATLAB实现

信道编译码的实质是在发送端增加冗余来建立传输信息的约束关系，接收端通过判断约束关系的破坏来实现检错和纠错。汉明编译码的约束关系就是生成矩阵和监督矩阵，生成矩阵和监督矩阵一一对应。汉明码MATLAB实现的已知条件就是监督矩阵和生成矩阵，实现进行模块划分主要包括编码和译码两个模块。为方便在 MATLAB 中仿真实现，通常还增加一个信道加错模块。下面以具体实例讨论实现过程。

【例 6-1】以(7,4)汉明码为例，编写 MATLAB 程序，完成以下功能：

(1) 输入随机信息比特，完成汉明编码。

(2) 仿真 7 bit 码字通过信道加错。

(3) 完成汉明译码。

其具体过程和实现如下：

(1) 生成矩阵 GMat 和监督矩阵 HMat

```
P = [1 1 1;1 1 0;1 0 1;0 1 1];
GMat = [eye(k),P];
HMat = [P',eye(n - k)];
```

其中，函数 eye(k)为维数为 k 的单位阵，由 GMat 和 HMat 可验证 $\boldsymbol{GH}'=0$。

(2) 汉明编码

(7,4)汉明码编码是指信息比特为 4 bit，乘以生成矩阵后编码为 7 bit 汉明码字，注意乘和加法都是在 GF(2)上的运算，也即加法相当于模 2 加法。MATLAB 工具能实现矩阵运算，因此编码直接可以描述与原理一致，向量与矩阵相乘。

```
InBit = randint(1,4);
EnBit = mod(InBit * GMat,2);
```

其中，函数 randint(1,4)是指产生 1 行 4 列的随机“0”“1”比特作为信息输入；mod(*)为取模的函数，由于 MATLAB 的矩阵相乘是直接的数值运算，因此要满足编码的原理可以对相乘结果进行模 2 运算。图 6-5 所示为 MATLAB 工具中进行模 2 取模和不取模的结果比较。可见，直接矩阵相乘编码，结果最后 2 bit 为“2 2”，与编码结果不符。

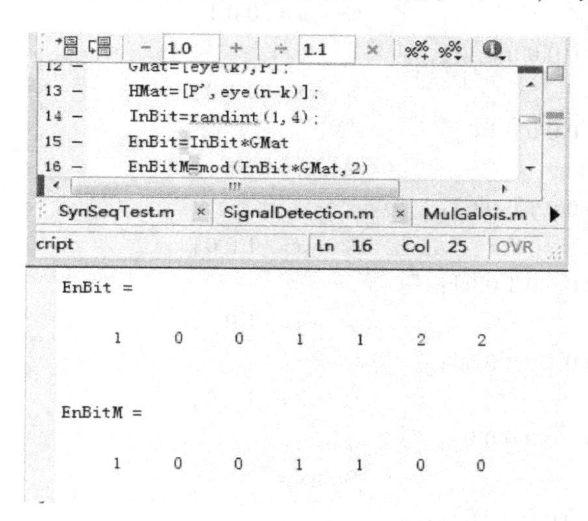

图 6-5 编码取模 2 与不取模 2 的比较

(3) 信道加错

信道编译码实现时只关注发送端的编码和接收端的译码。MATLAB 实现通常是为了进行性能仿真评估和程序开发调试，性能仿真评估需要根据实际应用场景，建立合适的信道模型，这样才能有效、准确地评估系统在实际应用中的性能。进行性能评估的信道仿真比较复杂，且本书主要关注开发实现过程，因此这里不进行信道建模仿真。

为了便于程序开发，直接对码字设置错误，验证开发程序的正确性。由于(7,4)汉明码是只能纠单比特，也即是7 bit码字设置1 bit错误。汉明译码是针对硬判决的“0”“1”比特译码，因此信道加错实现非常简单，比特取反就可以，如第4 bit置错。

```
ReBit = EnBit;
ReBit(4) = 1 - ReBit(4);
```

（4）汉明译码

译码实现是整个汉明码的难点和重点，汉明译码的对象是接收码字。译码步骤：①接收码字与监督矩阵的转置相乘计算伴随式；②根据伴随式查伴随式与错误样式对照表，进行纠错。

计算伴随式比较简单，已知接收数据和监督矩阵相乘可以得到3 bit伴随式。实现难点是如何利用程序实现表的错误样式的查找。

1）直接根据表6-2利用if…else…或switch…case…语句来实现由3 bit伴随式来获得错误样式，从而实现纠错。该方法与原理直接相对应，思路清晰明了，实现运算量稍大。实现过程中，由于3 bit信息不便直接比较，通常将伴随式3 bit信息转化为十进制数。下面给出用switch…case…的查表实现的核心语句。

```
syn_de = bi2de(syn,'left - msb');      % 将3 bit伴随式syn转化为十进制syn_de
switch   syn_de
    case 0                             % syn = [0 0 0]
        E = [0 0 0 0 0 0 0];
    case 1                             % syn = [0 0 1]
        E = [0 0 0 0 0 0 1];
    case 2                             % syn = [0 1 0]
        E = [0 0 0 0 0 1 0];
    case 3                             % syn = [0 1 1]
        E = [0 0 0 1 0 0 0];
    case 4                             % syn = [1 0 0]
        E = [0 0 0 0 1 0 0];
    case 5                             % syn = [1 0 1]
        E = [0 0 1 0 0 0 0];
    case 6                             % syn = [1 1 0]
        E = [0 1 0 0 0 0 0];
    otherwise                          % syn = [1 1 1]
        E = [1 0 0 0 0 0 0];
end
```

其中，函数bi2de( )为将二进制向量转化为十进制数，参数'left - msb'表示二进制向量最左边比特表示高位。

2）由表6-2可知，除全零外，每一种伴随式代表一个错误样式，也即一个错误位置，可以以伴随式的值为表的索引，里面的内容代表错误位置进行建立错误位置表SynPos_Tab。例如，syn =[0 0 1]，错误位置为第7 bit，那么建立的表即为第一个元素为7，以此可建立SynPos_Tab =[7 6 4 5 3 2 1]；查表实现核心程序如下：

```
syn_de = bi2de(syn,'left - msb');    % 将3 bit 伴随式 syn 转化为十进制 syn_de
if  syn_de ~ =0
    error_Pos = SynPos_Tab(syn_de);              % 找出错误位置
    ReBit(error_Pos ) =1 - ReBit(error_Pos );   % 完成纠错
end
```

其中，ReBit表示接收码字，由上面的程序可知，该实现方法的原理不及上面直接方法那么清晰，但是实现运算量更低，且便于DSP和FPGA的实现。

（5）MATLAB仿真程序

```
%%%%%%%%%%%%%%%%%%%%%%%%%%%%%%%%%%%%%%%%%%%%%%%
%   程序名:hammingcode
%   n:      编码输出比特数
%   k:      编码输出比特数
%   P:      校验矩阵
%%%%%%%%%%%%%%%%%%%%%%%%%%%%%%%%%%%%%%%%%%%%%%%
%开始编码
n =7;
k =4;
P =[1 1 1;1 1 0;1 0 1;0 1 1];
GMat =[eye(k),P];
HMat =[P',eye(n - k)];
SynTab =[7 6 4 5 3 2 1];                  %难点错误样式表的建立
Sdata =[1 0 1 1];
EData = mod(Sdata * GMat,2);
%通过信道设置错误
ErrorPos =5;
RData = EData;
RData(ErrorPos) =1 - RData(ErrorPos);
%译码
Syn = mod(RData * HMat',2);               % 计算错误样式
Syn_de = bi2de(Syn,'left - msb');         % 二进制伴随式转化为十进制
OutData = RData;                          % OutData 是输出码字
if (Syn_de ~ = 0)
    PosDe = SynTab(Syn_de);
    OutData(PosDe) =1 - OutData(PosDe);
end

all(OutData == EData)                     % 比较纠错后码字和编码码字是否一致
```

6.4.2 汉明码的 DSP 实现

MATLAB 软件功能强大，能直接进行矩阵运算，因此其算法实现简单，程序开发快捷。基于 C 语言程序开发的 DSP 实现虽然比汇编语言方便，但与 MATLAB 相比实现要复杂一些。例如，C 语言不能直接进行矩阵运算，矩阵运算只能通过循环来实现。为了便于与 MATLAB 实现进行比较和调试，DSP 实现与 MATLAB 中的已知条件保持一致。

【例 6-2】 以(7,4)汉明码为例，在 CCS 软件中编写 C 程序，完成以下功能：

（1） 输入信息比特可选择与 MATLAB 仿真中一致，完成汉明编码。

（2） 仿真 7 bit 码字通过信道加错。

（3） 完成汉明译码。

下面分模块介绍 DSP 的实现过程。

（1） 生成矩阵 GMat 和监督矩阵 HMat

注意 C 语言中生成矩阵与监督矩阵的定义，矩阵可以定义为二维数组，也可以定义为一维数组，这里用一维数组表示，可根据后面程序的实现是否方便决定是以行或列进行展开，展开生成矩阵和监督矩阵为

```
short  GMat[28] = {1,0,0,0, 0,1,0,0, 0,0,1,0, 0,0,0,1, 1,1,1,0, 1,1,0,1, 1,0,1,1};
short  HMat[21] = {1,1,1,0,1,0,0,  1,1,0,1,0,1,0,  1,0,1,1,0,0,1};
```

（2） 汉明编码

编码过程采用两层循环，里层循环完成信息与生成矩阵的一列相乘累加，所以循环次数为信息比特数 k，外层循环获得 n 比特码字，循环次数为 n。由于生成矩阵用一维数组定义，因此编码时才采用指针寻址，核心程序如下：

```
for (i = 0;i < n;i ++ )
{
    CodeBit[i] = 0;
    for(j = 0;j < k;j ++ )
    {
        CodeBit[i] += InBit[i] * ( * PtrTemp ++ );
    }
    CodeBit[i]% = 2;            //模 2 运算
}
```

程序中 InBit 表示输入的信息比特，PtrTemp 为指向生成矩阵的指针。

（3） 信道加错

与 MATLAB 一样，直接对某一比特置错，值得注意的是，MATLAB 向量中第一个元素为a(1)，而 C 语言数组中第一个元素为 a[0]。

```
ReBit[2] = 1 - ReBit[2];  //means ReBit(3) = 1 - ReBit(3) in Matlab
```

（4） 汉明译码

译码过程也与 MATLAB 一致，包括以下两个步骤：计算伴随式和查错误样式表纠错。

其中计算伴随式的程序与编码过程基本一样，采用两层循环实现。查错误样式表纠错的实现考虑实现复杂度，采用建立错误位置表来实现，由于 C 语言和 MATLAB 中第一个元素表述的不一样，要注意错误样式表与 MATLAB 中的差别，即建立的错误位置表的值应该减 1，建立的表为 short SynErrTab = {6,5,3,4,2,1,0}；核心程序为

```
if (SynDe! =0)
    PosErr = SynErrTab[SynDe - 1];
    OutBit[PosErr] = 1 - OutBit[PosErr];
end
```

（5）DSP 开发程序

程序源文件 Hammingcode. c

```
#define n 7
#define k 4
#define m 3
//global variable
short GMat[28] = {1,0,0,0, 0,1,0,0, 0,0,1,0, 0,0,0,1, 1,1,1,0, 1,1,0,1, 1,0,1,1};
short HMat[21] = {1,1,1,0,1,0,0, 1,1,0,1,0,1,0, 1,0,1,1,0,0,1};
short SynErrTab[7] = {6,5,3,4,2,1,0};
short InBit[4] = {1,0,1,1};
short CodeBit[7];
short ReBit[7];
short OutBit[7];

void main()
{
    short i,j;
    short *PtrTemp,PosErr,SynDe;
    short Syn[3];
    PtrTemp = GMat;
    for (i=0;i<n;i++)
    {
        CodeBit[i] =0;
        for (j=0;j<k;j++)
        {
            CodeBit[i] += InBit[j] * (*PtrTemp++);
        }
        CodeBit[i]% =2;
    }
    //Channel
    for (i=0;i<n;i++)
    {
        ReBit[i] = CodeBit[i];
```

```
        }
        ReBit[2] = 1 - ReBit[2];
        //decoding
        PtrTemp = HMat;
        SynDe = 0;
        for (i = 0;i < m;i ++ )
        {
            SynDe < <= 1;
            Syn[i] = 0;
            for (j = 0;j < n;j ++ )
            {
                Syn[i] += ReBit[j] * ( * PtrTemp ++ );
            }
                Syn[i] = Syn[i]%2;
                SynDe += Syn[i];
            }
            //correct
            for (i = 0;i < n;i ++ )
            {
                OutBit[i] = ReBit[i];
            }
            if (SynDe! = 0)
            {
                PosErr = SynErrTab[SynDe - 1];
                OutBit[PosErr] = 1 - OutBit[PosErr];
            }
            do
            {
            } while(1);
    }
```

链接命令文件 Hammingcode. cmd

```
/************************************************** /
/*      C5416 DSP Memory Map                        */
/************************* ************************* /
MEMORY
{
    PAGE 0:VECS:origin = 4B00h, length = 0080h  /* Internal Program RAM */
           PRAM:origin = 4C00h, length = 3000h  /* Internal Program RAM */

    PAGE 1:DATA:origin = 3000h, length = 0100h  /* Internal Data RAM    */
          STACK:origin = 3100h, length = 0600h  /* Stack Memory Space */
          EXRAM:origin = 3700h, length = 0900h  /* External Data RAM    */
```

```
}
/****************************************************/
/*    DSP Memory Allocation                        */
/****************************************************/
SECTIONS
{
    .cinit        > PRAM    PAGE 0
    .text         > PRAM    PAGE 0
    .data         > DATA PAGE 1
    .stack        > STACK PAGE 1
    .const        > EXRAM PAGE 1
}
```

（6）程序调试与仿真

参照第 2 章 CCS 的调试和使用，先建立工程，添加 C 程序源文件和命令链接文件，再添加库文件 rts. lib，单击 Project→Rebuild All 命令或在 Project 工具栏上单击按钮，进行编译、链接，并修改程序的语法错误，完成编译、链接。完成编译的信息如图 6-6 所示。

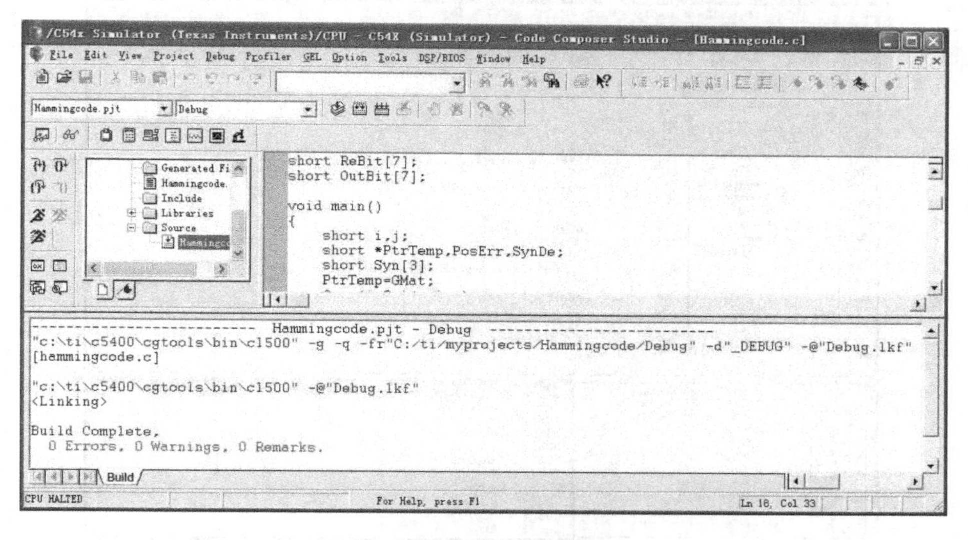

图 6-6　完成编译的信息

将 Build 生成的程序加载到 DSP 中，单击 File→Load Program 命令，再单击 Dubug→go main 命令，使程序执行从主函数开始，在窗口中用标记，如图 6-7 所示。下面开始执行程序并进行调试。

在完成编码的地方设置断点，程序运行至断点，单击 View→Watch Window 命令，弹出 Watch Window 窗口；或单击 Debug 工具栏中的（View Memory）按钮，在弹出的窗口中可以观察指定内存单元的数据。如图 6-8 所示，内存和 Watch 窗口都可见输入信息为 {1, 0, 1, 1}，编好码字为 {1, 0, 1, 1, 0, 0, 1}。

由于汉明码只能纠单比特错误，通过设置 1 bit 错误模拟信道，从 0 bit 算起的设置第2 bit

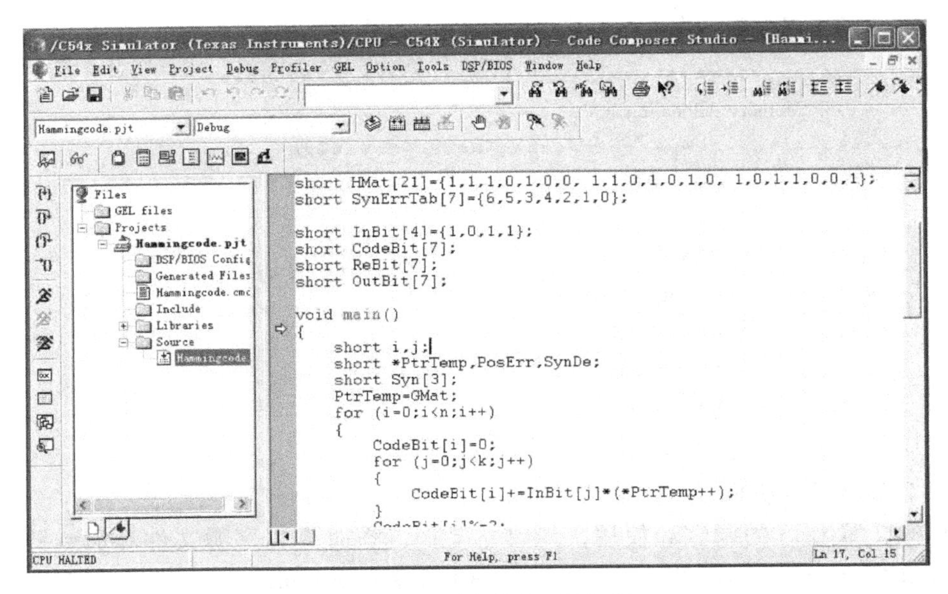

图 6-7　回到主程序开始执行

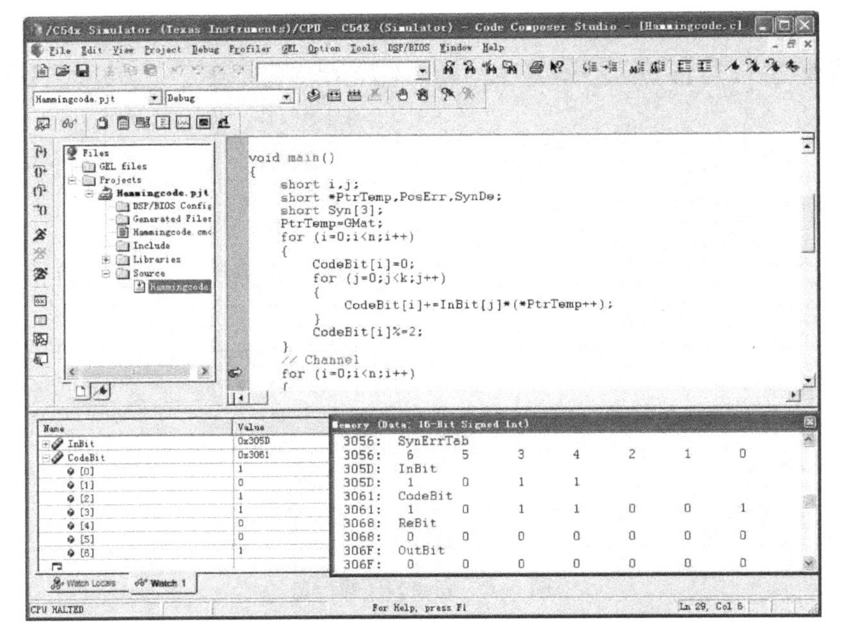

图 6-8　信息编码

错误，程序为 ReBit[2] = 1 - ReBit[2]，运行之后如图 6-9 所示，编好码字为 {1，0，1，1，0，0，1}，通过加错后为 {1，0，0，1，0，0，1}。

译码过程首先计算伴随式，伴随式计算结果为 {1，0，1}，如图 6-10 所示。最后通过查表纠正错误，如图 6-11 所示，纠错译码输出 OutBit 为 {1，0，1，1，0，0，1}，可见纠正了第 2 bit 错误，与编好的合法码字 {1，0，1，1，0，0，1} 一致。

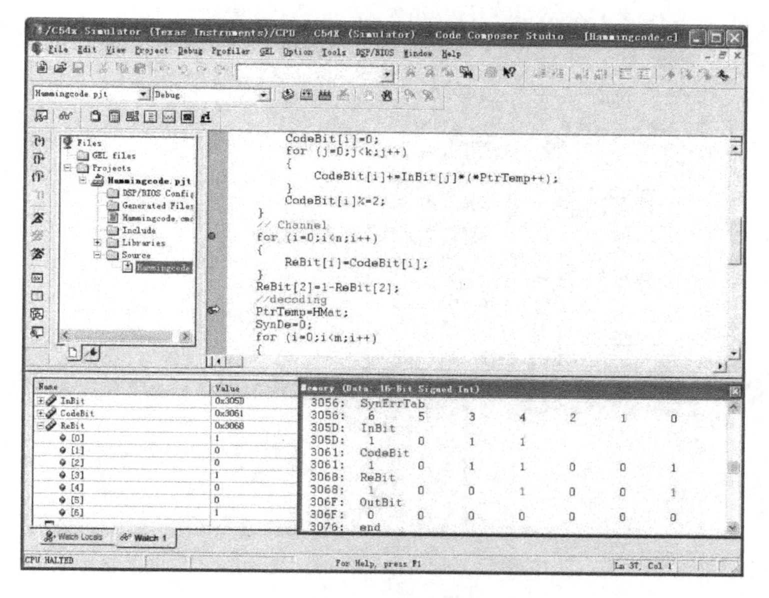

图 6-9　信道加错

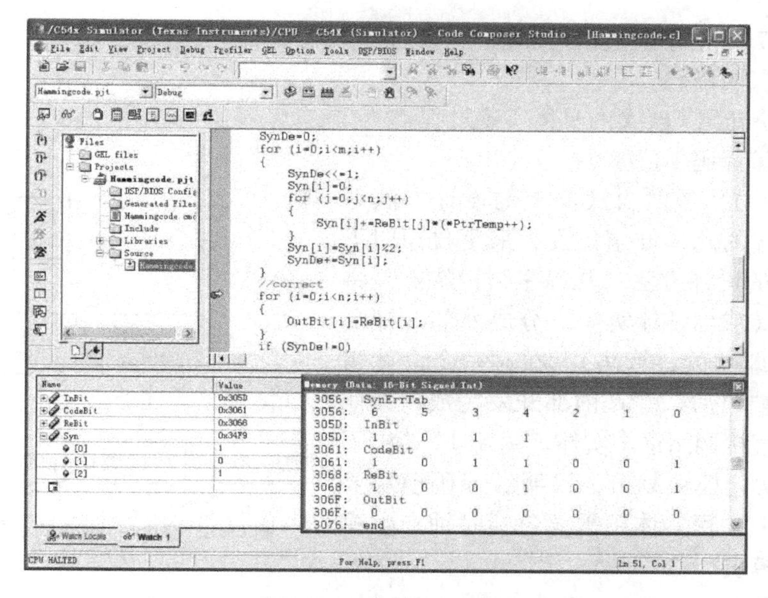

图 6-10　伴随式的计算

6.4.3　汉明码的 FPGA 实现

用 QuartusⅡ软件进行 FPGA 设计的主要流程如下：①用 New Project Wizard 创建工程；②用 VHDL File 编写 VHDL 程序；③用 Compilation 编译 VHDL 程序；④用 Vector Waveform File 创建一个波形文件；⑤用 Simulation 仿真验证 VHDL 程序。下面将围绕汉明码的实现来讨论 FPGA 的开发过程，实现基本原理与 MATLAB 实现及 DSP 实现完全一致。

【例 6-3】 以(7,4)汉明码为例，在 Quartus 软件中编写 VHDL 程序，完成以下功能：

（1）输入信息比特可选择与 MATLAB 仿真中一致，完成汉明编码。

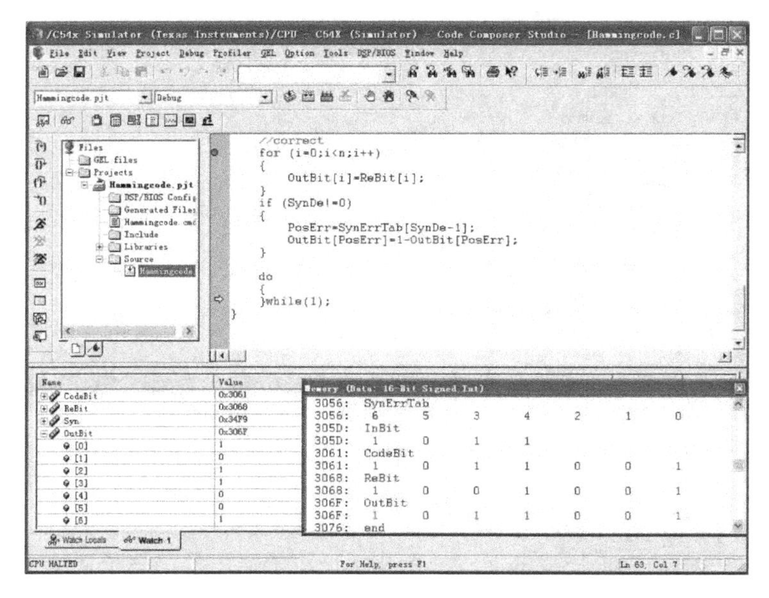

图 6-11　纠错译码输出

（2）仿真 7 bit 码字通过信道加错。

（3）完成汉明译码。

下面分模块介绍 FPGA 的具体实现过程。

（1）汉明编译码顶层模块

FPGA 设计与传统的自底向上的设计方法不同，而是从系统的总体要求出发，采用自顶向下（Top－down）的设计方法。其程序结构特点是将一项工程设计（或称设计实体）分成外部（即端口）和内部（即功能、算法）。在对一个设计实体定义了外部端口后，一旦内部开发完成，其他的设计就可以直接调用这个实体。图 6-12 给出了 Top－down 的功能模块划分，汉明编译码模块要嵌入工程实体，工程实体还需要包括时钟产生模块和接口控制模块。

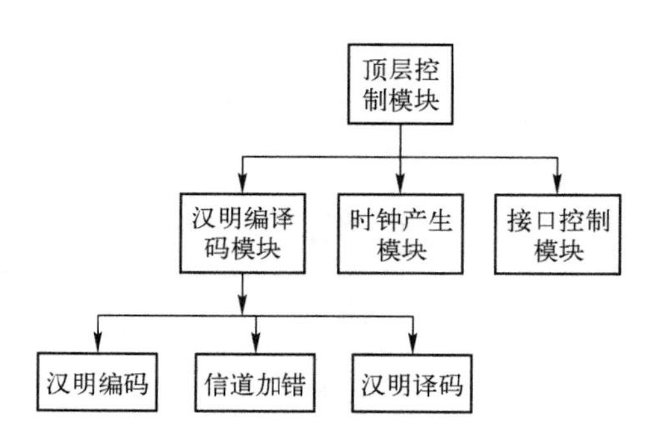

图 6-12　Top－down 的功能模块划分

这里主要关注汉明码的功能和算法，与外围的顶层模块暂不关注。汉明码的顶层模块划分如图 6-13 所示，包括编码模块、信道加错模块和汉明译码模块。

各模块提供传递数据和数据更新指示信号来实现模块间数据驱动，后级模块以数据更新指示信号作为触发信号进行所需要的数据处理；用速度高的系统时钟对数据更新指示信号进行采样，判断是否存在上升沿，这样可使系统在相同的时钟触发下工作，实现同步状态机，给设计带来便利。

顶层模块是 4 bit 输入信息，4 bit 输出译码比特，该模块定义顶层模块的输入/输出和对下层子模块的调用及连接。下面给出顶层模块的定义和编码模块的调用。

实体的输入/输出定义：

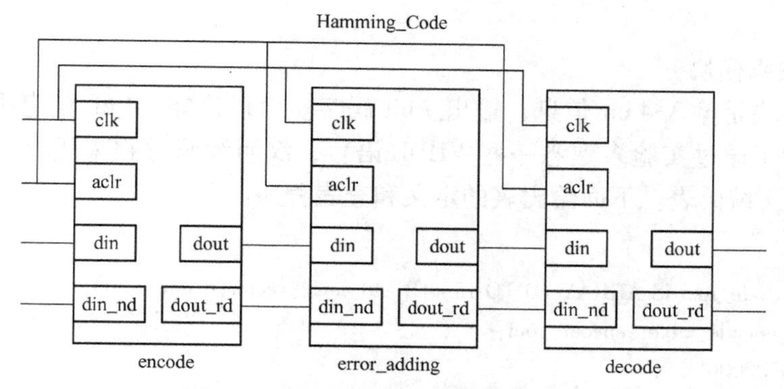

图 6-13　汉明编译码的顶层模块划分

```
ENTITY hammingcode IS
    port(
        clk          :in   std_logic;
        aclr         :in   std_logic;
        data_in      :in   std_logic_vector(3 downto 0);
        data_nd      :in   std_logic;
        error_out    :out std_logic_vector(3 downto 0);
        decode_out   :out std_logic_vector(3 downto 0);
        dout_rd      :out std_logic
);
end hammingcode;
```

元件调用语句（COMPONENT）

```
component hamming_encode IS
    port(
        clk          :in   std_logic;
        aclr         :in   std_logic;
        data_in      :in   std_logic_vector(3 downto 0);
        data_nd      :in   std_logic;
        dout         :out std_logic_vector(6 downto 0);
        dout_rd      :out std_logic
);
END component;
```

端口映射语句（PORTMAP）

```
encode_proc :hamming_encode
    port map (
        clk  =>  clk,
        aclr => aclr,
        data_in => data_in,
        data_nd  => data_nd,
        dout => encode_dout,
        dout_rd  => encode_rd
```

);

(2）汉明编码模块

汉明编码模块是输入 4 bit 信息，输出 7 bit 码字。由理论知，4 bit 信息乘以生成矩阵就完成了编码。为了通过实验多熟悉一些 VHDL 语言，汉明编码过程采用查表实现，要注意 VHDL 中如何定义编码表。下面给出表的定义和查表程序。

编码表定义

```
TYPE encode_rom IS ARRAY (0 TO 15) OF std_logic_vector(6 downto 0);
constant encode_table :encode_rom := (
    "0000000",
    "0001011",
    "0010101",
    "0011110",
    "0100110",
    "0101101",
    "0110011",
    "0111000",
    "1000111",
    "1001100",
    "1010010",
    "1011001",
    "1100001",
    "1101010",
    "1110100",
    "1111111"
    );
```

查表编码

```
process(aclr,clk)
    begin
        if (aclr ='1') then
            dout            <= (others =>'0');
            dout_rd         <= '0';
            data_nd_dly     <= '0';
        elsif(clk'event and clk ='1') then
            data_nd_dly <= data_nd;
            if (data_nd_dly ='0'and data_nd ='1') then
                dout        <= encode_table(conv_integer(data_in));
                dout_rd     <= '1';
            else
                dout_rd <= '0';
            end if;
        end if;
end process;
```

用 EVENT 语句来实现时钟上升沿检测，即当信号 clk 发生变化且 clk = 1 时，进行后面的算法处理。FPGA 设计中常采用时钟沿检测，后面信道加错和译码模块都是基于时钟上升沿检测进行处理的。

（3）信道加错模块

每个码字置 1 bit 错误，为了遍历所有错误，仿真中采用错误表 error_table 来设置不同码字的不同比特错误，核心程序如下：

错误表定义

```
TYPE error_rom IS ARRAY(0 TO 15) OF std_logic_vector(6 downto 0);
constant error_table: error_rom: = (
        "1000000",
        "0100000",
        "0010000",
        "0001000",
        "0000100",
        "0000010",
        "0000001",
        "1000000",
"0100000",
"0010000",
"0001000",
"0000100",
"0000010",
"0000001",
"1000000",
"0100000"
);
```

异或加错程序

```
data_nd_dly <= data_nd;
if(data_nd_dly ='0'and data_nd ='1') then
      dout <= data_in xor error_table(conv_integer(code_count));
      dout_rd <='1';
      code_count    <= code_count + 1;
else
      dout_rd <='0';
end if;
```

信道加错过程就是将编好的码字与错误样式进行异或来实现加错，依据指示信号 data_nd 进行处理，也就是用更高的时钟信号采样检测信号 data_nd 的上升沿。其具体实现方式为，当 data_nd 上一时刻为 0，即 data_nd_dly ='0'，且当前为 data_nd ='1'时进行加错。利用信号指示进行处理可以方便实现各模块数据的流动，增强了各模块应用的灵活性和可移植性，后面模块也利用该思路实现模块间数据流动的控制。

（4）汉明译码模块

汉明译码中计算伴随式与编码的计算原理一样，但 VHDL 设计实现中编码采用查表方式，这里还是采用接收码字与监督矩阵转置相乘来计算伴随式。查错误样式表的过程基本与 DSP 实现一致，下面给出汉明译码的核心程序。

```
case state_reg is
     when "00" =>
          if( data_nd_dly ='0'and data_nd ='1') then
               syn <= (others =>'0');
               bit_count <=0;
               state_reg <= "01";
          end if;
          dout_rd <='0';
     when "01" =>
          if( bit_count =7) then
               state_reg <= "10";
          else
               if( data_in( bit_count) ='1') then
                  syn <= syn xor mat_table( conv_integer( bit_count) );
               end if;
               bit_count <= bit_count +1;
          end if;
     when "10" =>
          error_out <= data_in(6 downto 3);
          dout <= data_in(6downto3) xor error_table( conv_integer( syn) );
          dout_rd <='1';
          state_reg <= "00";
     when others => null;
end case;
```

利用 CASE 实现同步状态机设计，状态机是 FPGA 中一种重要的设计方法。可以将不同步骤的处理分成几个状态，如果算法处理中需要调整，则可以通过增加状态方便实现。译码过程分为 3 个状态，“00” 状态为等待接收码字输入准备译码状态，还是通过检测 data_nd 的上升沿来实现；“01” 状态为计算伴随式状态，码字长度为 7，计算伴随式状态需要 8 个时钟周期，通过计数器 bit_count 来灵活实现该状态下所需要的时钟周期，模 2 加用异或来实现，由于 VHDL 语言的特性，同时计算伴随式的 3 bit，注意与 DSP 开发中的差别；“10” 状态进行查错和纠正错误。

（5）各子模块程序内容

```
------------------------------------------------------------------
---*****************************************************--
---Hammingcode. vhdl ------汉明编译码工程顶层文件
-------输入:4 bit 信息数据
```

```
-------输出:4 bit 译码数据及作为对照的未译码数据
-------定义顶层模块的输入/输出接口
-------对下层子模块进行实例化,产生正确的连接关系
---*************************************************--
------------------------------------------------------------------------
LIBRARY IEEE;
USE IEEE.STD_LOGIC_1164.ALL;
USE IEEE.STD_LOGIC_ARITH.ALL;
USE IEEE.STD_LOGIC_SIGNED.ALL;

ENTITY hammingcode IS
    port(
        clk:in          std_logic;
        aclr:in         std_logic;
        data_in:in      std_logic_vector(3 downto 0);
        data_nd:in      std_logic;
        error_out       :out std_logic_vector(3 downto 0);
        decode_out      :out std_logic_vector(3 downto 0);
        dout_rd         :out std_logic
    );
    end hammingcode;

ARCHITECTURE Behavioral OF hammingcode IS
    component hamming_encode IS
    port(
        clk:in          std_logic;
        aclr:in         std_logic;
        data_in:in      std_logic_vector(3 downto 0);
        data_nd:in      std_logic;
        dout            :out std_logic_vector(6 downto 0);
        dout_rd         :out std_logic
    );
    END component;

    component error_adding IS
    port(
        clk             :in  std_logic;
        aclr            :in  std_logic;
        data_in         :in  std_logic_vector(6 downto 0);
        data_nd         :in  std_logic;
        dout            :out std_logic_vector(6 downto 0);
        dout_rd         :out std_logic
    );
    END component;
```

```
    component hamming_decode IS
    port(
        clk             :in   std_logic;
        aclr            :in   std_logic;
        data_in         :in   std_logic_vector(6 downto 0);
        data_nd         :in   std_logic;
        error_out       :out std_logic_vector(3 downto 0);
        dout            :out std_logic_vector(3 downto 0);
        dout_rd         :out std_logic
    );
    END component;

    signal encode_dout        :std_logic_vector(6 downto 0);
    signal encode_rd          :std_logic;
    signal error_add_dout     :std_logic_vector(6 downto 0);
    signal error_rd           :std_logic;

begin
encode_proc:hamming_encode
    port map(
        clk          =>clk,
        aclr         =>aclr,
        data_in      =>data_in,
        data_nd      =>data_nd,
        dout         =>encode_dout,
        dout_rd      =>encode_rd
    );

error_add_proc:error_adding
    port map(
        clk          =>clk,
        aclr         =>aclr,
        data_in      =>encode_dout,
        data_nd      =>encode_rd,
        dout         =>error_add_dout,
        dout_rd      =>error_rd
    );

decode_proc:hamming_decode
    port map(
        clk          =>clk,
        aclr         =>aclr,
        data_in      =>error_add_dout,
        data_nd      =>error_rd,
```

```
        error_out       => error_out,
        dout            => decode_out,
        dout_rd         => dout_rd
    );

END Behavioral;

---------------------------------------------------------------------------------
---***************************************************--
---hamming_encode. vhdl ------汉明编码程序
--------输入:4 bit 信息数据
--------输出:7 bit 已编码数据
---***************************************************--
---------------------------------------------------------------------------------
LIBRARY IEEE;
USE IEEE. STD_LOGIC_1164. ALL;
USE IEEE. STD_LOGIC_ARITH. ALL;
USE IEEE. STD_LOGIC_SIGNED. ALL;

ENTITY hamming_encode IS
    port(
        clk         :in  std_logic;                        --系统工作时钟信号
        aclr        :in  std_logic;                        --异步清零信号
        data_in     :in  std_logic_vector(3 downto 0);     --输入 4 bit 数据
        data_nd     :in  std_logic;                        --输入数据指示信号
        dout        :out std_logic_vector(6 downto 0);     --输出 7 bit 数据
        dout_rd     :out std_logic                         --输出数据指示信号
    );
END hamming_encode;

ARCHITECTURE Behavioral OF hamming_encode IS
    TYPE encode_rom IS ARRAY(0 TO 15)OF std_logic_vector(6 downto 0);
    constant encode_table:encode_rom: = (
        "0000000",
        "0001011",
        "0010101",
        "0011110",
        "0100110",
        "0101101",
        "0110011",
        "0111000",
        "1000111",
        "1001100",
        "1010010",
```

```
        "1011001",
        "1100001",
        "1101010",
        "1110100",
        "1111111"
        );

    signal data_nd_dly:std_logic;

begin
process(aclr,clk)
    begin
        if(aclr ='1')then
            dout            <=(others =>'0');
            dout_rd         <='0';
            data_nd_dly     <='1';
        elsif(clk'event and clk ='1')then
            data_nd_dly     <=data_nd;
            if(data_nd_dly ='0'and data_nd ='1')then
                dout        <=encode_table(conv_integer(data_in));
                dout_rd     <='1';
            else
                dout_rd     <='0';
            end if;
        end if;
    end process;

END Behavioral;

---------------------------------------------------------------------
---**********************************************************--
---error_adding. vhdl ------信道仿真程序
-------输入:7 bit 已编码数据
-------输出:7 bit 置错数据(每个 7 bit 码字中只有 1 bit 错误)
---**********************************************************--
---------------------------------------------------------------------
LIBRARY IEEE;
USE IEEE. STD_LOGIC_1164. ALL;
USE IEEE. STD_LOGIC_ARITH. ALL;
USE IEEE. STD_LOGIC_SIGNED. ALL;

ENTITY error_adding IS
    port(
        clk             :in   std_logic;
```

```
        aclr            :in  std_logic;
        data_in         :in  std_logic_vector(6 downto 0);
        data_nd         :in  std_logic;
        dout            :out std_logic_vector(6 downto 0);
        dout_rd         :out std_logic;
    );
END error_adding;

ARCHITECTURE Behavioral OF error_adding IS
    TYPE error_rom IS ARRAY(0 TO 15)OF std_logic_vector(6 downto 0);
    constant error_table:error_rom:=(
        "1000000",
        "0100000",
        "0010000",
        "0001000",
        "0000100",
        "0000010",
        "0000001",
        "1000000",
        "0100000",
        "0010000",
        "0001000",
        "0000100",
        "0000010",
        "0000001",
        "1000000",
        "0100000"
        );

    constant error_mode:std_logic_vector(6 downto 0):="1000000";
    signal code_count:std_logic_vector(3 downto 0);
    signal data_nd_dly:std_logic;

begin
process(aclr,clk)
    begin
        if(aclr='1')then
            data_nd_dly     <='1';
            code_count      <=(others=>'0');
            dout            <=(others=>'0');
            dout_rd         <='0';
        elsif(clk'event and clk='1')then
            data_nd_dly     <=data_nd;
            if(data_nd_dly='0'and data_nd='1')then
```

```
                dout     <= data_in xor error_table(conv_integer(code_count));
                dout_rd    <='1';
                code_count    <= code_count + 1;
            else
                dout_rd    <='0';
            end if;
        end if;
    end process;
END Behavioral;

------------------------------------------------------------------------
---**************************************************************--
---hamming_decode.vhdl ------汉明译码程序
-------输入:7 bit 置错数据
-------输出:4 bit 译码数据及 4 bit 未译码数据
---**************************************************************--
------------------------------------------------------------------------
LIBRARY IEEE;
USE IEEE.STD_LOGIC_1164.ALL;
USE IEEE.STD_LOGIC_ARITH.ALL;
USE IEEE.STD_LOGIC_SIGNED.ALL;

ENTITY hamming_decode IS
    port(
        clk             :in   std_logic;
        aclr            :in   std_logic;
        data_in         :in   std_logic_vector(6 downto 0);
        data_nd         :in   std_logic;
        error_out       :out std_logic_vector(3 downto 0);
        dout            :out std_logic_vector(3 downto 0);
        dout_rd         :out std_logic
    );
END hamming_decode;

ARCHITECTURE Behavioral OF hamming_decode IS
    TYPE hmat_rom IS ARRAY(0 TO 6)OF std_logic_vector(2 downto 0);
    constant hmat_table:hmat_rom: = (
        "001",
        "010",
        "100",
        "011",
        "101",
        "110",
        "111"
```

```
    );

  TYPE error_rom IS ARRAY(0 TO 7)OF std_logic_vector(3 downto 0);
  constant error_table:error_rom:=(
      "0000",
      "0000",
      "0000",
      "0001",
      "0000",
      "0010",
      "0100",
      "1000"
      );

  signal data_nd_dly         :std_logic;
  signal bit_count           :integer range 0 to 7;
  signal syn                 :std_logic_vector(2 downto 0);
  signal state_reg           :std_logic_vector(1 downto 0);

begin

process(aclr,clk)
    begin
        if(aclr='1')then
            data_nd_dly     <='1';
            dout_rd         <='0';
            bit_count       <=0;
            error_out       <=(others=>'0');
            dout            <=(others=>'0');
            syn             <=(others=>'0');
            state_reg       <=(others=>'0');
        elsif(clk'event and clk='1')then
            data_nd_dly     <=data_nd;
            case state_reg is
                when "00" =>
                    if(data_nd_dly='0'and data_nd='1')then
                        syn<=(others=>'0');
                        bit_count<=0;
                        state_reg<="01";
                    end if;
                    dout_rd<='0';

                when "01" =>
                    if(bit_count=7)then
```

```
                    state_reg <= "10";
                else
                    if(data_in(bit_count) ='1')then
                        syn <= syn xor mat_table(conv_integer(bit_count));
                    end if;
                    bit_count <= bit_count + 1;
                end if;

            when "10" =>
                error_out <= data_in(6 downto 3);
            dout <= data_in(6downto3)xor error_table(conv_integer(syn));
                dout_rd <='1';
                state_reg <= "00";

            when others => null;
        end case;
    end if;
  end process;
END Behavioral;
```

(6) 调试与仿真

FPGA 基于模块化设计，各个模块可以单独调试和仿真，与整个工程仿真调试相比复杂度低，且便于控制输入数据，有利于程序的调试和仿真，同时各个模块的充分仿真也为整个工程实现打下了坚实的基础。下面以编码模块仿真为例来介绍调试和仿真过程。

参考前面 Quartus 的应用，首先建立工程 Hamm，保存到文件夹 HammMode 中，建立工程时，该工程的顶层实体名通常默认与工程名一致，如图 6-14 所示。

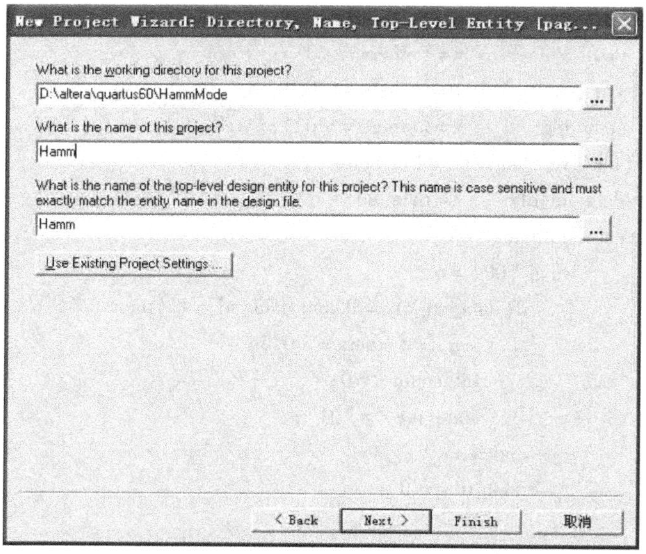

图 6-14　建立工程

如果添加到工程中的源文件中的顶层实体名字与建立工程顶层实体名字不一致，则需要进行修改，否则编译会提示错误，如图 6–15 所示。

用鼠标右键单击工程实体设置 Settings（或单击 Assignments→Settings 命令,）如图 6–16 和图 6–17 所示。在弹出的 Settings 对话框中选中 General 选项后，主界面有 Top – level entity，单击右边选项选择源文件中的实体名，这样就可以使工程中的实体名与顶层文件的实体名一致。更改顶层实体名以后，再进行编译和综合。

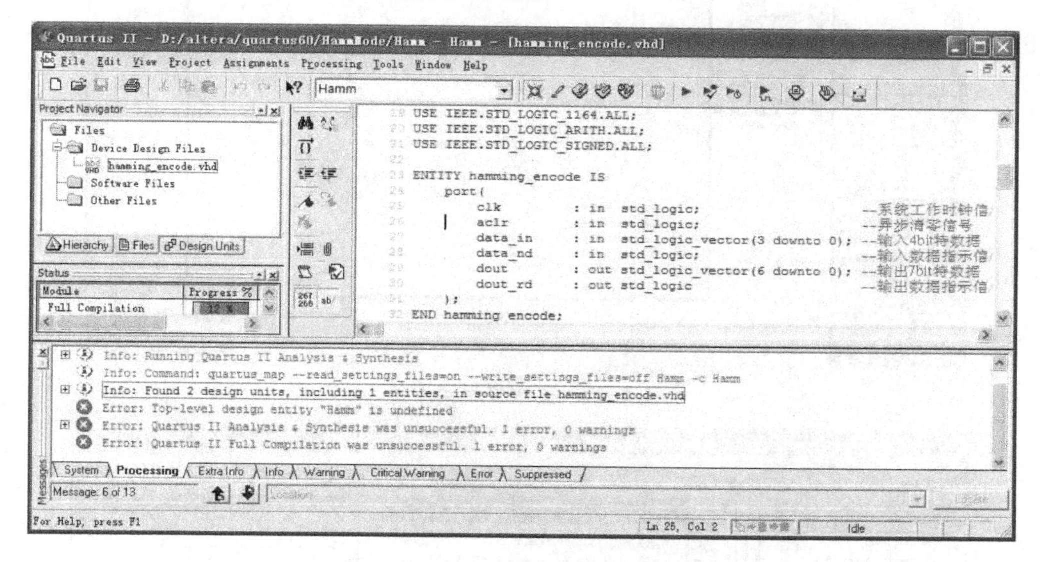

图 6–15　完成编译的信息

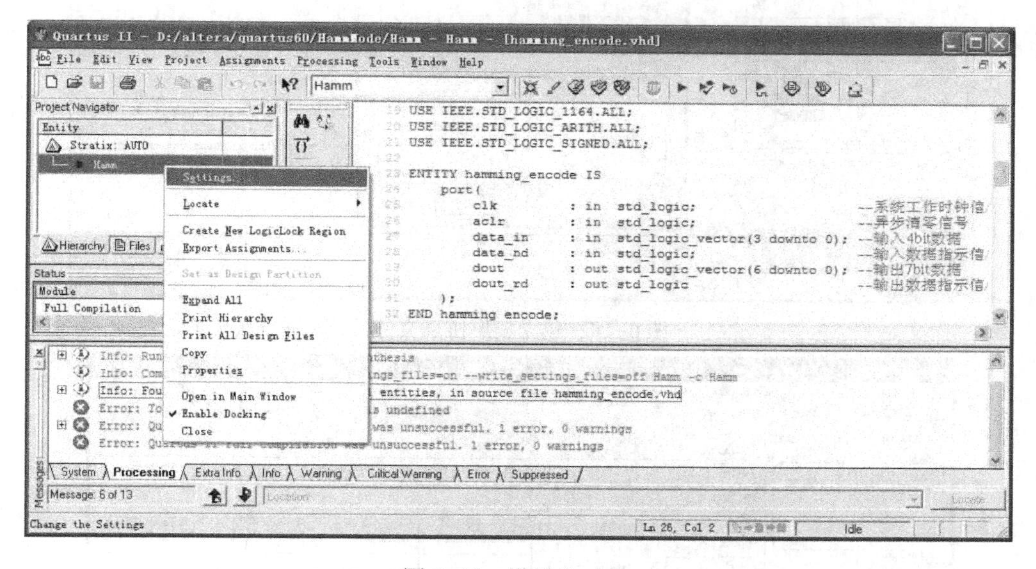

图 6–16　设置 Settings

完成编译和综合后，建立波形仿真文件进行仿真，如图 6–18 所示。在波形文件中单击鼠标右键，在弹出的快捷菜单中单击 Insert Node or Bus 命令，引入实体的输入/输出引脚，如图 6–19 所示。

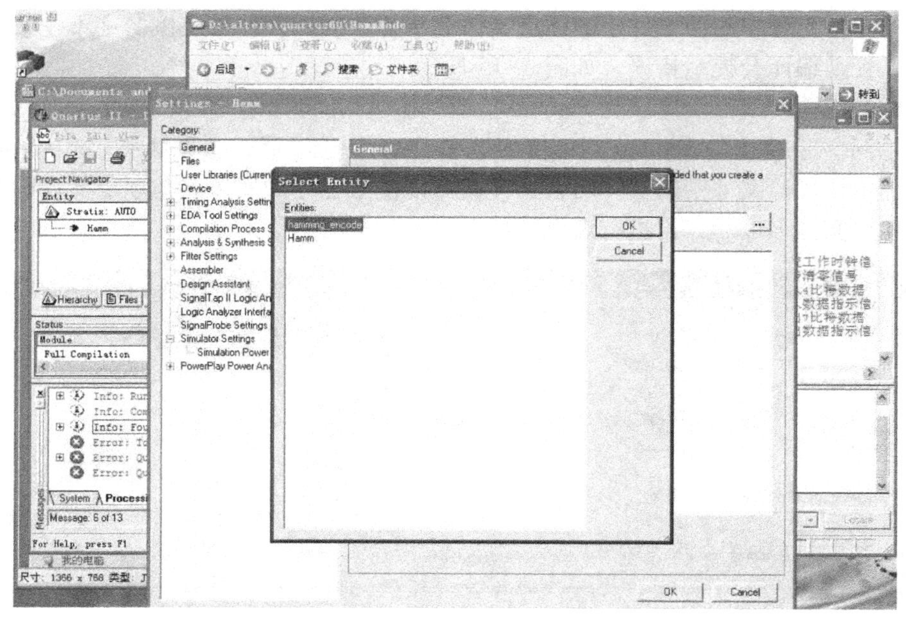

图 6-17　更改顶层实体名

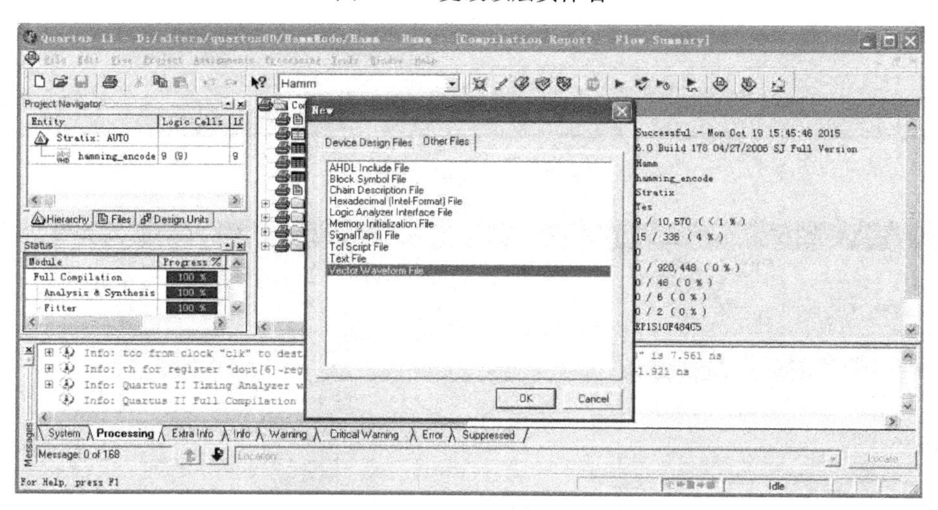

图 6-18　建立波形仿真文件

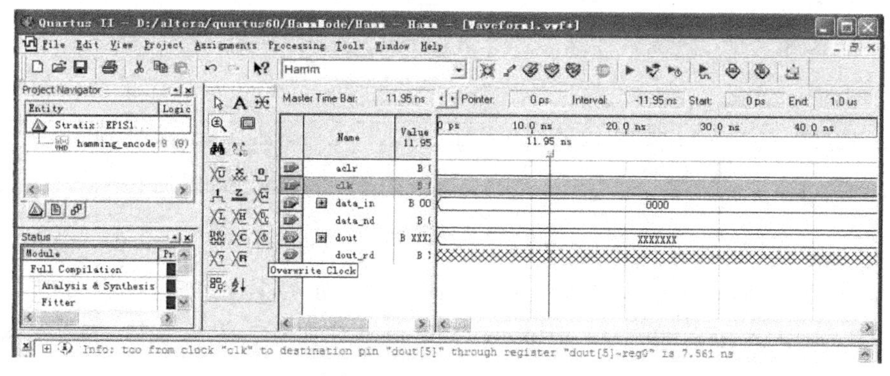

图 6-19　波形仿真文件

对波形文件添加输入，模块信息处理是以 clk 时钟采样 data_nd 来检测 data_nd 的上升沿进行处理，所以输入数据和 data_nd 的速率必须比时钟低。设置输入数据的时间周期为时钟周期的 4 倍，如图 6-20 所示。

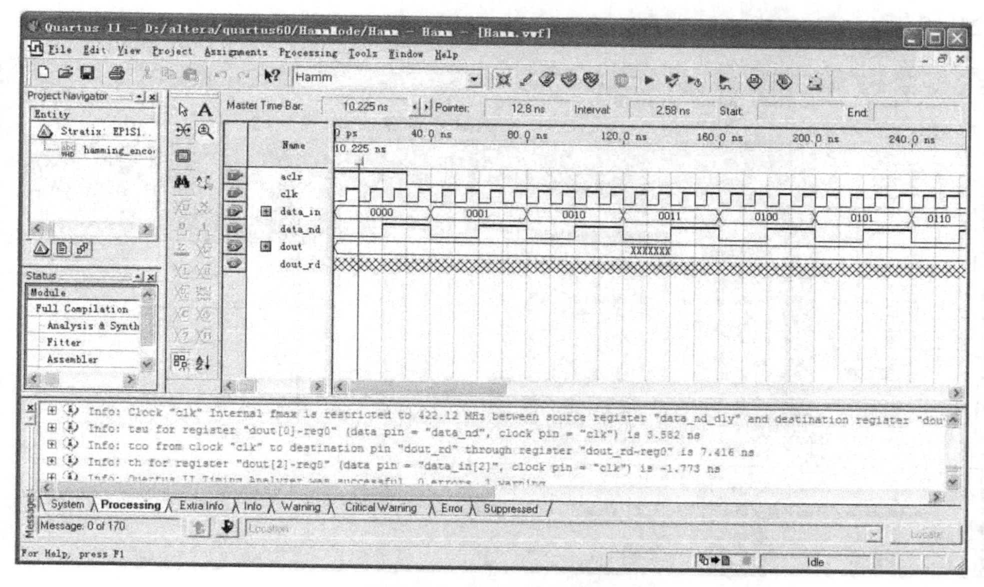

图 6-20　设置仿真输入

完成输入设置后，单击 Processing→Start Simulation 命令或单击按钮进行波形仿真。如图 6-21 所示，当时钟检测到 data_nd 上升沿时，完成编码输出码字并给出 data_rd 指示，可见两个编码码字之间存在毛刺，这是由于系统默认为时序仿真，时序仿真考虑了布局布线延时，7 bit 输出码字的不同延时造成毛刺，毛刺意味着数据处于不定状态。FPGA 设计要求下一个时钟上升沿数据必须准备好，如果没准备好，则会产生意想不到的后果，因此设计中不可能任意提高时钟频率。

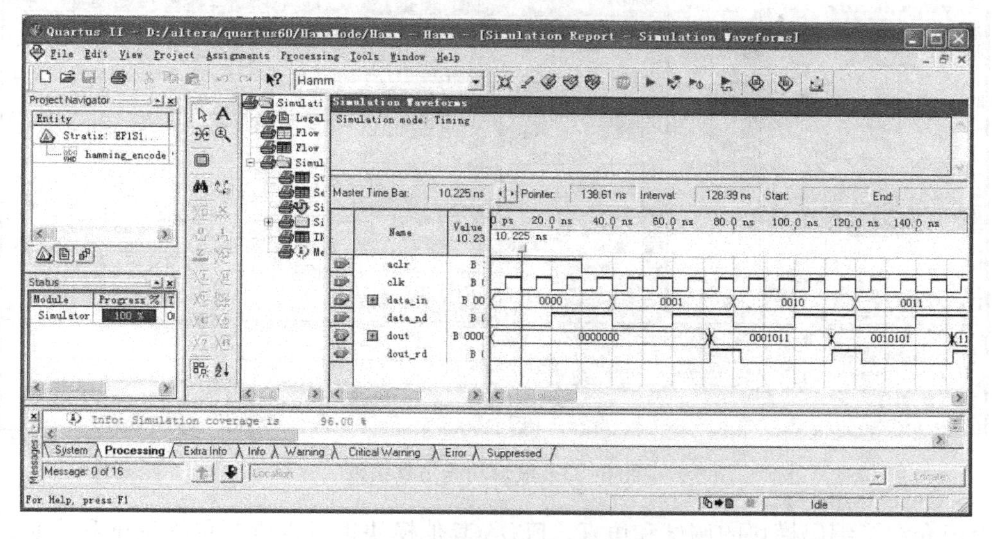

图 6-21　波形时序仿真结果

FPGA 仿真分为时序仿真和功能仿真，功能仿真不考虑布局布线延时。单击 Processing→Simulator Tool 命令，在弹出的对话框中选择仿真模式（Simulation mode）为功能仿真（Functional），然后单击 Generate Functional Simulation Netlist 按钮生成功能仿真网表，如图 6-22 所示。

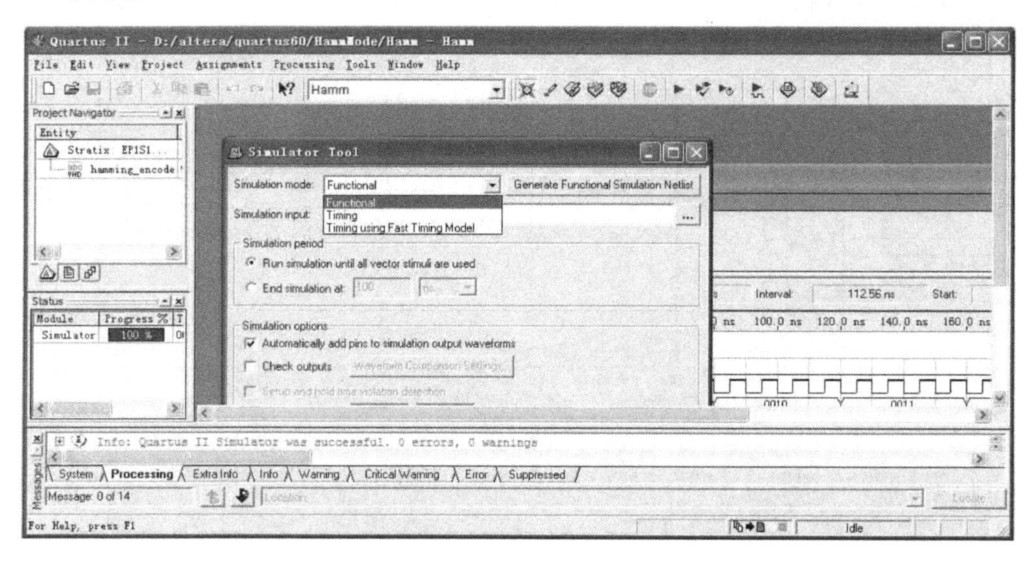

图 6-22　功能仿真设置

完成功能仿真设置后，执行仿真命令，如图 6-23 所示。并与图 6-21 进行比较，可见功能仿真不考虑布局布线延时，7 bit 输出码字功能上是一致变化，所以不存在毛刺。在实际仿真应用中，为了真实反映实际仿真结果，还是常采用时序仿真。

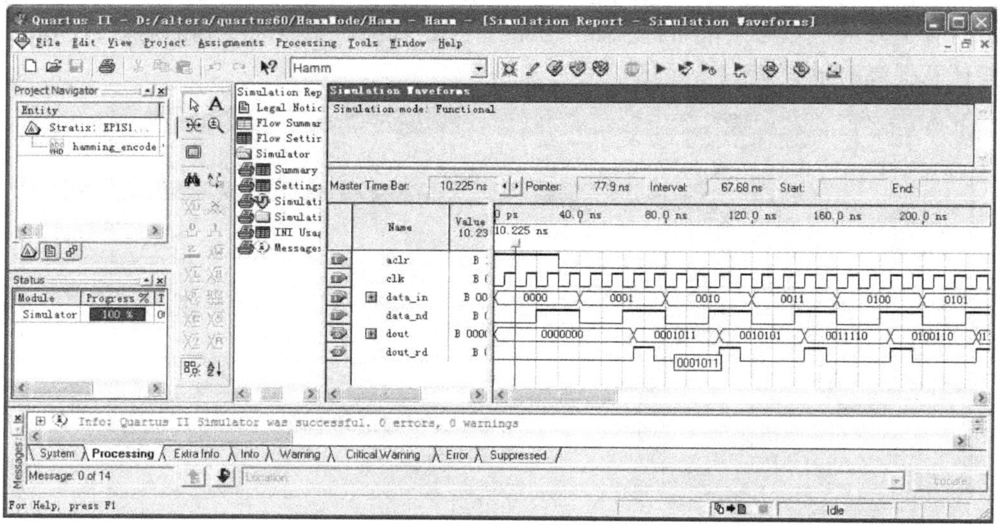

图 6-23　波形功能仿真结果

上面介绍了编码模块的调试和仿真，FPGA 其他模块也可以进行单独调试和仿真，而且还可以与 MATLAB 相对应调试。这里直接给出编码、信道加错和译码连起来的整个模块的仿真结果，如图6-24所示。由于单独译码模块需要10个时钟周期才能完成译码，所以连接整个编译码模块后，设数据输入的周期是时钟周期的15倍，这样保证系统能来得及处理输入数据。仿真图中dout_rd为完成译码输出的指示信号，且输出了译码前加错码字的信息部分，与输入数据相比，译码模块能有效纠正码字的错误。由图6-25可知，从检测data_in上升沿到完成译码输出指示dout_rd共花了12个时钟周期，为了更好地理解时序的概念和熟悉VHDL语言，可以通过程序来确认时钟周期的消耗，并可以修改程序来观察仿真结果的变化。

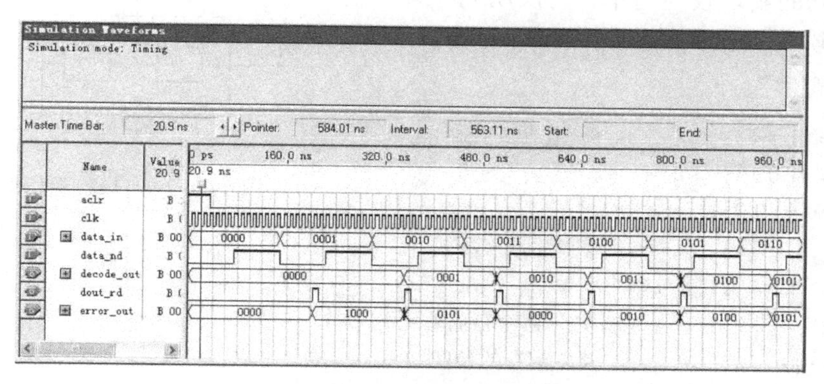

图6-24　汉明编译码仿真图

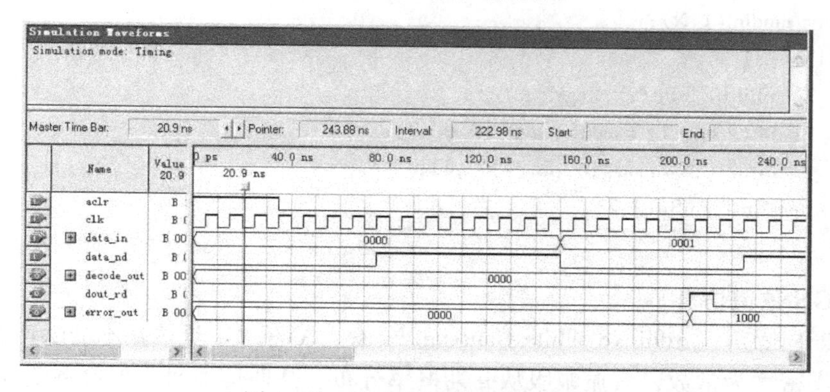

图6-25　汉明编译码仿真放大图

6.5　卷积码的设计

6.5.1　卷积码的MATLAB实现

卷积编译码实现的难点是译码过程，译码通常采用软输入Viterbi译码算法。其已知条件仅需要编码结构或编码多项式即可，实现模块主要包括编码和译码两个模块。由于译码采用软输入Viterbi译码，在MATLAB仿真实现中，假设信道为AWGN信道来评估编译码性能。

【例6-4】图6-26给出了(2,1,2)卷积编码结构，编写MATLAB程序，完成以下功能：

（1）输入随机信息比特，完成卷积编码。

（2）接收端完成Viterbi译码实现。

（3）仿真卷积编译码在 AWGN 信道下，信噪比为 3dB 时的性能。

下面讨论卷积编译码的具体实现过程。

1. 卷积编码

为了便于实现，图 6-26 给出了(2,1,2)卷积编码结构。编码器具有 2 阶存储器，每 1 bit 输入，C1 和 C2 2 bit 输出。编码器也可以表示成生成多项式形式，$g_1(D)=1+D+D^2$ 和 $g_2(D)=1+D^2$，或者 $g_1=(1,1,1)$ 和 $g_2=(1,0,1)$。

卷积编码的实现较为简单，与汉明码一样，上面的求和是模 2 加法，每次输入 1 bit，输出 2 bit，然后以此循环。

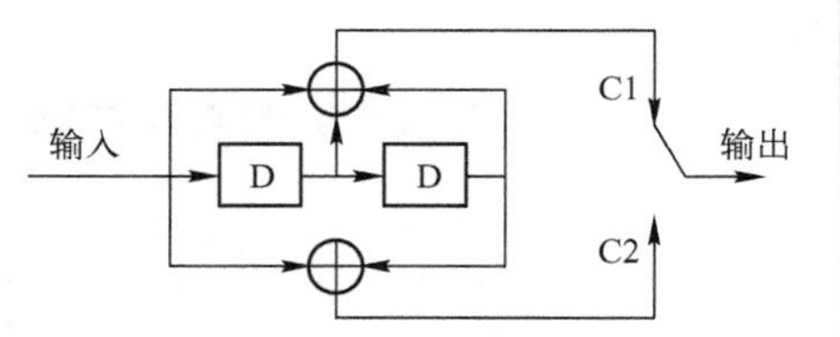

图 6-26 （2,1,2)卷积编码结构

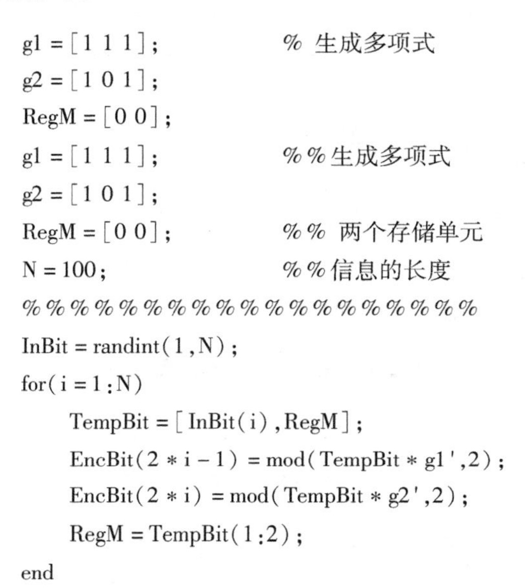

```
g1 = [1 1 1];              % 生成多项式
g2 = [1 0 1];
RegM = [0 0];
g1 = [1 1 1];              %%生成多项式
g2 = [1 0 1];
RegM = [0 0];              %% 两个存储单元
N = 100;                   %%信息的长度
%%%%%%%%%%%%%%%%%%%%
InBit = randint(1,N);
for(i = 1:N)
    TempBit = [InBit(i),RegM];
    EncBit(2 * i - 1) = mod(TempBit * g1',2);
    EncBit(2 * i) = mod(TempBit * g2',2);
    RegM = TempBit(1:2);
end
```

2. AWGN 信道仿真

加性高斯白噪声（Additive White Gaussian Noise，AWGN）是最基本的噪声和干扰模型，噪声的功率谱密度为常数，其振幅服从高斯概率分布。高斯信道对于评价系统性能的上界具有重要意义，对于定量或定性评价某种调制方案、某种信道编译码方式等的性能具有重要作用。卷积编译码实验中为了可以方便评估软判决维特比译码算法的性能，这里信道仿真也采用 AWGN 信道仿真。

假设加性高斯白噪声的单边功率谱密度为 N_0，接收端采用匹配接收在最佳时刻以符号速率采样，此时获得接收最佳信噪比，则符号样点的信噪比可表示为 E_s/N_0，仿真过程中噪声就加在符号样点上，且在数值上噪声方差为 $\sigma^2=N_0/2$。为了便于各系统的性能比较，仿真的信噪比都转化为比特信噪比来衡量，即 E_b/N_0，E_b代表符号传递的信息的能量，考虑仿真中采用 BPSK 调制，则最后发送符号的能量 $E_s=E_b\times R$，R 表示为信道编码的码率。

由上分析，仿真比特信噪比为 snrdB = 3dB 时的性能，即信噪比比值为

$$\frac{E_b}{N_0}=10^{\frac{\mathrm{snrdB}}{10}}=\frac{E_s/R}{N_0} \tag{6-29}$$

BPSK 调制中，每个符号能量设为 $E_s=1$，则可以推导加入噪声的标准方差为

$$\sigma = \sqrt{\frac{N_0}{2}} = \sqrt{\frac{10^{-\frac{\text{snrdB}}{10}}}{2R}} \tag{6-30}$$

计算好噪声的标准差后，利用 MATLAB 函数 randn()，产生均值为零、方差为 1 的高斯随机变量，则 AWGN 信道仿真的核心程序如下：

```
SnrdB = 3;%%信噪比 dB
SNR = 10^(SnrdB/10);
Rate = 0.5;
Delta = sqrt(2 * Rate/SNR);
RecData = ModemData + Delta * randn(1,2 * N);
```

在上面的程序中，ModemData 为通过 BPSK 调制后的数据，RecData 为通过信道后的接收数据。

3. Viterbi 译码

（1）译码初始化

如图 6-4 所示，维特比译码网格图初始状态由零状态出发，进行网格状态转移译码，可见初始译码程序需要单独编写处理。为便于编程进行统一处理实现，译码前对累计度量值进行初始化，让零状态的值为 0，其他状态的值为 -200。Viterbi 译码过程的核心是保存进入到每一个状态路径中度量最大的幸存路径，舍弃其他竞争路径。当初始化时，零状态的初始度量值最大，意味着所有最优路径最终只可能从零状态出发，这样整个译码程序就可以不考虑初始从零状态转移的过程，直接可以编写通用译码处理程序即可。

图 6-27 所示为初始化后译码网格状态转移的实例，给出了从 $T=0$ 时刻到 $T=2$ 时刻的状态转移，REC 表示为接收值，如 $T=1$ 时刻时，0 状态可由 0 或 1 状态转移过来，0 状态转移的路径度量为 2，由 1 状态转移的路径度量为 -202，通过保存幸存路径和舍弃竞争路径，则 0 状态由 0 状态转移得到。由此过程计算 $T=1$ 时刻所有状态，再以此规则获得 $T=2$ 时刻保存的幸存路径，可见在 $T=2$ 时刻的所有幸存路径都是由 $T=0$ 时刻的 0 状态转移而来的，与原先从 0 状态出发的处理结果一致。

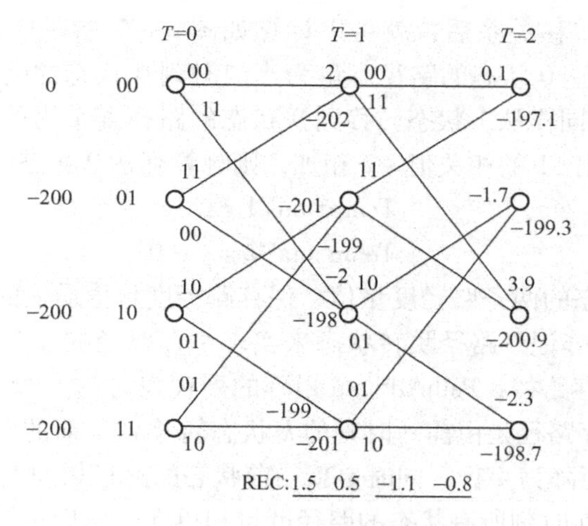

图 6-27　初始化后的译码网格图

（2）路径累积度量计算和保存幸存路径

如图 6-27 所示，计算每一时刻的路径累积度量值，首先已知状态转移关系（状态转移关系通过编码结构确定），确定的状态转移关系矩阵为

$$\text{FromState} = \begin{pmatrix} 0 & 2 & 0 & 2 \\ 1 & 3 & 1 & 3 \end{pmatrix} \tag{6-31}$$

其中，FromState 的列索引（索引从 0 开始记）代表当前状态，列中的元素表示转移到当前状态的可能的前一状态。例如，上面的转移矩阵，第 0 列代表当前 0 状态可能由 0 或 1 状态转移过来，第 1 列代表当前 1 状态可能由 2 或 3 状态转移过来。

其次，还需确定状态转移的输入/输出比特，下面给出与状态转移矩阵相对应的输入/输出比特矩阵。

$$\text{InBitState} = \begin{pmatrix} 0 & 0 & 1 & 1 \\ 0 & 0 & 1 & 1 \end{pmatrix} \tag{6-32}$$

$$\text{OutBitState} = \begin{pmatrix} 0 & 1 & 1 & 0 \\ 0 & 0 & 1 & 1 \\ 1 & 0 & 0 & 1 \\ 1 & 1 & 0 & 0 \end{pmatrix} \tag{6-33}$$

InBitState 列表示转移到当前状态时的编码输入比特。例如，输入比特矩阵的第 0 列元素表示由 0 或 1 状态转移当前 0 状态的输入比特为 0，第 2 列元素表示由 0 或 1 状态转移到当前 2 状态的输入比特为 1。OutBitState 列表示状态转移当前状态时的编码输出比特。例如，输出比特矩阵的第 0 列元素，前两行表示由 0 状态转移到 0 状态，编码输出为 00 比特，后两行表示由 1 状态转移到当前 0 状态时，编码输出为 11 比特。为了便于计算当前相关值，OutBitState 通常采用 BPSK 调制后的结果进行运算，其调制后的输出矩阵为

$$\text{OutModState} = \begin{pmatrix} 1 & -1 & -1 & 1 \\ 1 & 1 & -1 & -1 \\ -1 & 1 & 1 & -1 \\ -1 & -1 & 1 & 1 \end{pmatrix} \tag{6-34}$$

确定以上几种状态转移关系后，就可以计算如图 6-27 所示的累计度量。例如，计算 $T=1$ 时刻，从 0 状态到达 0 状态的路径度量为当前时刻 0 状态的路径累积度量 0 与当前输出 00 的相关值 2 相加，同样从 1 状态转移到 0 状态的路径度量为前时刻 1 状态的路径累积度量 -1000，与当前输出 11 的相关值 -2 相加，则计算到达 0 状态两路径度量值分别为

$$\text{TempSumV1} = 2 \tag{6-35}$$

$$\text{TempSumV2} = -1002 \tag{6-36}$$

比较同时到达 0 状态的两条路径度量值，保存路径度量值最大的幸存路径，舍弃竞争路径。利用 PathAllState 矩阵记录路径跳转状态来实现幸存路径的保存，该卷积码共有 4 个状态，每一时刻有 4 条幸存路径，PathAllState 矩阵的列代表时刻。例如，$\text{PathAllState}(j,i) = k$ 代表在第 i 个时刻，幸存路径是由前一时刻的 k 状态转移到当前的 j 状态，每一时刻当前有 4 个状态，则状态转移矩阵为 4 行，同时更新当前状态的路径累积度量值。

依此过程，计算当前时刻所有状态的路径度量和更新，然后再循环到下一时刻，直至接收到所有数据，完成译码过程。

译码核心程序如下：

```
for(i = 1:N)
    TempRec = RecData(2 * i - 1:2 * i);
    CurValePath(1,:) = TempRec * OutModState(1:2,:);
    CurValePath(2,:) = TempRec * OutModState(3:4,:);
    for(j = 1:4)
        TempSumV1 = SumValPathCurr(FromState(1,j) + 1) + CurValePath(1,j);
        TempSumV2 = SumValPathCurr(FromState(2,j) + 1) + CurValePath(2,j);
        if TempSumV1 > TempSumV2
            SumValPathNext(j) = TempSumV1;
            PathAllState(j,i) = FromState(1,j);
        else
            SumValPathNext(j) = TempSumV2;
            PathAllState(j,i) = FromState(2,j);
        end
    end
    SumValPathCurr = SumValPathNext;
end
```

（3） 回溯译码判决输出

上面的译码过程保存了所有幸存路径的状态转移关系，而信道译码最终需要判决输出发送的信息比特，根据卷积码的编码结构可以获得输入信息比特与状态转移的关系，其逆过程即由状态转移也可以判断输入信息比特来实现译码比特输出。由此过程确定 N 时刻的全局最优的幸存路径，进行一步步状态回溯就可以完成译码判决输出。

针对例中编码的具体结构，可以看出当转移到当前状态为“0”“1”时，输入信息比特都为“0”，当转移到当前状态为“2”“3”时，输入信息比特为“1”，则状态回溯译码判决的核心程序如下。

```
[MaxVal InPos] = max(SumValPathCurr);
for(i = N: -1:1)
    if InPos < 3
        DecodeBit(i) = 0;
    else
        DecodeBit(i) = 1;
    end
    InPos = PathAllState(InPos,i) + 1;
end
```

4. MATLAB 仿真程序

```
%%%%%%%%%%%%%%%%%%%%%%%%%%%%%%%%%%
%%%卷积编译码程序
clc
clear
```

```
g1 = [1 1 1];          %%%生成多项式
g2 = [1 0 1];
RegM = [0 0];
N = 1000;              %%信息的长度
SnrdB = 3;             %%仿真的信噪比
SNR = 10^(SnrdB/10);
Rate = 0.5;
%%%% Viterbi 译码的状态转移关系
GM = [g1;g2]';
FromState = zeros(2,4);
InBitState = zeros(2,4);
OutBitState = zeros(4,4);
for i = 0:3
    BitState = de2bi(i,2,'left - msb');
    OutBitState(:,i+1) = [mod([BitState 0] * GM,2),mod([BitState 1] * GM,2)]';
    FromState(:,i+1) = bi2de([[BitState(2)0];[BitState(2)1]],'left - msb');
    InBitState(:,i+1) = BitState(1);
end
OutModState = 1 - 2 * OutBitState;
%%%%%%%%%%%%%%%%%%%%%%%%%%%%%%%
%%%%由上计算的状态转移关系
% OutBitState = [0 1 1 0;0 0 1 1;1 0 0 1;1 1 0 0];
% ToState = [0 0 1 1;2 2 3 3];
% FromState = [0 2 0 2;1 3 1 3];
% InBitState = [0 0 1 1;0 0 1 1];
%%%%%%%%%%%%%%%%%%%%
%%%编码
InBit = randint(1,N);
for(i = 1:N)
    TempBit = [InBit(i),RegM];
    EncBit(2 * i - 1) = mod(TempBit * g1',2);
    EncBit(2 * i) = mod(TempBit * g2',2);
    RegM = TempBit(1:2);
end
%%%%%%%%%%%%%%%%%%%%%%%%%%%%
%%%调制,AWGN 信道
ModemData = 1 - 2 * EncBit;
Delta = sqrt(2 * Rate/SNR);
RecData = ModemData + Delta * randn(1,2 * N);
%%%%%%%%%%%%%%%%%%%%%%%%%%%
%%%%% Vitebi 译码
PathAllBit = zeros(4,N);
PathAllBitTemp = zeros(4,N);
PathAllState = zeros(4,N);
```

```
%%%%初始化累积度量
SumValPathCurr = [0, -1000, -1000, -1000];
%%%%%%%%%%%%%%%%%%%%%%%%
SumValPathNext = zeros(1,4);
CurValePath = zeros(2,4);
for(i = 1:N)
    TempRec = RecData(2 * i - 1:2 * i);
    CurValePath(1,:) = TempRec * OutModState(1:2,:);
    CurValePath(2,:) = TempRec * OutModState(3:4,:);
    for(j = 1:4)
        TempSumV1 = SumValPathCurr(FromState(1,j) +1) + CurValePath(1,j);
        TempSumV2 = SumValPathCurr(FromState(2,j) +1) + CurValePath(2,j);
        if TempSumV1 > TempSumV2
            SumValPathNext(j) = TempSumV1;
            PathAllState(j,i) = FromState(1,j);
        else
            SumValPathNext(j) = TempSumV2;
            PathAllState(j,i) = FromState(2,j);
        end
    end
    SumValPathCurr = SumValPathNext;
end
[Mv InPos] = max(SumValPathCurr);
%%%%%%%%%%%%%%%%%%%%%%%%%%%%%%%%%
%%%状态回溯译码输出
[MaxVal InPos] = max(SumValPathCurr);
for(i = N: -1:1)
    if InPos < 3
        DecodeBit(i) = 0;
    else
        DecodeBit(i) = 1;
    end
    InPos = PathAllState(InPos,i) +1;
end
Pe = find(DecodeBit ~ = InBit)/length(InBit);  %%%误比特率的计算
```

6.5.2 卷积码的 DSP 实现

同上节介绍汉明编译码一样，卷积编译码 DSP 实现的模块划分与 MATLAB 实现的模块划分相同，且卷积编译码涉及的向量或矩阵运算不多，DSP 与 MATLAB 实现的过程基本一致。为评估软输入 Viterbi 算法的性能，MATLAB 实现中采用 AWGN 信道仿真，而 DSP 实现只考虑具体编译码实现，且运算过程中进行定点运算。

【例 6-5】 图 6-26 给出了(2,1,2)卷积编码结构，在 CCS 软件中编写 C 程序，完成以下功能：

（1）输入与 MATLAB 中一样的信息比特，完成卷积编码并进行比较。

（2）利用 MATLAB 中加入 AWGN 噪声的接收数据进行量化转化为定点。

（3）接收端利用定点的接收数据完成 Viterbi 译码。

具体实现过程如下。

（1）卷积编码

为了便于调试和实现，也采用图 6-26 所示的卷积编码结构，其编码实现过程与 MATLAB 一致，由于 CCS 中不能产生随机输入数据比特，输入信息比特直接利用开向量空间 InBit 保存 MATLAB 中产生的信息比特。输入信息比特为

```
short InBit[N] = {
    1,1,0,1,0,0,0,0,0,0,0,0,0,1,0,1,
    1,0,1,0,0,0,1,1,0,0,1,1,0,0,1,0,
    0,0,0,1,1,0,1,1,1,0,1,1,1,1,1,1,
    0,0,0,0,1,0,0,0,0,1,0,1,1,1,0,0,
    0,0,1,0,1,0,1,1,1,1,0,0,0,1,1,0,
    0,0,0,1,0,0,0,1,1,0,1,0,1,1,1,0,
    1,0,0,0,1,0,0,0,0,0,1,0,0,0,0,0,
    1,0,0,0,0,0,1,1,1,0,0,1,1,1,0,1};
```

编码的核心程序如下：

```
for(i=0;i<N;i++)
{
    EncodeBit[2*i] = InBit[i]*g1[0] + RegM[0]*g1[1] + RegM[1]*g1[2];
    EncodeBit[2*i+1] = InBit[i]*g2[0] + RegM[0]*g2[1] + RegM[1]*g2[2];
    RegM[1] = RegM[0];
    RegM[2] = InBit[i];
    EncodeBit[2*i]% =2;
    EncodeBit[2*i+1]% =2;
}
```

利用 MATLAB 与 DSP 中输入信息一样，完成编码后，通过 MATLAB 与 DSP 编码结果进行比较来验证 DSP 实现编码的正确性。

（2）Viterbi 译码

在实际应用中，发射端进行编码，接收端进行译码解调信息，信息传输通过实际信道。由上面的 MATLAB 译码实现可知，译码采用软输入 Viterbi 译码算法，因此 DSP 实现 Viterbi 译码算法时，结合 MATLAB 中通过高斯信道的接收数据进行仿真和调试，由于选择的是定点 DSP 芯片 C5416，因此 MATLAB 仿真中接收数据进行放大取整，然后作为 Viterbi 译码的输入。为了便于调试，DSP 实现中输入数据定义为常数向量表 RecData。定义译码数据如下：

```
short RecData[2*N] = {
-190,-218, 50,-80, 62,-194,176, 50,-101,100,-118,-72, 81,-18, 27,117,
  11, 75, 33, 17, 28, 72,112, 92,175, 83,-207,-99,-95,122,135,190,
```

```
61,-82, 99,-141,251, 82,-200,225,-77,-179,144,190,-163,-90, 90,-182,
184,-101,-62,-151,-146,-78,108, 31, 81, 57, 7,-238,-219,-141,-113,101,
-41,-151, 49, 86, 99,120,-25,-56,-24,-51,157,-55,193,123, 52,-111,
-273,134,108,-142, 54, 23, 97,-73,-123, 65,-103, 88,-168,192,-69,191,
65,-179,-43,-97, 46, 94,-42,177,-169,-149, -5, 36,-129,-136,215,106,
23, 20,23, 37, 16, 11, 85, 86,122,-141,-169, 68,177, 68,-84,-119,
150, 65,232,178,-187,-147, -5,127,128,-21,-84,149, 55, 29, 87,-175,
-105,120, -3,113, 62, 16,-42,-84,148, 64,-39,-81,144,-174,209,-69,
-236,-67,190,145,198,193,-164,-263, 27,128,-99,-129, -9,116,-197,-159,
85,-46,127,-195,205,102, 32, 14, 45, 46, 92,-169,-168,-68, 41,-82,
87, 88,-108,112,-135,-150,136, 70,-84,-168,-110,153,-163,-90, 83, 95,
75,-47, 90,199,-54,-127,-147,118,-127,-137,104,189,-78,141, 29,167,
-272,-116,-96, 70,-114,-207, 20, 42,126, 59,209,110,-232,-132, 54,-93,
-116, 80, 48,-105,-202,-57,-194,-147, 90,-82,-105,223,215,-56,106, 43};
```

整个译码过程与 MATLAB 中仿真也是一致的，包括译码初始化、路径累积度量计算和幸存路径保存，以及回溯译码判决输出。首先保存各状态之间的转移关系，MATLAB 中用矩阵表示各个转移关系表，DSP 中用向量来保存，MATLAB 中的各种状态转移关系矩阵都通过列展开转化为向量。例如，状态转移关系矩阵为

$$\text{FromState} = \begin{pmatrix} 0 & 2 & 0 & 2 \\ 1 & 3 & 1 & 3 \end{pmatrix} \tag{6-37}$$

DSP 实现中表示为

$$\text{short FromState[8]} = \{0,1,2,3,0,1,2,3\} \tag{6-38}$$

调制后的输出矩阵为

$$\text{OutModState} = \begin{pmatrix} 1 & -1 & -1 & 1 \\ 1 & 1 & -1 & -1 \\ -1 & 1 & 1 & -1 \\ -1 & -1 & 1 & 1 \end{pmatrix} \tag{6-39}$$

DSP 中定义为

```
short OutModState[16] = {1,1,-1,-1,-1,1,1,-1,-1,-1,1,1,1,-1,-1,1}
```

按 MATLAB 的实现过程，计算当前时刻所有状态的路径度量和更新，然后再循环到下一时刻，直至接收到所有数据，完成译码过程。

译码核心程序如下：

```
SumValCurr[0] =0;
SumValCurr[1] =-1000;
SumValCurr[2] =-1000;
SumValCurr[3] =-1000;
for(i=0;i<N;i++)
{   RecDataTemp[0] =RecData[2*i];
    RecDataTemp[1] =RecData[2*i+1];
```

```
    for(j=0;j<4;j++)
    {   TempSumVal[0] = SumValCurr[FromState[2*j]] + RecDataTemp[0] *
            OutModState[4*j] + RecDataTemp[1] * OutModState[4*j+1];
        TempSumVal[1] = SumValCurr[FromState[2*j+1]] + RecDataTemp[0] *
            OutModState[4*j+2] + RecDataTemp[1] * OutModState[4*j+3];
        if(TempSumVal[0] > TempSumVal[1])
        {   SumValNext[j] = TempSumVal[0];
            PathAllState[4*i+j] = FromState[2*j];
        }
        else
        {   SumValNext[j] = TempSumVal[1];
            PathAllState[4*i+j] = FromState[2*j+1];
        }
    }
    if(SumValCurr[0] > 5000)
    {   for(j=0;j<4;j++)
          SumValCurr[j] = SumValNext[j] - 10000;
    }
    else
    {
        for(j=0;j<4;j++)
          SumValCurr[j] = SumValNext[j];
    }
  }
}
```

其中，条件程序 if(SumValCurr[0] > 5000)的目的是防止计算的累积度量值溢出问题，因为在 DSP 和 FPGA 的实现过程中，所有数据的保存都是有限位宽，考虑累积度量值的不断计算会产生溢出，这里累积度量值用 16 位表示，值的范围为 -32 768 ~ 32 767，因此设当累积度量的第一个值达到 5000 后（其他几个值在此条件下不可能产生溢出，这样比判断最大值的运算量低），减去 10000 能有效解决溢出的问题。

最后回溯译码判决输出与 MATLAB 中过程也一样，其核心程序如下：

```
//decode output Bit
IndexTemp = 0;
ValueTemp = SumValCurr[0];
for(j=1;j<4;j++)
{   if(SumValCurr[j] > ValueTemp)
    {   ValueTemp = SumValCurr[j];
        IndexTemp = j;}   }
for(i=N;i>0;i--)        // search back
{
     if(IndexTemp<2)
         OutBit[i-1] =0;
```

```
        else
            OutBit[i-1] = 1;
        IndexTemp = PathAllState[4 * i - 4 + IndexTemp];
    }
```

(3) 程序及调试仿真

程序的调试与仿真可以参照汉明码的调试仿真过程，完整程序如下：

```
// global variable
short g1[3] = {1,1,1};
short g2[3] = {1,0,1};
short RegM[2] = {0,0};
short FromState[8] = {0,1,2,3,0,1,2,3};
short InBitState[8] = {0,0,0,0,1,1,1,1};
short OutModState[16] = {1,1,-1,-1,-1,1,1,-1,-1,-1,1,1,1,-1,-1,1};

short InBit[N] = {
1,1,0,1,0,0,0,0,0,0,0,0,0,1,0,1,
1,0,1,0,0,0,1,1,0,0,1,1,0,0,1,0,
0,0,0,1,1,0,1,1,1,0,1,1,1,1,1,1,
0,0,0,0,1,0,0,0,0,1,0,1,1,1,0,0,
0,0,1,0,1,0,1,1,1,1,0,0,0,1,1,0,
0,0,0,1,0,0,0,1,1,0,1,0,1,1,1,0,
1,0,0,0,1,0,0,0,0,0,1,0,0,0,0,0,
1,0,0,0,0,0,1,1,1,0,0,1,1,1,0,1};

short MatEnBit[2 * N] = {
1,1,0,1,0,1,0,0,1,0,1,1,0,0,0,0,
0,0,0,0,0,0,0,0,0,0,1,1,1,0,0,0,
0,1,0,1,0,0,1,0,1,1,0,0,1,1,0,1,
0,1,1,1,1,1,0,1,0,1,1,1,1,1,1,0,
1,1,0,0,0,0,1,1,0,1,0,1,0,0,0,1,
1,0,0,1,0,0,0,1,1,0,1,0,1,0,1,0,
0,1,1,1,0,0,0,0,1,1,1,0,1,1,0,0,
0,0,1,1,1,0,0,0,0,1,1,0,0,1,1,1,
0,0,0,0,1,1,1,0,0,0,1,0,0,0,0,1,
1,0,1,0,0,1,1,1,0,0,1,1,0,1,0,1,
1,1,0,0,0,0,1,1,1,0,1,1,0,0,1,1,
0,1,0,1,0,0,1,0,0,0,0,1,1,0,0,1,
0,0,1,0,1,1,0,0,1,1,1,0,1,1,0,0,
0,0,0,0,1,1,1,0,1,1,0,0,0,0,0,0,
1,1,1,0,1,1,0,0,0,0,0,0,1,1,0,1,
1,0,0,1,1,1,1,1,0,1,1,0,0,1,0,0};

short EncodeBit[2 * N];
```

```
short RecData[2 * N] = {
-190, -218,  50, -80,  62, -194,176,  50, -101,100, -118, -72,  81, -18,  27,117,
  11,  75,  33,  17,  28,  72,112,  92,175,  83, -207, -99, -95,122,135,190,
  61, -82,  99, -141,251,  82, -200,225, -77, -179,144,190, -163, -90,  90, -182,
184, -101, -62, -151, -146, -78,108,  31,  81,  57,   7, -238, -219, -141, -113,101,
-41, -151,  49,  86,  99,120, -25, -56, -24, -51,157, -55,193,123,  52, -111,
-273,134,108, -142,  54,  23,  97, -73, -123,  65, -103,  88, -168,192, -69,191,
  65, -179, -43, -97,  46,  94, -42,177, -169, -149,  -5,  36, -129, -136,215,106,
  23,20,  23,  37,  16,  11,  85,  86,122, -141, -169,  68,177,  68, -84, -119,
150,  65,232,178, -187, -147,  -5,127,128, -21, -84,149,  55,  29,  87, -175,
-105,120,  -3,113,  62,  16, -42, -84,148,  64, -39, -81,144, -174,209, -69,
-236, -67,190,145,198,193, -164, -263,  27,128, -99, -129,  -9,116, -197, -159,
  85, -46,127, -195,205,102,  32,  14,  45,  46,  92, -169, -168, -68,  41, -82,
  87,  88, -108,112, -135, -150,136,  70, -84, -168, -110,153, -163, -90,  83,  95,
  75, -47,  90,199, -54, -127, -147,118, -127, -137,104,189, -78,141,  29,167,
-272, -116, -96,  70, -114, -207,  20,  42,126,  59,209,110, -232, -132,  54, -93,
-116,  80,  48, -105, -202, -57, -194, -147,  90, -82, -105,223,215, -56,106,  43};

short SumValCurr[4],SumValNext[4];
short TempSumVal[2],RecDataTemp[2];
short PathAllState[4 * N];
short OutBit[N];

void main()
{
    short i,j;
    short IndexTemp,ValueTemp;
    //  encode
    for(i = 0;i < N;i ++)
    {
        EncodeBit[2 * i] = InBit[i] * g1[0] + RegM[0] * g1[1] + RegM[1] * g1[2];
        EncodeBit[2 * i + 1] = InBit[i] * g2[0] + RegM[0] * g2[1] + RegM[1] * g2[2];
        RegM[1] = RegM[0];
        RegM[0] = InBit[i];
        EncodeBit[2 * i]% =2;
        EncodeBit[2 * i + 1]% =2;
    }
    // 下面程序与 MATLAB 相对应,验证编码的正确性
    ValueTemp = 0;
    for(i = 0;i < N;i ++)
{
        if(EncodeBit[2 * i]! = MatEnBit[2 * i])
            ValueTemp += 1;
        if(EncodeBit[2 * i + 1]! = MatEnBit[2 * i + 1])
```

```
        ValueTemp += 1;
}
//decode
SumValCurr[0] = 0;
SumValCurr[1] = -1000;
SumValCurr[2] = -1000;
SumValCurr[3] = -1000;
    for(i = 0;i < N;i++)
    {
        RecDataTemp[0] = RecData[2 * i];
        RecDataTemp[1] = RecData[2 * i + 1];
        for(j = 0;j < 4;j++)
        {
            TempSumVal[0] = SumValCurr[FromState[2 * j]] +
                    RecDataTemp[0] * OutModState[4 * j] +
                    RecDataTemp[1] * OutModState[4 * j + 1];
            TempSumVal[1] = SumValCurr[FromState[2 * j + 1]] +
                    RecDataTemp[0] * OutModState[4 * j + 2] +
                    RecDataTemp[1] * OutModState[4 * j + 3];
            if(TempSumVal[0] > TempSumVal[1])
            {
                SumValNext[j] = TempSumVal[0];
                PathAllState[4 * i + j] = FromState[2 * j];
            }
            else
            {
                SumValNext[j] = TempSumVal[1];
                PathAllState[4 * i + j] = FromState[2 * j + 1];
            }
        }
        if(SumValCurr[0] > 5000)
        {
            for(j = 0;j < 4;j++)
                SumValCurr[j] = SumValNext[j] - 10000;
        }
        else
        {
            for(j = 0;j < 4;j++)
                SumValCurr[j] = SumValNext[j];
        }
    }
    //decode output Bit
    IndexTemp = 0;
    ValueTemp = SumValCurr[0];
```

```
        for(j = 1;j < 4;j ++)
        {
            if(SumValCurr[j] > ValueTemp)
            {
                ValueTemp = SumValCurr[j];
                IndexTemp = j;
            }
        }
        // search back
        for(i = N;i > 0;i --)
        {
            if(IndexTemp < 2)
                OutBit[i - 1] = 0;
            else
                OutBit[i - 1] = 1;
            IndexTemp = PathAllState[4 * i - 4 + IndexTemp];
        }
    //验证译码的正确性
        ValueTemp = 0;
        for(i = 0;i < N;i ++)
        {
            if(InBit[i]! = OutBit[i])
                ValueTemp += 1;
            }
        //后面死循环,防止程序跑飞
        do
        {
        } while(1);
    }
```

6.5.3 卷积码的 FPGA 实现

卷积码的 FPGA 实现同 DSP 实现一样，只讨论卷积码的具体编码和译码实现，其输入信息比特和译码的接收数据都利用 MATLAB 中产生的数据进行调试和仿真，即 FPGA 也实现软输入 Viterbi 译码算法。根据实际应用情况，将编码和译码分开在两个工程模块中。基本流程可以参照前面章节的内容，模块定义与前面章节的介绍一致，输入 clk，aclr，din，din_nd；输出 dout，dout_rd。其中，clk 为时钟信号，aclr 为复位信号，din 为输入信息，din_nd 为新输入指示信号，dout 为输出信息，dout_rd 为输出信号指示。

【例 6-6】 完成图 6-26 给出的(2,1,2)卷积码的 FPGA 实现，在 Quartus 软件中编写 VHDL 程序，完成以下功能：

（1）输入与 MATLAB 中一样的信息比特，完成卷积编码。

（2）利用 MATLAB 中加入 AWGN 噪声的接收数据进行量化转化为定点。

（3）接收端利用定点的接收数据完成 Viterbi 译码。

下面具体讨论实现过程。

（1）卷积编码

卷积编码模块每一时刻输入 1 bit 信息，编码输出 2 bit，编码结构如图 6-26 所示。编码模块实体的输入/输出定义如下：

```
ENTITY ConvEncode IS
    port(
        clk          :in   std_logic;                          --系统工作时钟信号
        aclr         :in   std_logic;                          --异步清零信号
        data_in      :in   std_logic;                          --输入 1 bit 数据
        data_nd      :in   std_logic;                          --输入数据指示信号
        dout         :out std_logic_vector(1 downto 0);--输出 2 bit 数据
        dout_rd      :out std_logic --输出数据指示信号
    );
END ConvEncode;
```

实际应用中就是每 1 bit 输入，2 bit 输出。为了对应 MATLAB 和 DSP 进行调试和仿真，输入信息比特与 MATLAB 和 DSP 中完全一致，并存入 RAM 中，当检测到输入信息指示信号上升沿时，从 RAM 中读取 1 bit 数据。利用 RAM 或 ROM 存储数据可以方便进行程序的开发调试和仿真，因此 RAM 或 ROM 的应用及数据初始化在 FPGA 开发中非常重要，下面介绍单端口 RAM 的数据初始化及应用。

1）生成初始化 *.mif 文件（Memory Initialization File）。单击 File→New 命令，单击对话框中的 Other Files，然后选择 Memory Initialization File，弹出如图 6-28 所示的对话框。

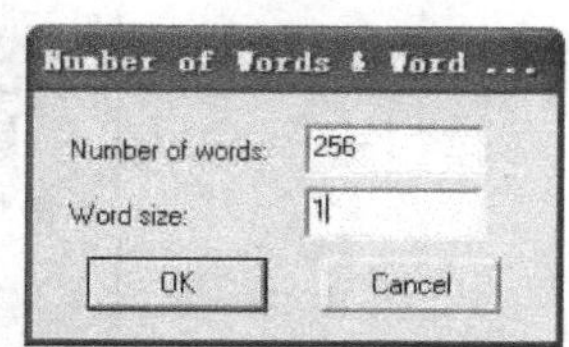

图 6-28 *.mif 文件的位宽和数量设置

在 Number of words 文本框中输入 256，在 Word size 文本框中输入 1，然后单击 OK 按钮，生成的初始化数据表格如图 6-29 所示。在表中输入初始化数据，完成后将文件保存为 InBitRom.mif，如图 6-30 所示。

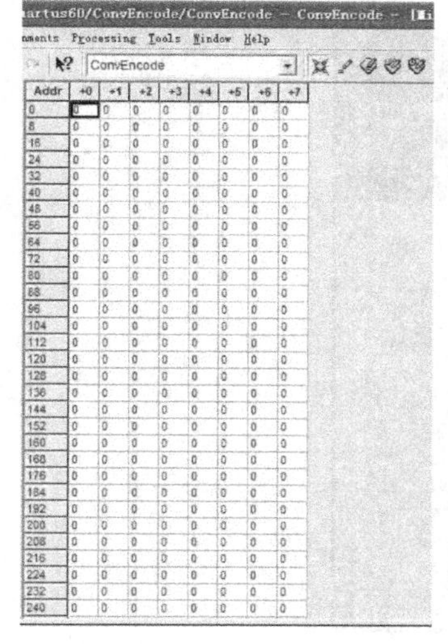

图 6-29 *.mif 文件表格

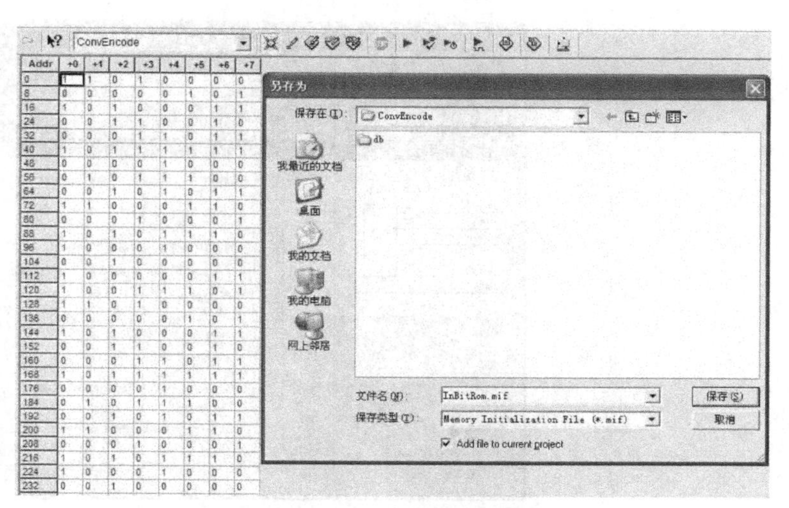

图 6-30 保存 *.mif 文件

2）添加 RAM

单击 Tools→MegaWizard Plug - In Maneger 命令，在弹出的如图 6-31 所示的对话框中选中 Create a new custom megafunction variation 单选按钮。如果是修改已有功能模块参数，则选择第二个单选按钮，然后单击 Next 按钮。

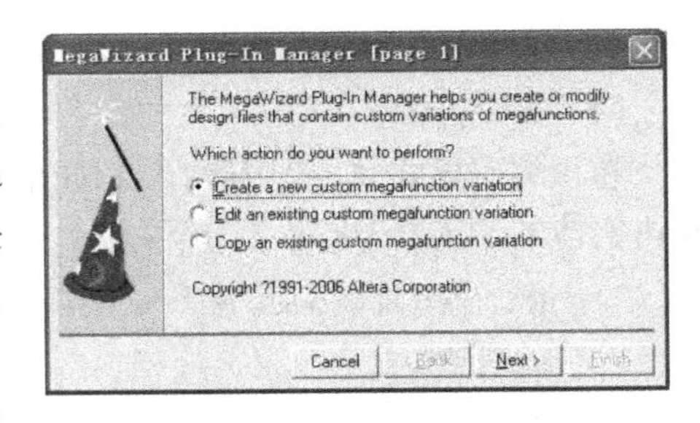

图 6-31　创建新的功能模块

如图 6-32 所示，选择 Memory Compiler→RAM：1 - PORT，即单端口 RAM。在对话框右边选择芯片系列、输出的模块文件和名字，然后单击 Next 按钮。

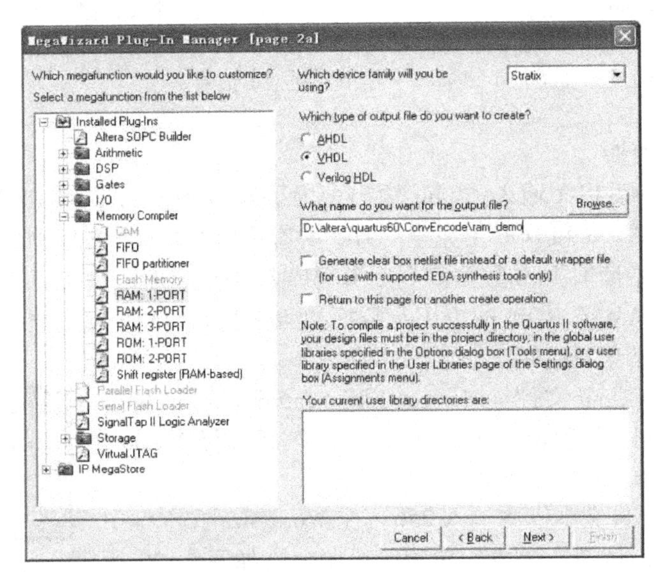

图 6-32　功能模块对话框设置

如图 6-33 所示，设置输出位宽为 1 bit、存储空间为 256，单时钟周期。

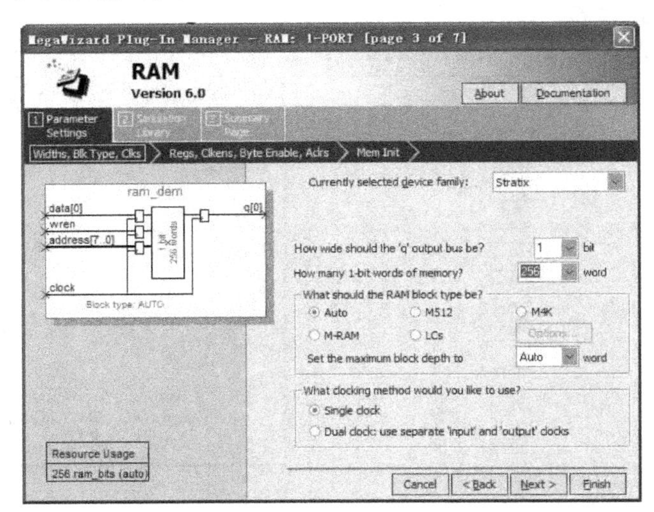

图 6-33　设置功能模块位宽和存储空间

单击 Next 按钮，默认设置，选中 Yes, use this file for memory content data 单选按钮，然后单击 Browse 按钮，选择前面生成的初始化文件 InBitRom. mif。

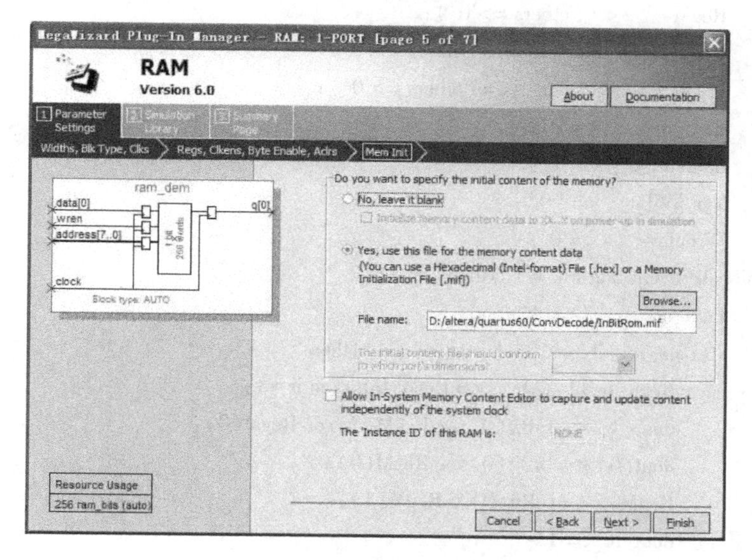

图 6-34　添加初始化文件

后面都选择默认设置，直到单击 Finish 按钮完成。将生成的 ram_demo. vhd 文件添加到工程中，然后对 RAM 核进行调用。

```
component ram_demo IS
PORT
(
    address      :IN STD_LOGIC_VECTOR(7 DOWNTO 0);
    clock        :IN STD_LOGIC ;
    data         :IN STD_LOGIC_VECTOR(0 DOWNTO 0);
    wren         :IN STD_LOGIC ;
    q            :OUT STD_LOGIC_VECTOR(0 DOWNTO 0)
);
END component;

Ram_InBit:ram_demo PORT MAP(
    address    =>Read_InBit_addr,
    clock      =>clk,
    data       =>TempWbit,
    wren       =>WrenLow,
    q          =>InBit
    );
```

为了便于调试与仿真，不采用模块输入 data_in 作为编码比特信息，而是直接读取 RAM 中的比特作为输入，其编码的核心程序如下：

```
if(aclr ='1') then
        dout        <= (others =>'0');
        RegM        <= (others =>'0');
        Read_InBit_addr     <= (others =>'0');
        Write_Encode_addr   <= (others =>'0');
        dout_rd     <='0';
        data_nd_dly <='1';
        TempWbit    <= "0";
        WrenLow     <='0';
    elsif(clk'event and clk ='1') then
        data_nd_dly    <= data_nd;
        if(data_nd_dly ='0' and data_nd ='1') then
            Read_InBit_addr    <= Read_InBit_addr + 1;
            dout(1) <= InBit(0) xor RegM(1) xor RegM(0);
            dout(0) <= InBit(0) xor RegM(0);
            RegM    <= InBit(0) & RegM(1);
            dout_rd <='1';
        else
            dout_rd <='0';
        end if;
    end if;
```

（2） Viterbi 译码

译码采用软输入 Viterbi 译码算法，为便于对比调试和仿真，将接收数据保存在 RAM 中作为译码的输入，且数据与 DSP 和 MATLAB 中保存的一致，具体 RAM 核的应用参见编码部分内容。另外，将原始信息比特也保存在 RAM 中，以方便与译码输出比特进行比较。整个译码过程与前面实现是一致的，包括译码初始化、路径累积度量计算和幸存路径保存，最后译码比特输出。

整个 FPGA 开发中的常数可以定义为常量，如可以将初始化值定义为常量，这样更方便程序的编写和初始值的调整，并增强了程序的可读性。

```
constant VAL_DECODE_INIT:std_logic_vector(15 downto 0) := ("1110000000000000");
```

那么初始化赋值就可以表示为

```
sum_val_curr(0)    <= (others =>'0');
sum_val_curr(1)    <= VAL_DECODE_INIT;
sum_val_curr(2)    <= VAL_DECODE_INIT;
sum_val_curr(3)    <= VAL_DECODE_INIT;
```

译码程序主要分为两个过程，分别完成数据接收和译码。Viterbi 译码是每一时刻接收两个值进行译码处理。由状态转移的输出可知，计算路径的累积度量就是对接收值进行加或减运算，因此接收过程中还对接收值进行预处理，计算两值和与两值差，过程内利用状态机实现，其核心程序如下：

```
Recdata_proc:process(aclr,clk)
    begin
        if(aclr ='1')then
            Read_Rec_addr           <= (others =>'0');
            Write_Temp_addr         <= (others =>'0');
            TempData                <= (others =>'0');
            Rec_data_Vec0           <= (others =>'0');
            Rec_data_Vec1           <= (others =>'0');
            Sum_rec_data            <= (others =>'0');
            Sub_rec_data            <= (others =>'0');
            WrenLow                 <='0';
            conv_recdata_state      <=0;
        elsif(clk'event and clk ='1')then
            case conv_recdata_state is
                when 0 =>           --receive the first data
                    if(data_nd_dly = "01")then
                        Read_Rec_addr           <= Read_Rec_addr + 1;
                        Rec_data_Vec0           <= Rec_Data;
                        conv_recdata_state      <=1;
                    end if;
                when 1 =>
                    if(data_nd_dly = "01")then
                        Read_Rec_addr           <= Read_Rec_addr + 1;
                        Rec_data_Vec1           <= Rec_Data;
                        conv_recdata_state      <=2;
                    end if;
                when 2 =>
                    Sum_rec_data <= Rec_data_Vec0 + Rec_data_Vec1;
                    Sub_rec_data <= Rec_data_Vec0 - Rec_data_Vec1;
                    conv_recdata_state <=3;
                when 3 =>           --the receive data is ready
                    conv_recdata_state <=0;
                when others => Null;
            end case;
        end if;
    end process;
```

译码过程利用状态机来实现，主要包括以下 3 个部分：路径相关值的计算，比较后保存幸存路径，译码比特输出。

由 Viterbi 译码理论可知，路径相关值计算与卷积码的状态转移关系有关，在 MATLAB 和 DSP 实现中，各个转移关系都用表的形式进行保存，如果改变卷积码的结构，则只需要重新改变各个状态转移关系表，编译码程序就可以通用。在 FPGA 实现中，考虑程序的实现有效性，根据状态转移的关系编写各路径相关值的计算，因此这里设计的 FPGA 中如果更改卷积码的结构，就需要根据状态转移关系更改这段程序，具体程序如下：

```
cur_path_val(0)       <= sum_val_curr(0) + Sum_rec_data;
cur_path_val(1)       <= sum_val_curr(1) - Sum_rec_data;
cur_path_val(2)       <= sum_val_curr(2) - Sub_rec_data;
cur_path_val(3)       <= sum_val_curr(3) + Sub_rec_data;
cur_path_val(4)       <= sum_val_curr(0) - Sum_rec_data;
cur_path_val(5)       <= sum_val_curr(1) + Sum_rec_data;
cur_path_val(6)       <= sum_val_curr(2) + Sub_rec_data;
cur_path_val(7)       <= sum_val_curr(3) - Sub_rec_data;
```

其中，sum_val_curr 代表前一时刻的状态累积度量，Sum_rec_data 和 Sub_rec_data 是接收过程中的预处理值，这里卷积码路径状态总共有 4 个，每个路径状态有两条路径输入，因此计算了 8 个相关度量值。

比较进入每个状态的两条路径，相关值大的为幸存路径，下面给出进入状态零（即状态 00）的处理过程。

```
-- state 0
   if((cur_path_val(0)(15)xor cur_path_val(1)(15)) ='0')then
      if cur_path_val(0) > cur_path_val(1)then
         sum_val_next(0) <= cur_path_val(0);
         All_path_bit_next(0) <= All_path_bit_curr(0)(30 downto 0)& "0";
      else
         sum_val_next(0) <= cur_path_val(1);
         All_path_bit_next(0) <= All_path_bit_curr(1)(30 downto 0)& "0";
      end if;
   else
      if cur_path_val(0)(15) ='0'then
         sum_val_next(0) <= cur_path_val(0);
         All_path_bit_next(0) <= All_path_bit_curr(0)(30 downto 0)& "0";
      else
         sum_val_next(0) <= cur_path_val(1);
         All_path_bit_next(0) <= All_path_bit_curr(1)(30 downto 0)& "0";
      end if;
   end if;
```

由上可知，相关值比较过程中是经过两次才比较出大小的，这是由于路径相关值可能为负数（即是有符号数），而定义 STD_LOGIC_VECTOR 类型是无符号数比较大小，因此处理过程中先判断符号位是否一致。如果不一致，则符号位为零的大；如果一致，则再当无符号数比较大小。比较大小后保存当前状态幸存路径的累积度量值。

同时 DSP 和 MATLAB 实现中保存当前状态由前面哪个状态跳转过来，即保存幸存路径的跳转状态。但 FPGA 实现中，比特保存和移位比较方便，而且卷积译码随着延时各状态的幸存路径会合并，所以 FPGA 实现中直接保存幸存路径的信息比特，且通过移位保存。如上程序中

```
All_path_bit_next(0) <= All_path_bit_curr(1)(30 downto 0)& "0";
```

表示当前零状态的幸存路径由 1 状态转移过来，那么当前零状态幸存路径对应的信息比特由前一时刻 1 状态的信息比特和当前比特“0”组成，All_path_bit_next(0)的位宽表示译码深度，程序中设为 32，即当延时 32 个状态转移后才输出，此时所有状态的幸存路径都已基本合并，则信息比特输出时可以任意选择哪个状态幸存路径的第一比特。信息比特输出程序如下：

```
if outbit_count > 32 then
    doutbit     <= All_path_bit_curr(0)(31);
    outbit_count <= outbit_count - 1;
    Read_Bit_addr   <= Read_Bit_addr + 1;
    Com_InBit    <= In_Bit;        -- compare decode output bit to
    dout_rd      <='1';
end if;
```

由程序可见，当延时 outbit_count > 32 时，直接将第零状态的第 1 信息比特作为输出（即 All_path_bit_curr(0)(31)）。由于 FPGA 与 DSP 实现都一样，处理的任何数据都有位宽限制，如 outbit_count <= outbit_count - 1 就是防止延时计数加得过大。另外，地址 Read_Bit_addr 是读出存入 RAM 中的信息比特，可以与译码输出比特进行比较，方便程序的调试和验证。

另外，为了循环处理，累积度量值的更新和输出信息比特的更新，同时累积度量值也考虑位宽的问题，防止溢出进行修正，程序如下：

```
All_path_bit_curr(0) <= All_path_bit_next(0);
All_path_bit_curr(1) <= All_path_bit_next(1);
All_path_bit_curr(2) <= All_path_bit_next(2);
All_path_bit_curr(3) <= All_path_bit_next(3);
if(sum_val_curr(0)(15) ='0')and(sum_val_curr(0) > VAL_AVOID_FILL)then
    sum_val_curr(0)      <= sum_val_next(0) - VAL_AVOID_FILL;
    sum_val_curr(1)      <= sum_val_next(1) - VAL_AVOID_FILL;
    sum_val_curr(2)      <= sum_val_next(2) - VAL_AVOID_FILL;
    sum_val_curr(3)      <= sum_val_next(3) - VAL_AVOID_FILL;
else
    sum_val_curr(0)      <= sum_val_next(0);
    sum_val_curr(1)      <= sum_val_next(1);
    sum_val_curr(2)      <= sum_val_next(2);
    sum_val_curr(3)      <= sum_val_next(3);
end if;
```

其中 VAL_AVOID_FILL 也是定义的常量。

（3）卷积编译码的程序

```
--卷积编码程序
LIBRARY IEEE;
USE IEEE.STD_LOGIC_1164.ALL;
USE IEEE.STD_LOGIC_ARITH.ALL;
USE IEEE.STD_LOGIC_SIGNED.ALL;

ENTITY ConvEncode IS
    port(
        clk         :in   std_logic;                        --系统工作时钟信号
        aclr    :in   std_logic;                            --异步清零信号
        data_in     :in   std_logic;                        --输入1 bit 数据
        data_nd     :in   std_logic;                        --输入数据指示信号
        dout    :out std_logic_vector(1 downto 0);          --输出2 bit 数据
        dout_rd     :out std_logic                          --输出数据指示信号
    );
END ConvEncode;

ARCHITECTURE Behavioral OF ConvEncode IS
    component ram_demo IS
    PORT
    (
        address     :IN STD_LOGIC_VECTOR(7 DOWNTO 0);
        clock       :IN STD_LOGIC ;
        data        :IN STD_LOGIC_VECTOR(0 DOWNTO 0);
        wren        :IN STD_LOGIC ;
        q           :OUT STD_LOGIC_VECTOR(0 DOWNTO 0)
    );
    END component;

    signal RegM                 :std_logic_vector(1 downto 0);
    signal data_nd_dly          :std_logic;
    signal Read_InBit_addr      :std_logic_vector(7 downto 0);
    signal Write_Encode_addr    :std_logic_vector(7 downto 0);
    signal InBit                :std_logic_vector(0 downto 0);
    signal OutBitTemp:std_logic_vector(0 downto 0);
    signal TempWbit             :std_logic_vector(0 downto 0);
    signal WrenLow              :std_logic;

begin
process(aclr,clk)
    begin
        if(aclr='1')then
            dout      <=(others=>'0');
```

```
            RegM        <= (others =>'0');
            Read_InBit_addr         <= (others =>'0');
            Write_Encode_addr       <= (others =>'0');
            dout_rd <='0';
            data_nd_dly <='1';
            TempWbit <= "0";
            WrenLow <='0';
        elsif(clk'event and clk ='1')then
            data_nd_dly <= data_nd;
                if(data_nd_dly ='0'and data_nd ='1')then
                    Read_InBit_addr <= Read_InBit_addr + 1;
                        dout(1)    <= InBit(0)xor RegM(1)xor RegM(0);
                        dout(0)    <= InBit(0)xor RegM(0);
                        RegM       <= InBit(0)& RegM(1);
                        dout_rd <='1';
                    else
                        dout_rd <='0';
                    end if;
            end if;
        end process;
        Ram_InBit:ram_demo PORT MAP(
            address     => Read_InBit_addr,
            clock       => clk,
            data     => TempWbit,
            wren     => WrenLow,
            q        => InBit
            );

    END Behavioral;

    --卷积译码程序
------------------------------------------------------------------------
LIBRARY IEEE;
USE IEEE.STD_LOGIC_1164.ALL;
USE IEEE.STD_LOGIC_ARITH.ALL;
USE IEEE.STD_LOGIC_SIGNED.ALL;

ENTITY ConvDecode IS
    port(
        clk             :in   std_logic;                          --系统工作时钟信号
        aclr            :in   std_logic;                          --异步清零信号
        data_in         :in   std_logic_vector(15 downto 0);      --输入1 bit数据
        data_nd         :in   std_logic;                          --输入数据指示信号
```

```
        Rec_Data_Test     :out std_logic_vector(15 downto 0);
        Count_Test        :out std_logic_vector(7 downto 0);
        doutbit           :out std_logic;                          --译码输出比特
        Com_InBit         :out std_logic_vector(0 downto 0);       --编码输入比特
        dout_rd           :out std_logic                           --输出数据指示信号
    );
END ConvDecode;

ARCHITECTURE Behavioral OF ConvDecode IS
    component Ram_Demo16X256 IS
    PORT
    (
        address         :IN STD_LOGIC_VECTOR(7 DOWNTO 0);
        clock       :IN STD_LOGIC ;
        data        :IN STD_LOGIC_VECTOR(15 DOWNTO 0);
        wren        :IN STD_LOGIC ;
        q           :OUT STD_LOGIC_VECTOR(15 DOWNTO 0)
    );
    END component;

    component Ram_Demo1X256 IS
    PORT
    (
        address         :IN STD_LOGIC_VECTOR(7 DOWNTO 0);
        clock       :IN STD_LOGIC ;
        data        :IN STD_LOGIC_VECTOR(0 DOWNTO 0);
        wren        :IN STD_LOGIC ;
        q           :OUT STD_LOGIC_VECTOR(0 DOWNTO 0)
    );
    END component;

--constant
    constant VAL_DECODE_INIT:std_logic_vector(15 downto 0):=("1110000000000000");
    constant VAL_AVOID_FILL:std_logic_vector(15 downto 0):=("0011000000000000");
--receive data
    signal data_nd_dly              :std_logic_vector(1 downto 0);
    signal conv_recdata_state       :integer range 0 to 3;
    signal Read_Rec_addr            :std_logic_vector(7 downto 0);
    signal Write_Temp_addr          :std_logic_vector(7 downto 0);
    signal TempData                 :std_logic_vector(15 downto 0);
    signal Rec_Data                 :std_logic_vector(15 downto 0);
    signal WrenLow                  :std_logic;
    signal Rec_data_Vec0            :std_logic_vector(15 downto 0);
```

```
    signal Rec_data_Vec1              :std_logic_vector(15 downto 0);
    signal Sum_rec_data               :std_logic_vector(15 downto 0);
    signal Sub_rec_data               :std_logic_vector(15 downto 0);
--    viterbi algorithm
    signal conv_decode_state          :integer range 0 to 7;
    type Array4X16 is array(0 to 3)of std_logic_vector(15 downto 0);
    signal sum_val_curr               :Array4X16;
    signal sum_val_next               :Array4X16;
    type Array8X16 is array(0 to 7)of std_logic_vector(15 downto 0);
    signal cur_path_val               :Array8X16;
    type Array4X32 is array(0 to 3)of std_logic_vector(31 downto 0);
    signal All_path_bit_curr          :Array4X32;
    signal All_path_bit_next          :Array4X32;
--    decode output
    signal outbit_count               :integer range 0 to 255;
--compare
    signal Read_Bit_addr              :std_logic_vector(7 downto 0);
    signal TempBit                    :std_logic_vector(0 downto 0);
    signal In_Bit                     :std_logic_vector(0 downto 0);

begin
--测试线
  Rec_Data_Test   <=   Rec_Data;
  Count_Test <=   CONV_STD_LOGIC_VECTOR(outbit_count,8);

    Ram_ReData:Ram_Demo16X256 PORT MAP(
        address       =>Read_Rec_addr,
        clock    =>clk,
        data     =>TempData,
        wren     =>WrenLow,
        q        =>Rec_Data
        );

    Ram_InBit:Ram_Demo1X256 PORT MAP(
        address       =>Read_Bit_addr,
        clock    =>clk,
        data     =>TempBit,
        wren     =>WrenLow,
        q        =>In_Bit
    );

ctr_latch:process(aclr,clk)
    begin
```

```
        if( aclr ='1') then
            data_nd_dly <= "11";
        elsif( clk'event and clk ='1') then
            data_nd_dly    <=    data_nd_dly(0) & data_nd;
        end if;
    end process;

-- receive the data
Recdata_proc:process( aclr,clk)
    begin
        if( aclr ='1') then
            Read_Rec_addr       <= (others =>'0');
            Write_Temp_addr     <= (others =>'0');
            TempData            <= (others =>'0');
            Rec_data_Vec0       <= (others =>'0');
            Rec_data_Vec1       <= (others =>'0');
            Sum_rec_data        <= (others =>'0');
            Sub_rec_data <= (others =>'0');
            WrenLow             <='0';
            conv_recdata_state <=0;
        elsif( clk'event and clk ='1') then
            case conv_recdata_state is
                when 0 =>       -- receive the first data
                    if( data_nd_dly = "01") then
                        Read_Rec_addr       <=    Read_Rec_addr + 1;
                        Rec_data_Vec0       <=    Rec_Data;
                        conv_recdata_state  <=    1;
                    end if;
                when 1 =>--
                    if( data_nd_dly = "01") then
                        Read_Rec_addr       <=    Read_Rec_addr + 1;
                        Rec_data_Vec1       <=    Rec_Data;
                        conv_recdata_state  <=    2;
                    end if;
                when 2 =>
                    Sum_rec_data    <=    Rec_data_Vec0 + Rec_data_Vec1;
                    Sub_rec_data <=    Rec_data_Vec0 - Rec_data_Vec1;
                    conv_recdata_state <=    3;
                when 3 =>       -- the receive data is ready
                    conv_recdata_state <=0;
                when others => Null;
            end case;
        end if;
```

```
    end process;

viterbi_pro:process(aclr,clk)
    begin
        if(aclr ='1')then
            sum_val_curr(0)         <= (others =>'0');
            sum_val_curr(1)         <= VAL_DECODE_INIT;
            sum_val_curr(2)         <= VAL_DECODE_INIT;
            sum_val_curr(3)         <= VAL_DECODE_INIT;
            All_path_bit_curr(0) <= (others =>'0');
            All_path_bit_curr(1) <= (others =>'0');
            All_path_bit_curr(2) <= (others =>'0');
            All_path_bit_curr(3) <= (others =>'0');
            Read_Bit_addr        <= (others =>'0');
            conv_decode_state    <=0;
            doutbit                 <='0';
            outbit_count         <=0;
        elsif(clk'event and clk ='1')then
            case conv_decode_state is
                when 0 =>
                    dout_rd     <='0';
                    if(conv_recdata_state =3)then
                        conv_decode_state <=1;
                        cur_path_val(0)    <= sum_val_curr(0) + Sum_rec_data;
                        cur_path_val(1)    <= sum_val_curr(1) - Sum_rec_data;
                        cur_path_val(2)    <= sum_val_curr(2) - Sub_rec_data;
                        cur_path_val(3)    <= sum_val_curr(3) + Sub_rec_data;
                        cur_path_val(4)    <= sum_val_curr(0) - Sum_rec_data;
                        cur_path_val(5)    <= sum_val_curr(1) + Sum_rec_data;
                        cur_path_val(6)    <= sum_val_curr(2) + Sub_rec_data;
                        cur_path_val(7)    <= sum_val_curr(3) - Sub_rec_data;
                    end if;
                when 1 =>   --
                    -- state 1
                    outbit_count <= outbit_count +1;
                    conv_decode_state <=2;
                    if((cur_path_val(0)(15)xor cur_path_val(1)(15)) ='0')then
                        if cur_path_val(0) > cur_path_val(1)then
                            sum_val_next(0) <= cur_path_val(0);
                            All_path_bit_next(0) <= All_path_bit_curr(0)(30 downto 0)& "0";
                        else
                            sum_val_next(0) <= cur_path_val(1);
                            All_path_bit_next(0) <= All_path_bit_curr(1)(30 downto 0)& "0";
```

```
        end if;
else
        if cur_path_val(0)(15) ='0'then
                sum_val_next(0) <= cur_path_val(0);
                All_path_bit_next(0) <= All_path_bit_curr(0)(30 downto 0)& "0";
        else
                sum_val_next(0) <= cur_path_val(1);
                All_path_bit_next(0) <= All_path_bit_curr(1)(30 downto 0)& "0";
        end if;
end if;
-- state 2
if((cur_path_val(2)(15)xor cur_path_val(3)(15)) ='0')then
        if cur_path_val(2) > cur_path_val(3)then
                sum_val_next(1) <= cur_path_val(2);
                All_path_bit_next(1) <= All_path_bit_curr(2)(30 downto 0)& "0";
        else
                sum_val_next(1) <= cur_path_val(3);
                All_path_bit_next(1) <= All_path_bit_curr(3)(30 downto 0)& "0";
        end if;
else
        if cur_path_val(2)(15) ='0'then
                sum_val_next(1) <= cur_path_val(2);
                All_path_bit_next(1) <= All_path_bit_curr(2)(30 downto 0)& "0";
        else
                sum_val_next(1) <= cur_path_val(3);
                All_path_bit_next(1) <= All_path_bit_curr(3)(30 downto 0)& "0";
        end if;
end if;
-- state 3
if((cur_path_val(4)(15)xor cur_path_val(5)(15)) ='0')then
        if cur_path_val(4) > cur_path_val(5)then
                sum_val_next(2) <= cur_path_val(4);
                All_path_bit_next(2) <= All_path_bit_curr(0)(30 downto 0)& "1";
        else
                sum_val_next(2) <= cur_path_val(5);
                All_path_bit_next(2) <= All_path_bit_curr(1)(30 downto 0)& "1";
        end if;
else
        if cur_path_val(4)(15) ='0'then
                sum_val_next(2) <= cur_path_val(4);
                All_path_bit_next(2) <= All_path_bit_curr(0)(30 downto 0)& "1";
        else
                sum_val_next(2) <= cur_path_val(5);
```

```
                All_path_bit_next(2) <= All_path_bit_curr(1)(30 downto 0)& "1";
            end if;
        end if;
        -- state 4
        if((cur_path_val(6)(15) xor cur_path_val(7)(15)) ='0')then
            if cur_path_val(6) > cur_path_val(7)then
                sum_val_next(3) <= cur_path_val(6);
                All_path_bit_next(3) <= All_path_bit_curr(2)(30 downto 0)& "1";
            else
                sum_val_next(3) <= cur_path_val(7);
                All_path_bit_next(3) <= All_path_bit_curr(3)(30 downto 0)& "1";
            end if;
        else
            if cur_path_val(6)(15) ='0'then
                sum_val_next(3) <= cur_path_val(6);
                All_path_bit_next(3) <= All_path_bit_curr(2)(30 downto 0)& "1";
            else
                sum_val_next(3) <= cur_path_val(7);
                All_path_bit_next(3) <= All_path_bit_curr(3)(30 downto 0)& "1";
            end if;
        end if;
    when 2 =>       -- decode output
        conv_decode_state <= 0;
        if outbit_count > 32 then
            doutbit      <= All_path_bit_curr(0)(31);
            outbit_count <= outbit_count - 1;
            Read_Bit_addr     <= Read_Bit_addr + 1;
            Com_InBit    <= In_Bit;      -- compare decode output bit to
            dout_rd           <='1';
        end if;
        All_path_bit_curr(0) <= All_path_bit_next(0);
        All_path_bit_curr(1) <= All_path_bit_next(1);
        All_path_bit_curr(2) <= All_path_bit_next(2);
        All_path_bit_curr(3) <= All_path_bit_next(3);
        if(sum_val_curr(0)(15) ='0')and(sum_val_curr(0) > VAL_AVOID_FILL)then
            sum_val_curr(0)    <= sum_val_next(0) - VAL_AVOID_FILL;
            sum_val_curr(1)    <= sum_val_next(1) - VAL_AVOID_FILL;
            sum_val_curr(2)    <= sum_val_next(2) - VAL_AVOID_FILL;
            sum_val_curr(3)    <= sum_val_next(3) - VAL_AVOID_FILL;
        else
            sum_val_curr(0)    <= sum_val_next(0);
            sum_val_curr(1)    <= sum_val_next(1);
            sum_val_curr(2)    <= sum_val_next(2);
```

```
                    sum_val_curr(3)   <= sum_val_next(3);
                end if;
            when others => Null;
        end case;
    end if;
end process;
END Behavioral;
```

（4）调试与仿真

卷积编译码的 FPGA 实现是将编码和译码两个过程完全分开，所以也分开给出仿真结果，其具体仿真、调试过程以及 Quartus 的使用可以参见汉明码 FPGA 实现章节的内容。

1）卷积编码的仿真。

为了便于仿真和调试，MATLAB、DSP 和 FPGA 中输入信息比特是一致的，如图 6-35 和图 6-36 所示，分别为 MATLAB 中和 FPGA 中输入的信息比特，可见信息比特完全一样。

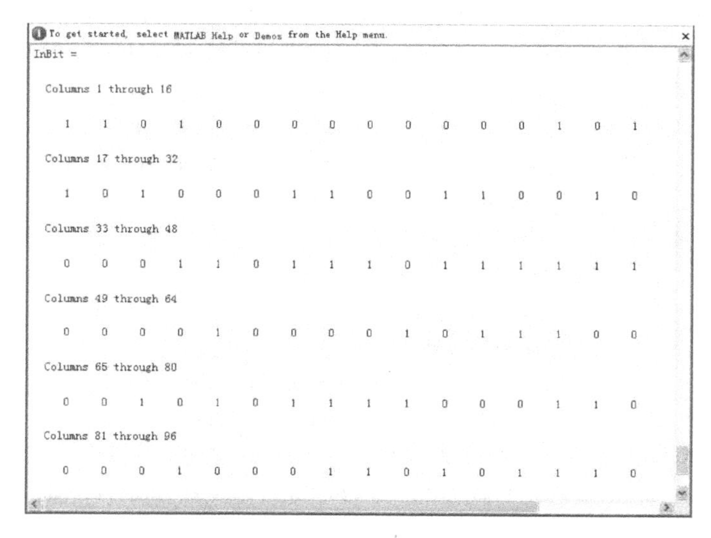

图 6-35　仿真中 MATLAB 输入信息比特

图 6-37 所示为 FPGA 编码输出的仿真图，dout_rd 指示完成编码输出。图 6-38 所示为 DSP 中编好码的输出结果，输出编码比特为｛11 01 01 00 10 11 00…｝，可见 FPGA 编码输出与 DSP 中编码比特完全一样，验证了 FPGA 中卷积编码的正确性。

2）卷积译码的仿真。

FPGA 中卷积译码的输入数据也保存在 RAM 中，当检测到输入数据指示信号 data_nd 的上升沿时，从 RAM 中读取一个数据。图 6-39 所示为 DSP 中卷积译码的输入数据，为了验证 FPGA 中处理的输入数据与 DSP 中的一致，在每一次读取 RAM 中数据时，仿真中加一个测试输出 Rec_Data_Test，测试输出直接与 RAM 的输出相连，参见上程序可知（Rec_Data_Test <= Rec_Data;），如图 6-40 所示，

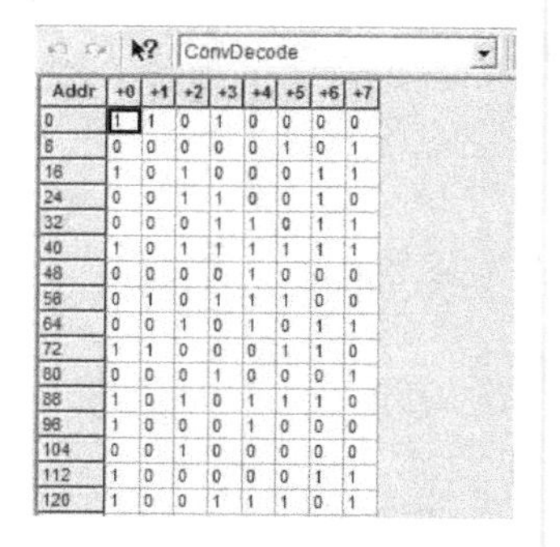

Addr	+0	+1	+2	+3	+4	+5	+6	+7
0	1	1	0	1	0	0	0	0
8	0	0	0	0	0	1	0	1
16	1	0	1	0	0	0	1	1
24	0	0	1	1	0	0	1	0
32	0	0	0	1	1	0	1	1
40	1	0	1	1	1	1	1	1
48	0	0	0	0	1	0	0	0
56	0	1	0	1	1	1	0	0
64	0	0	1	0	1	0	1	1
72	1	1	0	0	0	1	1	0
80	0	0	0	1	0	0	0	1
88	1	0	1	0	1	1	1	0
96	1	0	0	0	1	0	0	0
104	0	0	1	0	0	0	0	0
112	1	0	0	0	0	0	1	1
120	1	0	0	1	1	1	0	1

图 6-36　FPGA 中初始化文件的信息比特

仿真可以显示 FPGA 中译码的输入数据也为{ -190, -218,50, -80,62, -194,176,50,…},可见 DSP 中和 FPGA 中译码输入的数据完全一样。

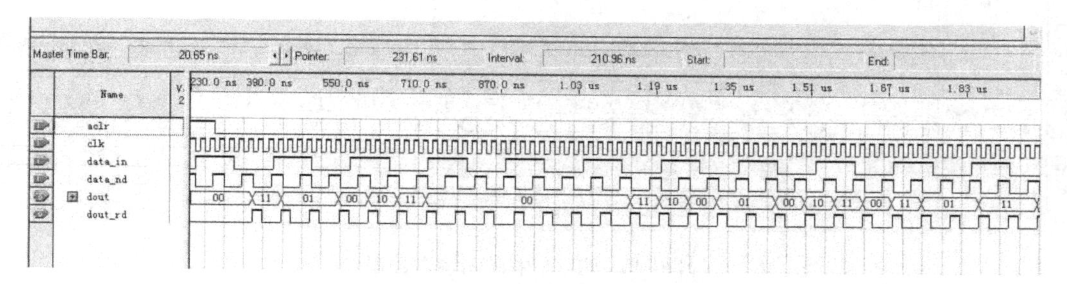

图 6-37　FPGA 中完成编码比特

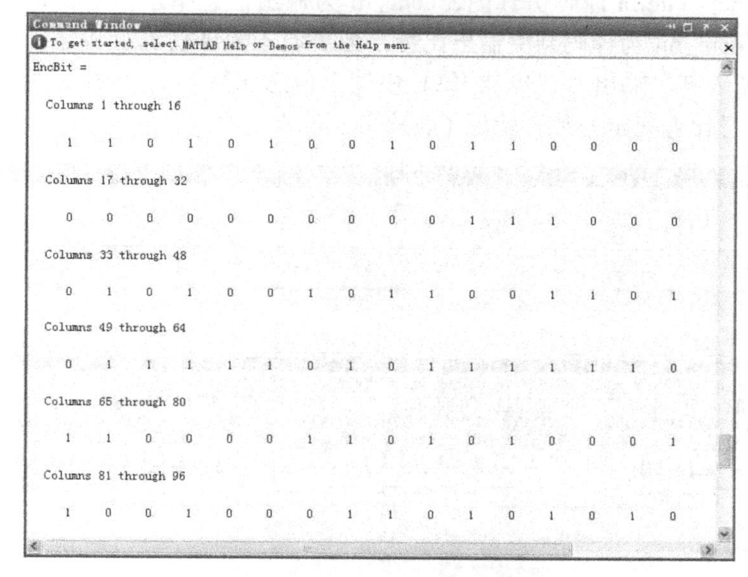

图 6-38　完成编码输出比特

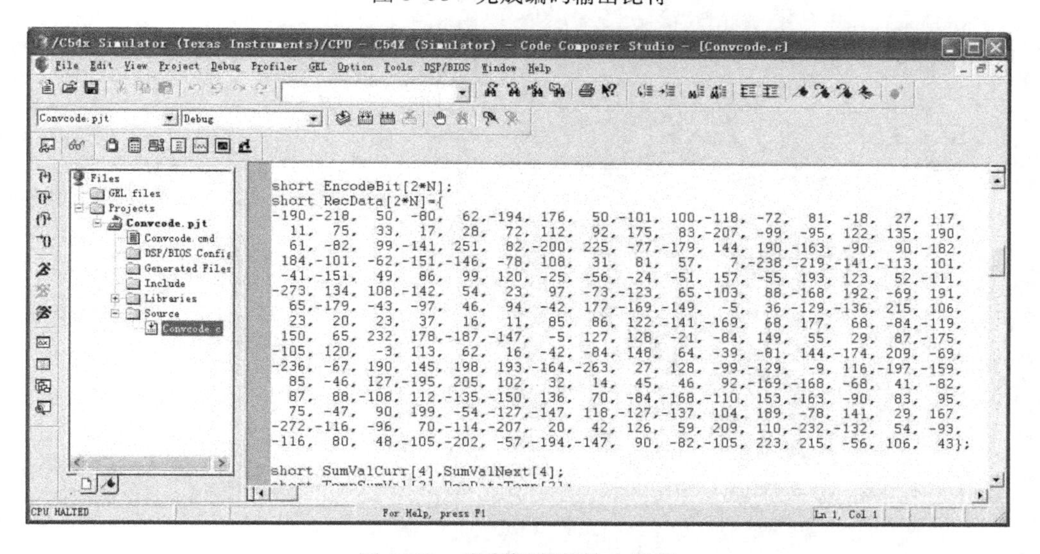

图 6-39　卷积译码的输入数据

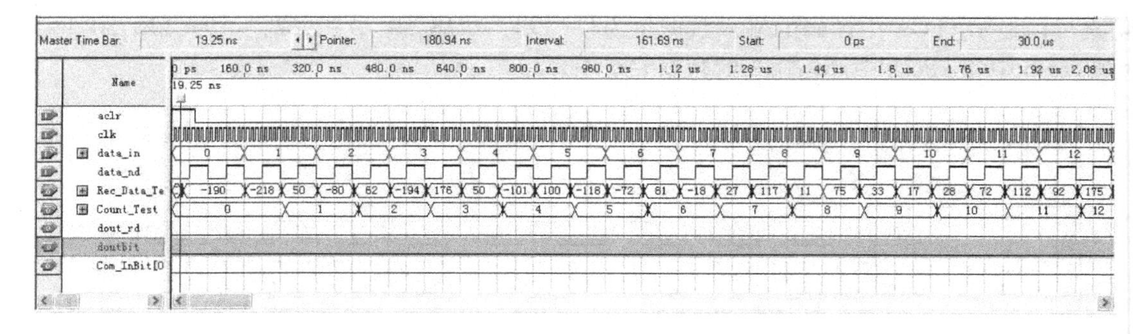

图 6-40　FPGA 中译码输入数据

图 6-41 给出了 Viterbi 译码仿真图，dout_rd 为输出信息指示信号，每一个上升沿表示译码判决输出，dout_bit 为译码判决输出比特，为了便于验证仿真，将输入信息比特也存入 RAM 中，并在译码判决输出时，也从 RAM 中读出信息比特 Com_InBit，可见判决译码输出的比特与输入信息比特完全一致，验证了程序的正确性。

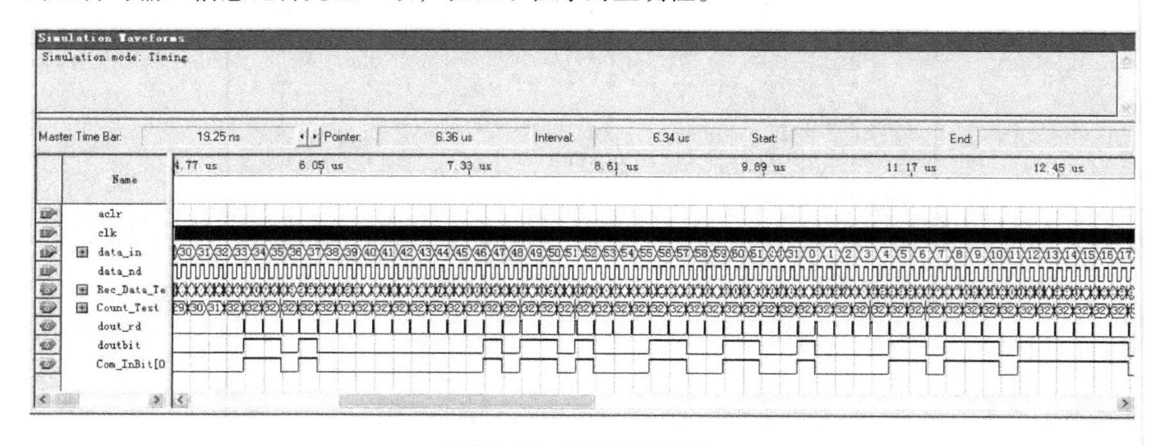

图 6-41　卷积译码仿真

第 7 章　数字调制解调

第 5 章所讲的数字信号的基带传输主要用于低速、近距离时的数据传输。本章所讲的数字载波调制是用基带数字信号控制高频载波，把基带数字信号变换为频带数字信号的过程。把频带信号还原为基带数字信号的反变换过程称为数字解调。为了称呼方便，通常把数字调制及解调合起来统称为数字调制。数字调制的主要目的是为了让发送信号的特性和信道的特性相匹配，一般传输信道的频率特性总是有限的，即有上、下限频率，超过此界限就不能进行有效的传输。如果数字信号流的频率特性与传输信道的频率特性很不相同，那么信号中的很多能量就会失去，信噪比就会降低，使误码增加，而且还会给邻近信道带来很强的干扰。因此，在传输前要对数字信号进行某种处理，减少数字信号中的低频分量和高频分量，使能量向中频集中，或者通过某种调制过程进行频谱的搬移。这两种处理就需要通过调制来完成，目的主要是使信号的频谱特性与信道的频谱特性相匹配。

7.1　数字调制的分类

根据基带数字信号对载波参数控制的不同，可以将数字载波调制分为 3 种基本的调制方式：幅度键控、频移键控和相移键控，它们分别对应于用载波的幅度、频率和相位来传递数字基带信号。这 3 种方式是数字调制的基础，以此为基础，发展起来了许多频带利用率更高、抗干扰性能更强的调制技术，如 QAM、MSK、GMSK、OFDM 等。本书主要讲解 BPSK、QPSK 及 QAM 调试方式的 MATLAB、DSP 和 FPGA 实现。

7.2　BPSK 调制的实现

7.2.1　BPSK 调制的基本原理

BPSK 调制是指二进制数字调相，利用二进制数字基带信号控制载波的相位，进行频谱变换的过程，发送端要产生相位随数字基带信号变化的载波信号，接收端则把不同相位的载波还原为数字信号 1 或 0。

根据载波相位表示数字信息的方式不同，数字调相分为绝对相移（PSK）和相对相移（DPSK）两类。以未调载波的相位作为基准的相位调制叫作绝对相移。利用前后相邻码元的载波相对相位变化传递二进制数字信号的调制方式称为相对相移。以二进制调相为例，取码元为“1”时，调制后载波与未调载波同相；取码元为“0”时，调制后载波与未调载波反相；“1”和“0”时调制后载波相位差 180°。

由于 BPSK 信号实际上是以一个固定初相的未调载波为参考的，因此解调时必须有与此同频同相的同步载波。如果同步载波的相位发生变化，如 0 相位变为 π 相位或 π 相位变为 0 相位，则恢复的数字信息就会发生“0”变“1”或“1”变“0”，从而造成错误的恢复。这种因为本地参考载波倒相，而在接收端发生错误恢复的现象称为“倒 π”现象或“反向工作”现象。绝对相移的主要缺点是容易产生相位模糊，造成反向工作。这也是它实际应用较少的主要原因。

7.2.2 BPSK 调制的 MATLAB 实现

BPSK 调制的 MATLAB 实现也与数字基带信号传输的 MATLAB 实现差不多，主要多了一个载波的过程。其主要的参数如下：信号速率为 1000 Baud/s，载波频率为 4000 Hz，采样频率为16 000 Hz。其他参数保持不变，BPSK 的 MATLAB 程序如下：

```
clear;clc;
NSym = 10;
x = randint(1,NSym);
xDualPole = 2 * x - 1;
fb = 1000;                          %符号速率
fc = 4000;                          %载波频率
fs = 16000;                         %采样频率
OverSamp = fs/fb;                   %过采样率 = 8
Delay = 5;                          %单位为调制符号
alpha = 0.25;                       %滚降系统; B = 1000/2 × (1 + 0.25) = 750 Hz
h_sqrt = rcosine(1,OverSamp,'fir/sqrt',alpha,Delay);
SendSignal_OverSample = kron(xDualPole,[1 zeros(1,OverSamp - 1)]);      %发送符号过采样
SendShaped = conv(SendSignal_OverSample,h_sqrt);
figure;
  subplot(2,1,1);plot(SendShaped); title('脉冲成型后的时域波形')
  subplot(2,1,2);plot(abs(fft(SendShaped)));title('脉冲成型后的频域波形')
%%%%%%%%%%%%调制后的波形%%%%%%%%%%%%
N = 0:length(SendShaped) - 1;
CarrierWave = sin(2 * pi * fc * N/fs);
ModemWave = SendShaped. * CarrierWave;
figure;
subplot(2,1,1);plot(ModemWave); title('调制后的时域波形')
subplot(2,1,2);plot(abs(fft(ModemWave)));title('调制后的频域波形')
%%%%%%%%%%%%解调后的波形%%%%%%%%%%%%
  DemodWave = ModemWave. * CarrierWave;
  figure;
subplot(2,1,1);plot(DemodWave); title('解调后的时域波形')
subplot(2,1,2);plot(abs(fft(DemodWave)));title('解调后的频域波形')
```

```
%%%%%%%%%%%%匹配滤波%%%%%%%%%%%%
RcvMatched = conv(DemodWave,conj(h_sqrt)); %h_sqrt is real, conj isn't necessary.
figure;
  subplot(2,1,1);plot(RcvMatched);title('匹配接收后的时域波形')
  subplot(2,1,2);plot(abs(fft(RcvMatched)));title('匹配接收后的频域波形')
%%%%%%%%%%%%符号抽样%%%%%%%%%%%%
SynPosi = Delay * OverSamp * 2;
SymPosi = SynPosi + (0:OverSamp:(NSym - 1) * OverSamp);
RcvSignal = RcvMatched(SymPosi);
%%%%%%%%%%%%判决%%%%%%%%%%%%
for i = 1:NSym
    if(RcvSignal(i) >0)
        RcvBit(i) =1;
    else
        RcvBit(i) = -1;
    end
end
figure;
subplot(2,1,1);stem(xDualPole);title('发送的信号波形')
subplot(2,1,2);stem(RcvBit);title('接收的信号波形')
```

在上面的程序中，需要指出的是低通滤波器的设计，要根据信号的带宽、载波的频率及采样信号的频率三者一起来决定滤波器的阶数以及归一化的截止频率。

程序运行后的结果如图 7-1 ~ 图 7-5 所示。在图 7-1 中可以看出信号在不同阶段时域和频域的波形。

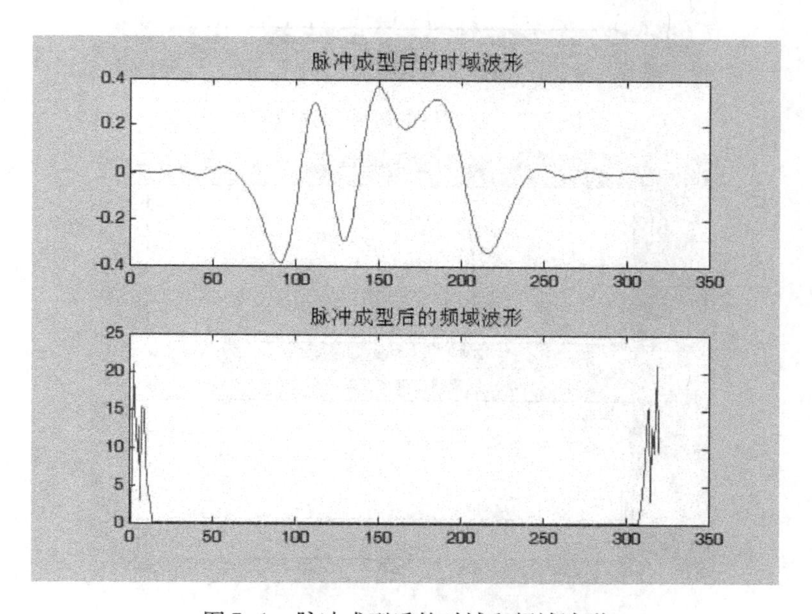

图 7-1　脉冲成型后的时域和频域波形

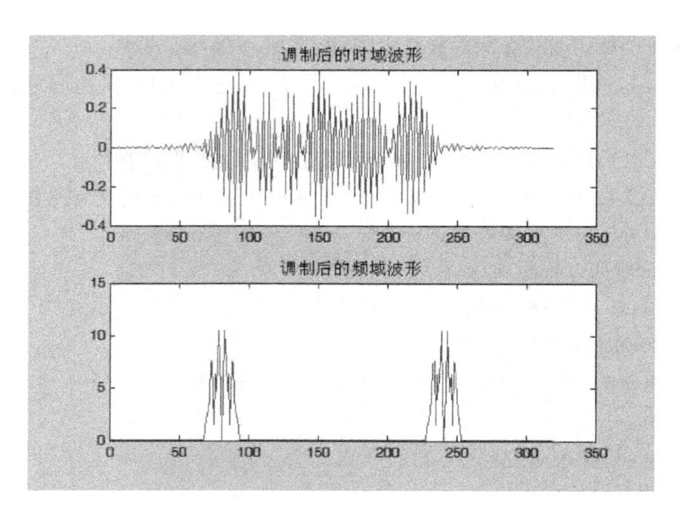

图 7-2　调制后的时域和频域波形

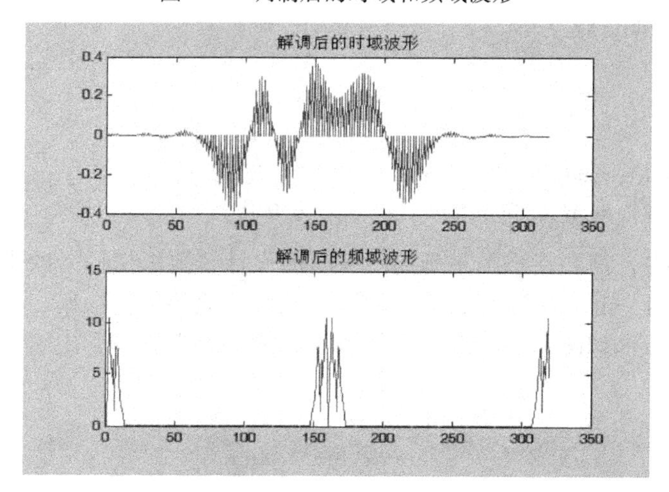

图 7-3　解调后的时域和频域波形

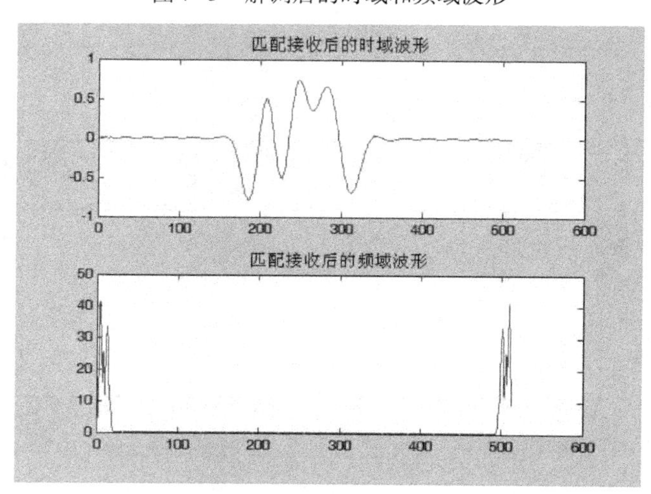

图 7-4　匹配滤波后的时域和频域波形

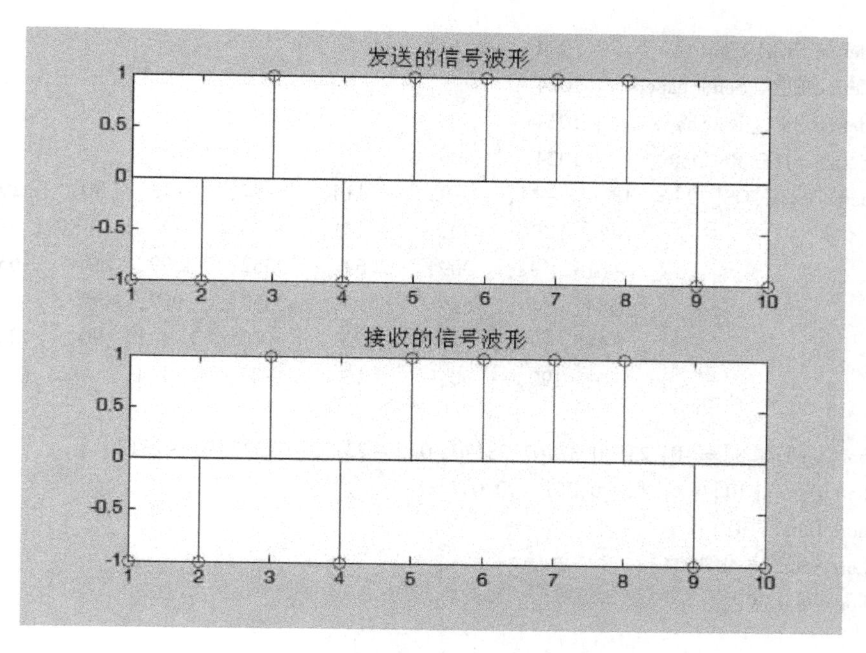

图 7-5 发送和接收的信号波形

7.2.3 BPSK 调制的 DSP 实现

BPSK 的 DSP 实现和 MATLAB 实现最大的区别还是在于 DSP 是定点的，而 MATLAB 是浮点的。可以将 BPSK 的 DSP 实现分为码型变换、过采样、脉冲成型、调制、解调、低通滤波、匹配滤波、符号抽样，判决 9 个部分。为了规范起见，DSP 的实现采用主文件 main 和应用程序文件相结合的方式，其中 main 文件主要用来调用初始化程序和应用程序，而具体的初始化以及操作在应用程序中完成。main 文件的框架如下：

```
extern void app_ini(void);
extern void myApp(void);
main()
{
    app_ini();

    do
    {
        myApp();
    }while(1);
}
```

具体的 DSP 程序如下：

```
#define NSym            10
#define OverSamp        8
#define LenFilter       48
```

```
#define SIZE_Send            1024
#define SIZE_SendShape       1024
#define SIZE_RcvShape        1024
#define SIZE_RcvMatch        1024
short Coe_RCOS[49] = {18,   -44,   -95,   -114,   -87,   -13,   90,    190,
                     246,  220,   90,    -141,   -435,  -721,  -909,  -900,
                     -615, -9,    909,   2069,   3352,  4599,  5645,  6340,
                     6584, 6340,  5645,  4599,   3352,  2069,  909,   -9,
                     -615, -900,  -909,  -721,   -435,  -141,  90,    220,
                     246,  190,   90,    -13,    -87,   -114,  -95,   -44,   18};

short SinTab[8] = {0, 23170,32767,23170, 0 , -23170, -32767, -23170};
short DataIn[10] = {1,1,0,0,0,1,1,0,0,1 };
short DataIn_RP;
short SendSignal[1024];
short Send_WP;

short SendShape[1024];
short SendShape_WP,SendShape_RP;

short ModemWave[1024];
short ModemWave_WP,ModemWave_RP;

short DemodemWave[1024];
short DemodemWave_WP,DemodemWave_RP;

short LowFilterWave[1024];
short LowFilter_WP,LowFilter_RP;



short RcvShape[1024];
short RcvShape_WP,RcvShape_RP;

short RcvMatch [1024];
short RcvMatch_WP,RcvMatch_RP;

short rData[64];
short rData_WP;
short BER_Cntr;

void app_ini(void);
void myApp(void);
```

```
void app_ini(void)
{
    short i;
                                                    // 初始化
    DataIn_RP = 0;
    rData_WP = 0;

    for(i = 0;i < 1024;i ++ )
    {
        SendSignal[i] = 0;
        SendShape[i] = 0;
        RcvShape[i] = 0;
        ModemWave[i] = 0;
        DemodemWave[i] = 0;
        LowFilterWave[i] = 0;
        RcvMatch[i] = 0;
    }
    SendShape_WP = 0;
    SendShape_RP = 0;
    RcvShape_WP = 0;
    RcvShape_RP = 0;
    RcvMatch_WP = 0;
    RcvMatch_RP = 0;
}

void myApp(void)
{
    short m,n;
    short RPtr;
    long Sum;
short Temp;

Send_WP = LenFilter;
for (m = 0;m < NSym;m ++ )
{
    if          (DataIn[m] == 1)
    {
            SendSignal[Send_WP] = 1;
    }
    else
    {
            SendSignal[Send_WP] = -1;
    }
```

```
        Send_WP + = OverSamp;
    }

    for ( m = LenFilter; m < NSym * OverSamp + LenFilter + 49; m ++ )
    {
        RPtr = m - LenFilter;
        Sum = 0;
        for ( n = 0; n < 49; n ++ )
        {
            Sum = Sum +  SendSignal [ RPtr + n ] * Coe_RCOS[ n ];
        }
        SendShape[ m ] = Sum  >> 0;
    }

    for( m = 0; m < NSym * OverSamp + LenFilter + 49; m ++ )
        {
            ModemWave[ m ] = ( SendShape[ m ]  *  SinTab[ m&7 ] ) >> 14;
        }

    for( m = 0; m < NSym * OverSamp + LenFilter + 49; m ++ )
        {
            DemodemWave[ m ] = ( ModemWave[ m ]  *  SinTab[ m&7 ] ) >> 14;
        }

                                                    // 收匹配
        for ( m = 0; m < ( NSym * 8 + 49 ) ; m ++ )
        {
            Sum  = 0;
            for ( n = 0; n < 49; n ++ )
            {
                Sum = Sum  + ( ( ( long)  DemodemWave [ m + n ] * ( long) Coe_RCOS[ n ] ) >> 3 ) ;
            }
            RcvMatch [ m ] = Sum  >> 15;
        }
                                                    // 符号抽样判决
        RPtr = 48;
        for ( m = 0; m < NSym; m ++ )
        {
            Temp = RcvMatch [ RPtr ] ;

            if( Temp > 0 )
            {
```

```
                rData[rData_WP ++ ] =1;
            }
    else
    {
                rData[rData_WP ++ ] =0;
            }
        RPtr + = OverSamp;
    }

                                        // 误码率
    BER_Cntr =0;
    for (m =0;m < NSym;m ++ )
    {
        if (DataIn[m]!  =rData[m])
            BER_Cntr ++ ;
    }
}
```

编写好上面的程序之后，还需要做如下的准备工作：首先要新建一个工程，把编辑好的程序加入到工程中去，然后新建一个 cmd 文件并添加到工程中去，再进行编译链接，加载 . out 文件，最后运行程序。

程序运行后，可以得到调制后的时域波形如图 7-6 所示。

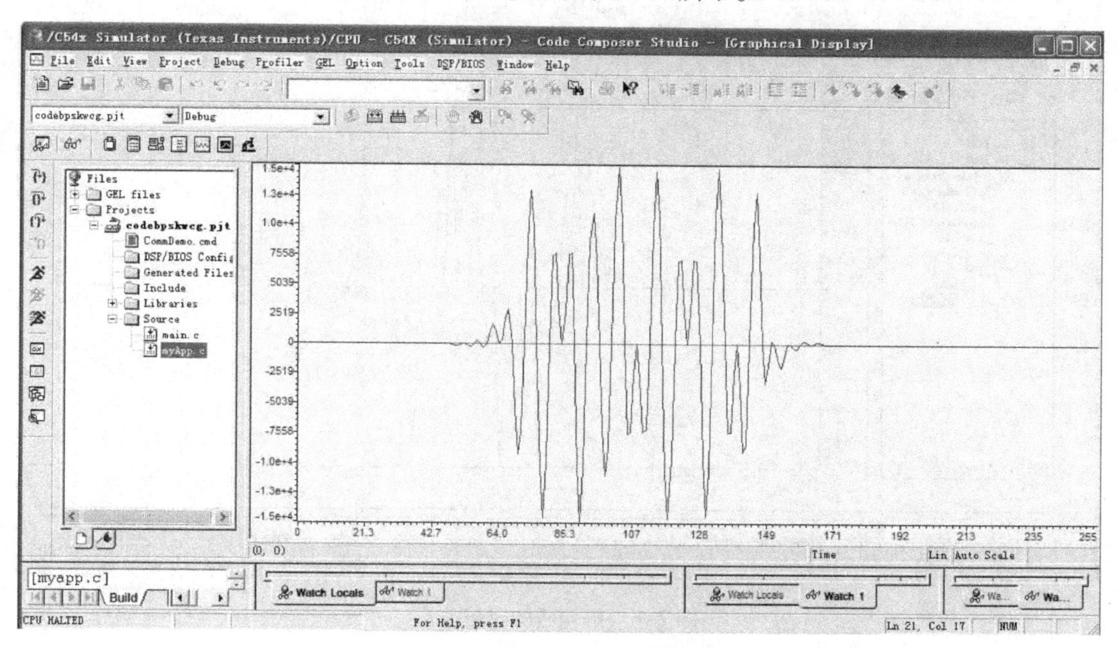

图 7-6　调制后的时域波形

调制后的频域波形如图 7-7 所示。

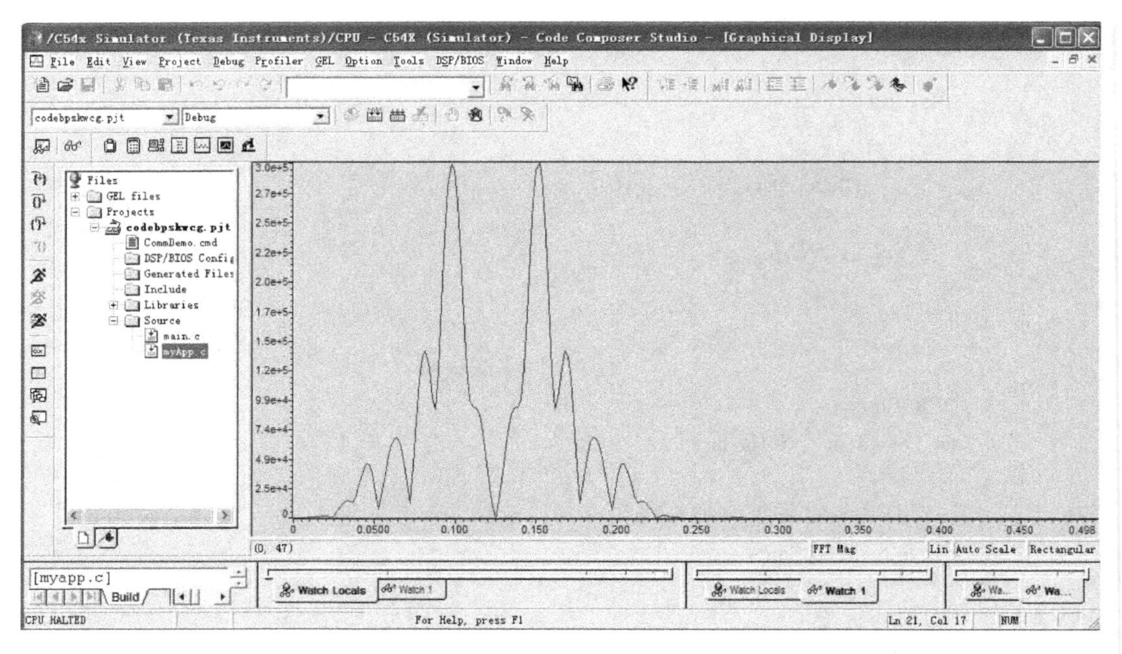

图 7-7　调制后的频域波形

解调后的时域波形如图 7-8 所示。

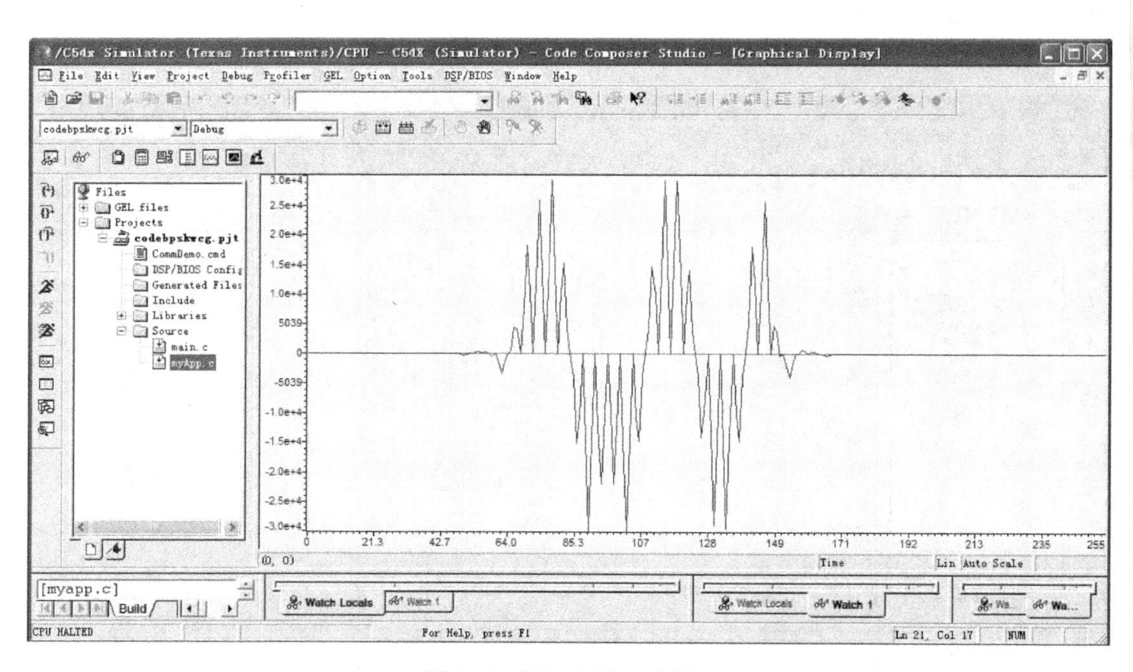

图 7-8　解调后的时域波形

解调后的频域波形如图 7-9 所示。

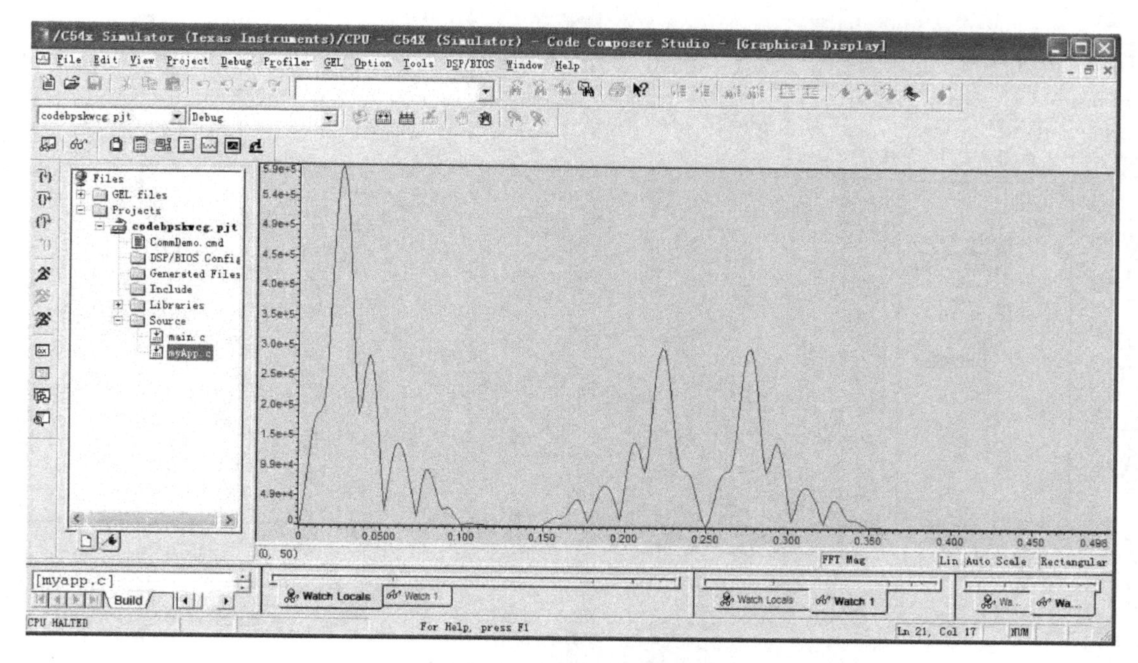

图 7-9　解调后的频域波形

匹配滤波后的时域波形如图 7-10 所示。

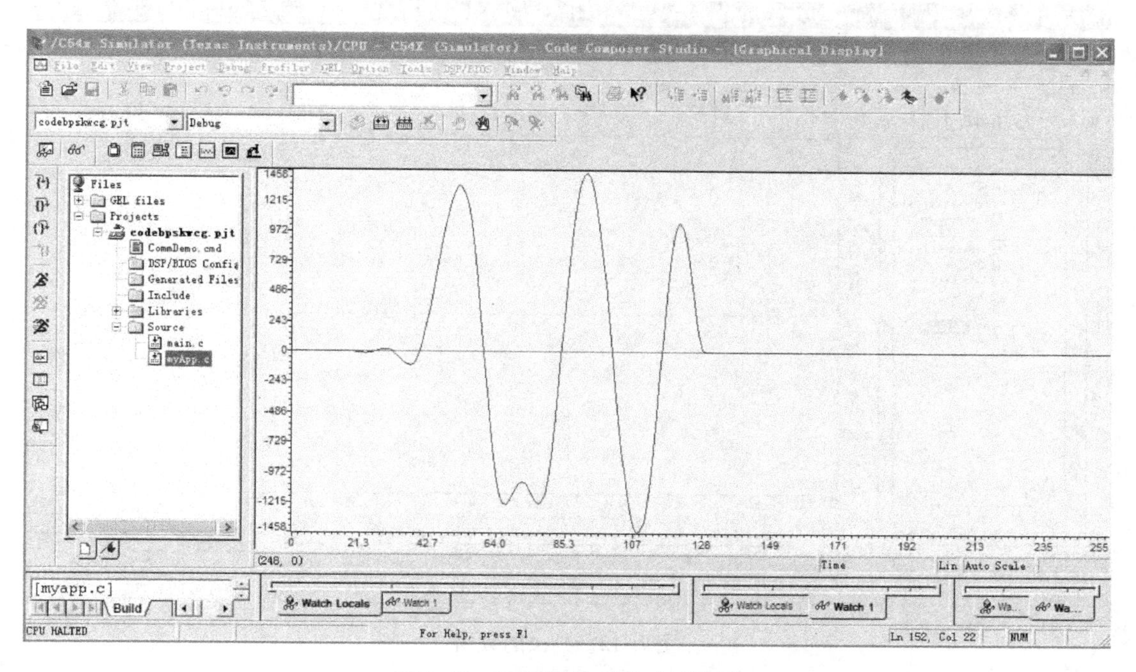

图 7-10　匹配滤波后的时域波形

匹配滤波后的频域波形如图 7-11 所示。

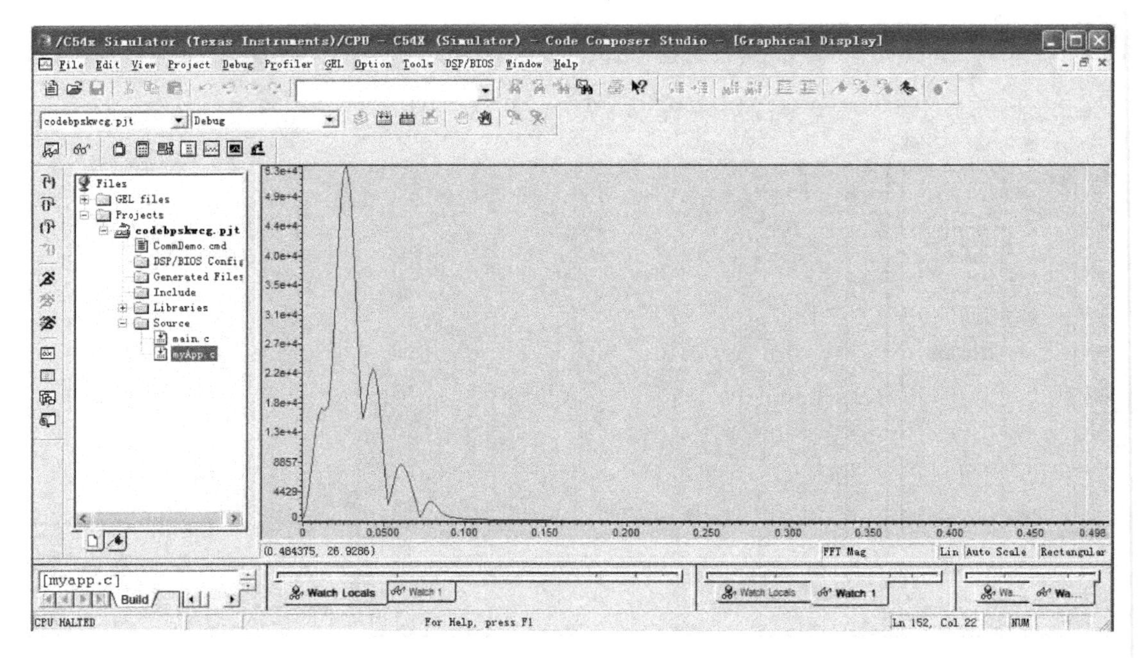

图 7-11　匹配滤波后的频域波形

最后判决的数据如图 7-12 所示。

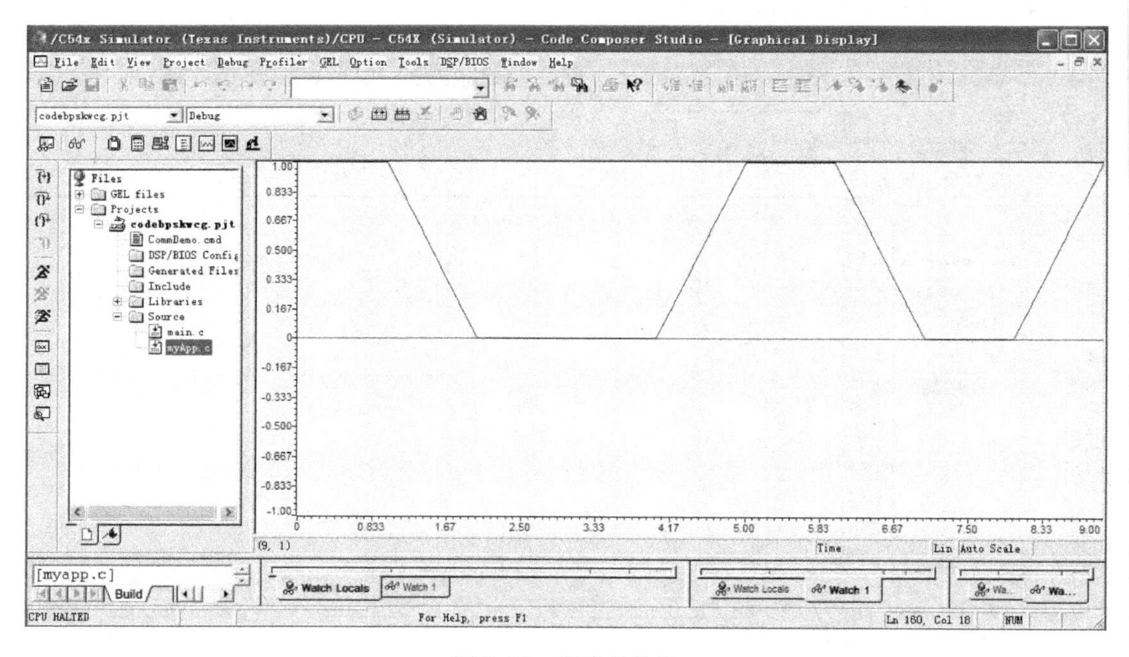

图 7-12　判决的数据

通过比较，可以发现发送的数据和判决的数据完全一致。

7.2.4 BPSK 调制的 FPGA 实现

BPSK 调制的 FPGA 实现方法和基带信号传输的 FPGA 实现方法基本相同（可以参考前面的程序），只是多了调制和解调两个部分。所以，BPSK 调制包括的模块有顶层模块、码型转换、过采样插零、发送滤波器、调制、解调、接收滤波器、抽样和判决等。

其中，顶层模块的输入是 1 bit 的输入数据，同时有新数据指示信号 din_ nd、时钟 clk 及复位信号 aclr；输出是 1 bit 的输出数据，同时伴有新数据输出指示信号。

顶层模块实体的输入/输出定义如下：

```
ENTITY BpskTran_Rec IS
    PORT (
        clk:                        IN STD_LOGIC;
        rst:                        IN STD_LOGIC;
        data_in:                    IN STD_LOGIC;
        din_nd:                     IN STD_LOGIC;
        t_code_convert_dout         :out std_logic_vector(1 downto 0);
        t_code_convert_dout_rd      :out std_logic;
        t_insertzero_dout           :out std_logic_vector(1 downto 0);
        t_insertzero_dout_rd        :out std_Logic;
        t_pulsewave_dout            :out std_logic_vector(31 downto 0);
        t_pulsewave_dout_rd         :out std_logic;
        t_ModemWave                 :out std_logic_vector(31 downto 0);
        t_ModemWave_rd              :out std_logic;
        t_DemodemWave_dout          :out std_logic_vector(31 downto 0);
        t_DemodemWave_dout_rd       :out std_logic;
        t_matchfilter               :out std_logic_vector(31 downto 0);
        t_matchfilter_rd            :out std_logic;
        dout                        :OUT STD_LOGIC;
        dout_rd                     :OUT STD_LOGIC
    );
END BpskTran_Rec;
```

其中带 t 的输出信号主要是为了便于在仿真时查看中间信号。

除了调制和解调模块，其余模块在基带信号传输的 FPGA 中都可以找到，因此这里就不再重复了，仅给出调制模块和解调模块的实现程序。因为调制和解调程序只是输入的数据有些不同，其实核心程序是一样的，因此仅给出调制模块的程序就可以。具体的 FPGA 程序如下：

```
library ieee;
use ieee.std_logic_1164.all;
use ieee.std_logic_arith.all;
use ieee.std_logic_signed.all;
```

```
entity ModulateWave IS
    port(
        rst     :  instd_logic;
        clk     :  in std_logic;
        xin     :  in std_logic_vector(31 downto 0);
        xin_nd  :  in std_logic;
        yout    :  out std_logic_vector(31 downto 0);
        yout_rd :  out std_logic);
end ModulateWave;

architecture part of ModulateWave is

type        matrix_index is array(0 to 7) of integer;
constant SinWave
:matrix_index:=(0,127,0,-128,0,127,0,-128);
signal      ModeWaveInt                              :integer;
signal      count                                    :integer;
signalx     in_nd_dly                                :std_logic;
--signal    state                                    :integer range 0 to 2;

begin
    modemwave_process:
    process(rst,clk)
    begin
        if rst='1'then
            count<=0;
            ModeWaveInt<=0;
        elsif rising_edge(clk)then
            xin_nd_dly<=xin_nd;
                if(xin_nd='1'and xin_nd_dly='0') then
                    ModeWaveInt<=SinWave(count) * conv_integer(xin);
                    yout_rd<='1';
                    count<=count+1;
                else
                    yout_rd<='0';
                end if;

        end if;
    end process;
    yout<=conv_std_logic_vector(ModeWaveInt,32);
end part;
```

在完成上述模块的编写之后，就可以参考前面 Quartus 的应用进行程序的编译了，编译成功之后，准备进行功能仿真，功能仿真之前需要编写波形仿真文件。在设置波形文件时，需要注意设置系统时钟 clk 的周期为 1 MHz、输入数据 data_in 的宽度为 1 ms、din_nd 的周期为 1000 Hz、载波的频率为 2000 Hz，采样频率为 8000 Hz。最后的仿真图形如图 7-13所示。

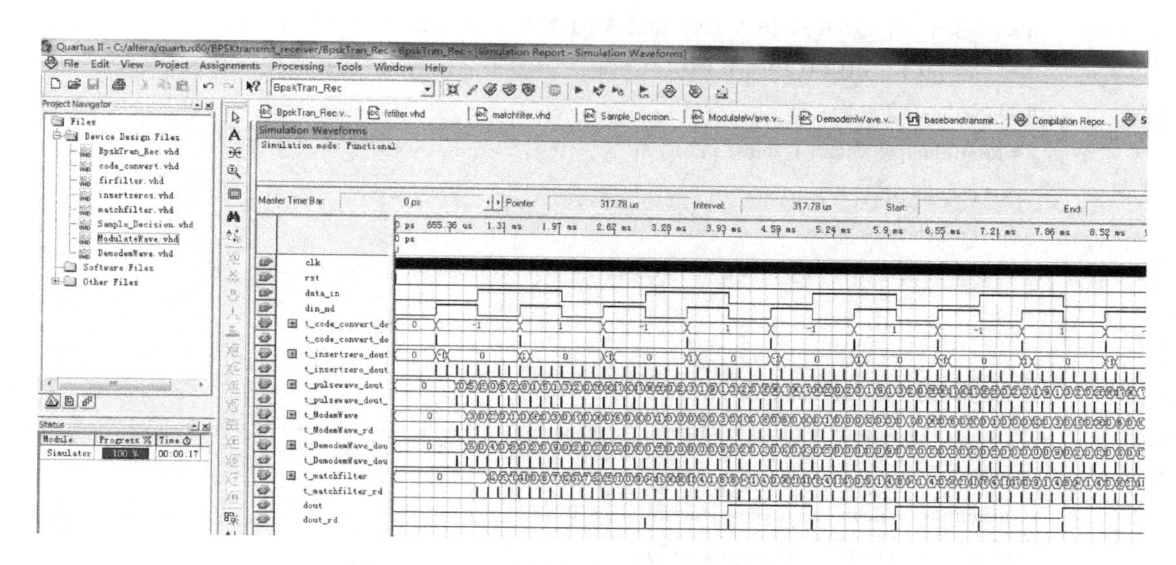

图 7-13　BPSK 调制解调的 VHDL 功能仿真图

局部放大后的数据如图 7-14 所示。

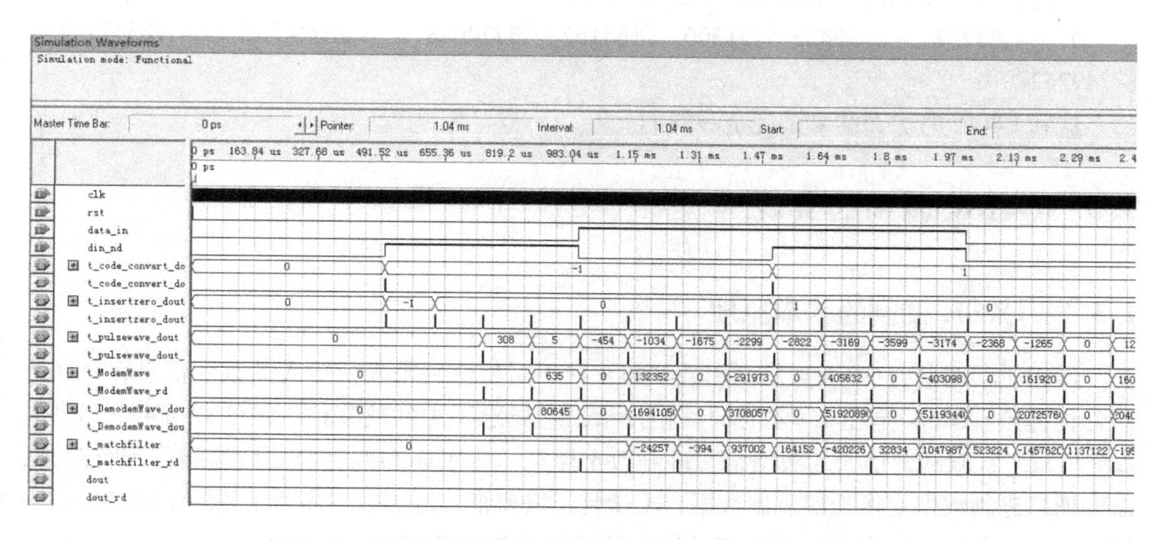

图 7-14　BPSK 调制解调 VHDL 实现的功能仿真局部放大图

也可以按照上面的仿真数据编写一个 MATLAB 程序，具体的程序如下：

```
clc;clear;
fc =2000;
```

```
fs = 8000;
fb = 1000;
n = 0:7;
carrywave = fix(sin(2 * pi * fc/fs * n) * 128);
carrywave = [0 127 0  -128 0 127 0  -128];
h = [ -308  -5 454 1034 1675 2299 2822 3169 3291 3169 2822 2299 1675 1034 454   -5  -308];
data_in = [0 1 0 1 0 1 0 1 0 1 0 1 0 1]
dualpoledata = 2 * data_in - 1;
x = kron(dualpoledata, [1 zeros(1,7)]);
  y = conv(x, h);
  for i = 1:length(y)/8
    modemwave(8 * (i - 1) + 1:8 * i) = y(8 * (i - 1) + 1:8 * i). * carrywave;
  end

  for i = 1:length(modemwave)/8
    demodemwave(8 * (i - 1) + 1:8 * i) = modemwave(8 * (i - 1) + 1:8 * i). * carrywave;
  end
  matchfilter = floor(conv(demodemwave, h)/1024);
desiondata = matchfilter(17:8:end - 17);
outputdata = (sign(desiondata) + 1)/2;
```

运行后可以得到匹配滤波器的输出 matchfilter 为

0　-24257　-394　5131306　164152　3774078　-16744382　-28312141　-74974248…

这和 FPGA 的仿真结果是完全一样的。

7.3　QPSK 调制的实现

7.3.1　QPSK 调制的基本原理

四相相移调制（QPSK）是利用载波的 4 种不同相位差来表征输入的数字信息，是四进制移相键控。QPSK 是在 $M=4$ 时的调相技术，它规定了 4 种载波相位，分别为 45°、135°、225°、315°，调制器输入的数据是二进制数字序列。为了能和四进制的载波相位配合起来，需要把二进制数据变换为四进制数据，也就是说需要把二进制数字序列中每两个比特分成一组，共有 4 种组合，即 00、01、10、11，其中每一组称为双比特码元。每一个双比特码元由两位二进制信息比特组成，它们分别代表四进制 4 个符号中的一个符号。QPSK 中每次调制可传输两个信息比特，这些信息比特是通过载波的 4 种相位来传递的。解调器根据星座图及接收到的载波信号的相位来判断发送端发送的信息比特。

QPSK 的调制和解调框图如图 7-15 和图 7-16 所示。

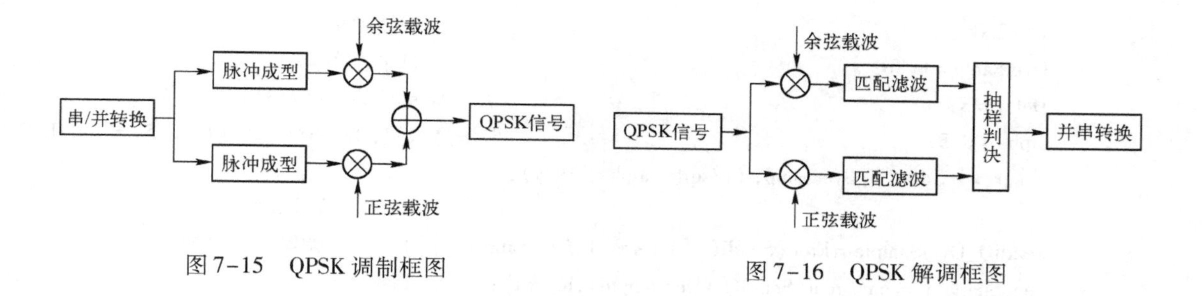

图 7-15　QPSK 调制框图　　　图 7-16　QPSK 解调框图

7.3.2　QPSK 调制的 MATLAB 实现

QPSK 的 MATLAB 实现包括发送数据、QPSK 比特映射、成型滤波、载波调制、载波解调、收成形匹配、IQ 抽样判决、接收比特数据恢复 8 个模块。主要的 MATLAB 程序如下：

```
clc;
clear all;
%%%%%%%%
%                                        比特数据产生
% ---------------------------------------------------------------
NBits = 32;
% DataIn = round(rand(1,NBits));
DataIn = [1,1,1,0,0,1,1,1,0,0,1,1,0,1,1,1,0,1,1,0,1,1,0,0,0,1,1,1,0,1,1,0];  % 调试时用固定序列
%%%%%%%%%%%%%%%%%%%%%%%%%%%%%%%%%%%%%%%%%%%%%%%%%%%%%%%%%%%%%%%%%%%%%%%%%%%%%%%%%%%%%%%%%%%
%                                        串并变换
% ---------------------------------------------------------------
% 串并变换
NSym = NBits/2;
sData = DataIn(1:2:end) * 2 + DataIn(2:2:end);
%%%%%%%%%%%%%%%%%%%%%%%%%%%%%%%%%%%%%%%%%%%%%%%%%%%%%%%%%%%%%%%%%%%%%%%%%%%%%%%%%%%%%%%%%%%
%                                        星座映射与相位调制
% ---------------------------------------------------------------
                                         % 星座映射
PhaseTab = exp(j * [0 1 3 2]/4 * 2 * pi);  % 格雷映射相位表
SendIQ = PhaseTab(sData + 1);              % 相位调制

%%%%%%%%%%%%%%%%%%%%%%%%%%%%%%%%%%%%%%%%%%%%%%%%%%%%%%%%%%%%%%%%%%%%%%%%%%%%%%%%%%%%%%%%%%%
%                                        调制符号滤波
% ---------------------------------------------------------------
                                         % 1)滤波器设计
fb = 1000;                               % 符号速率
fs = 8000;                               % 采样频率
```

```
fc = 2000;                                                  % 载波频率
OverSamp = fs/fb;                                           % 过采样率 = 8
Delay = 3;                                                  % 单位为调制符号
alpha = 0.5;                                        % 滚降系统; B = 1000/2 * (1 + 0.5) = 750 Hz
h_sqrt = rcosine(1,OverSamp,'fir/sqrt',alpha,Delay);
                                                            % 2)调制符号成型
SendIQ_OverSample = kron(SendIQ,[1 zeros(1,OverSamp - 1)]);      % 调制符号过抽样
SendShape_I = conv(real(SendIQ_OverSample),h_sqrt);     % I 路滤波
SendShape_Q = conv(imag(SendIQ_OverSample),h_sqrt);     % Q 路滤波
sData_View = kron(sData,ones(1,OverSamp));
figure
stem((0:NSym * OverSamp - 1)/OverSamp,sData_View);
title('过抽样的发送调制符号');
axis([0,NSym 0 3])
figure;
subplot(3,1,1);plot(h_sqrt);title('成型滤波器时域波形');
subplot(3,1,2);plot(SendShape_I);title('发送滤波后的 I 路');
subplot(3,1,3);plot(SendShape_Q);title('发送滤波后的 Q 路');

%%%%%%%%%%%%%%%%%%%%%%%%%%%%%%%%%%%%%%%%%%%%%%%%%%%%%%%%%%%%%
%                                                           载波调制
% ---------------------------------------------------------------
%%%%%%%%%%%%%%%%%%%%%%%%%%%调制后的波形%%%%%%%%%%%%%%%%%%%%%%%%%%
N = 0:length(SendShape_I) - 1;
CarrierCos = cos(2 * pi * fc * N/fs);
CarrierSin = sin(2 * pi * fc * N/fs);
ModemWave_I = SendShape_I. * CarrierCos;
ModemWave_Q = SendShape_Q. * CarrierSin;
ModemWave = ModemWave_I - ModemWave_Q;
figure;
subplot(3,1,1);plot(ModemWave_I); title('调制后的 I 路时域波形')
subplot(3,1,2);plot(ModemWave_Q); title('调制后的 Q 路时域波形')
subplot(3,1,3);plot(ModemWave); title('调制后的时域波形')
figure;
subplot(3,1,1);plot(abs(fft(ModemWave_I)));title('调制后的 I 路频域波形')
subplot(3,1,2);plot(abs(fft(ModemWave_Q)));title('调制后的 Q 路频域波形')
subplot(3,1,3);plot(abs(fft(ModemWave)));title('调制后的频域波形')
%%%%%%%%%%%%%%%%%%%%%%%%%%%解调后的波形%%%%%%%%%%%%%%%%%%%%%%%%%%
  DemodWave_I = ModemWave. * CarrierCos;
  DemodWave_Q = ModemWave. * CarrierSin;
  figure;
subplot(2,2,1);plot(DemodWave_I); title('解调后的 I 路时域波形')
subplot(2,2,2);plot(abs(fft(DemodWave_I)));title('解调后的 I 路频域波形')
```

```
subplot(2,2,3);plot(DemodWave_Q); title('解调后的Q路时域波形')
subplot(2,2,4);plot(abs(fft(DemodWave_Q)));title('解调后的Q路频域波形')
%                                                                 匹配滤波
% ------------------------------------------------------------------------
RcvMatch_I = conv(DemodWave_I,conj(h_sqrt));                %% h_sqrt 是实数,虚部是不需要的
RcvMatch_Q = conv(DemodWave_Q,conj(h_sqrt));
figure;
subplot(2,1,1);plot(RcvMatch_I);title('匹配滤波后的I路');
subplot(2,1,2);plot(RcvMatch_Q);title('匹配滤波后的Q路');

%                                                                 符号抽样
% ------------------------------------------------------------------------
SymPosi =  Delay * OverSamp * 2 + (0:OverSamp:(NSym - 1) * OverSamp);
RcvI = RcvMatch_I(SymPosi);
RcvQ = RcvMatch_Q(SymPosi);
figure;
subplot(2,1,1);stem(RcvI);title('I路接收抽样');
subplot(2,1,2);stem(RcvQ);title('Q路接收抽样');
%                                                                 相位解调
% ------------------------------------------------------------------------

for n = 1:NSym
    if abs(RcvI(n)) > abs(RcvQ(n))
        if (RcvI(n) >0)
          RcvDem(n) =0;
        else
          RcvDem(n) =3;
        end
    else
        if (RcvQ(n) >0)
          RcvDem(n) =2;
        else
          RcvDem(n) =1;
        end
    end
end
figure;
stem(RcvDem);title('收端抽样判决');
%                                                                 比特数据
% ------------------------------------------------------------------------
DataOut = [ ];
for n = 1:NSym
     DataOut = [DataOut bitshift(RcvDem(n), -1) bitand(RcvDem(n),1)];
```

```
end
                                                    % 误码位置
DataIn == DataOut
```

8 倍内插后的发送信号时域波形如图 7-17 所示。

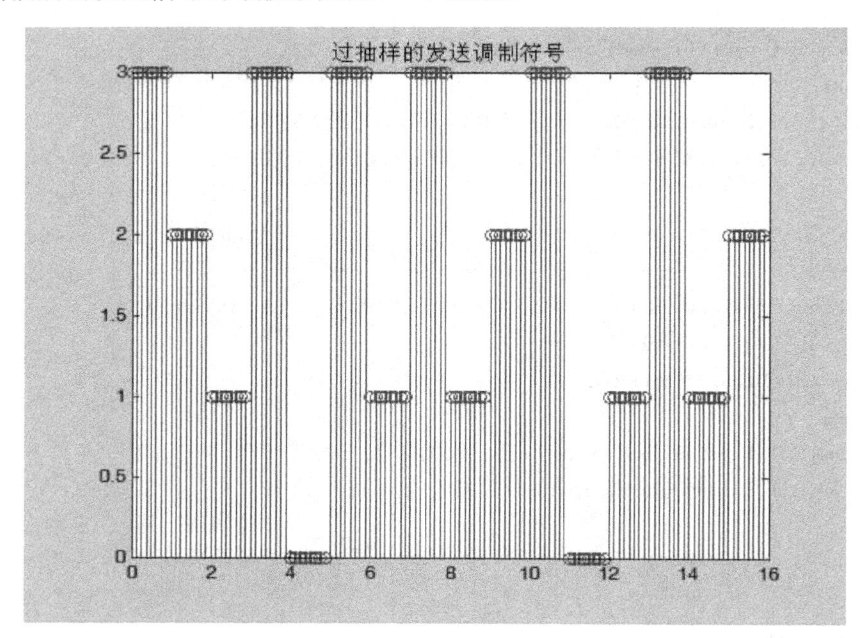

图 7-17　内插后的发送信号时域波形

成型滤波后的时域波形如图 7-18 所示。

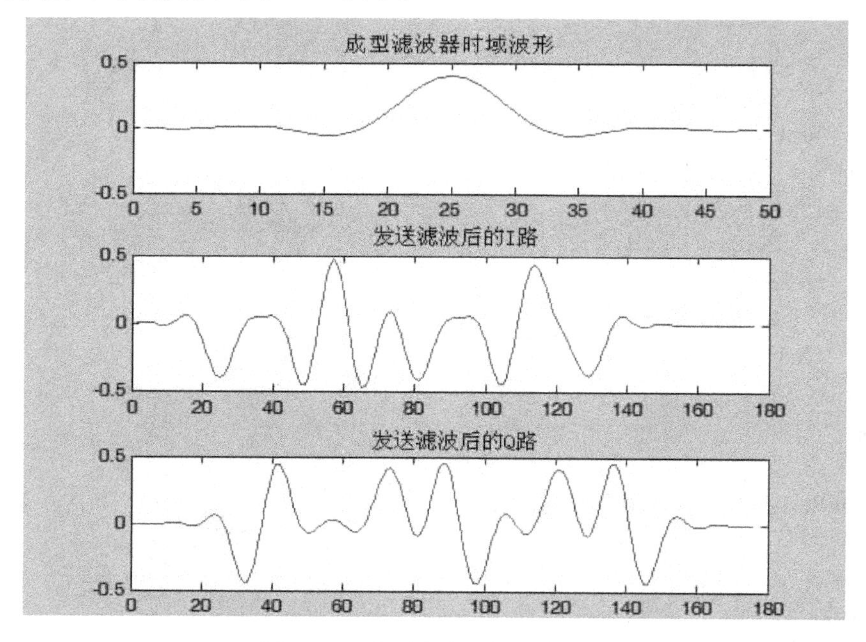

图 7-18　成型滤波后的时域波形

调制后的 I 路和 Q 路时域波形如图 7-19 所示。

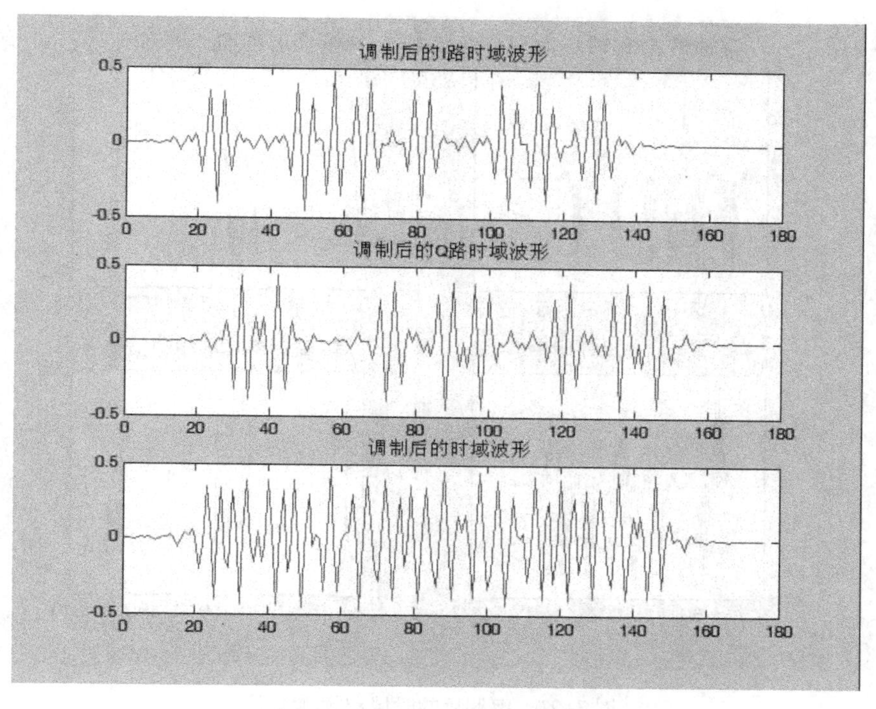

图 7-19　调制后的 I 路和 Q 路时域波形

调制后的 I 路和 Q 路频域波形如图 7-20 所示。

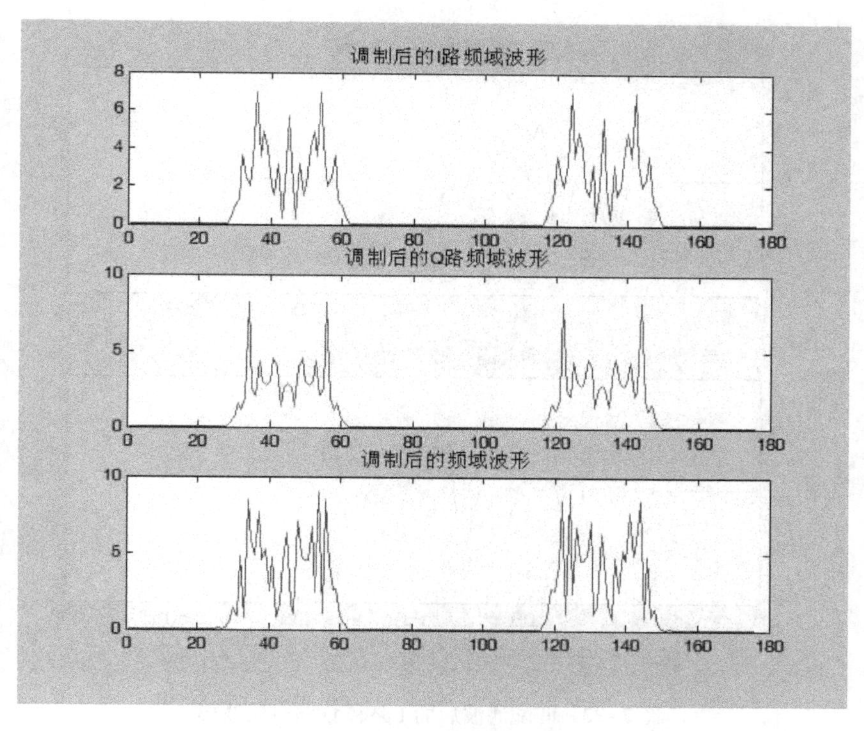

图 7-20　调制后的 I 路和 Q 路频域波形

解调后的时域和频域波形如图 7-21 所示。

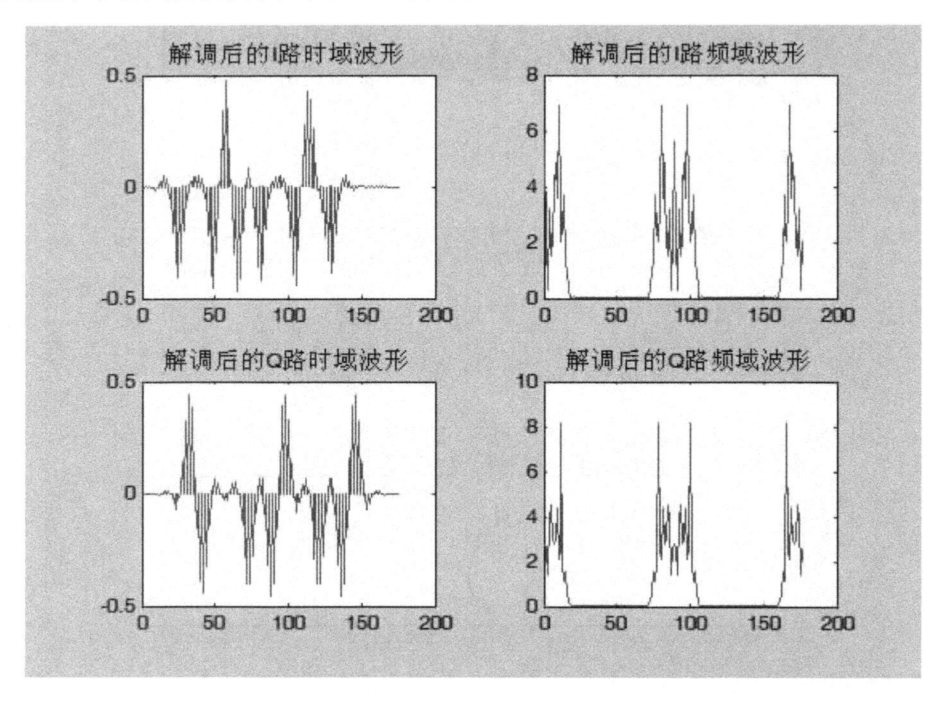

图 7-21　解调后的时域和频域波形

匹配滤波后的 I 路和 Q 路时域波形如图 7-22 所示。

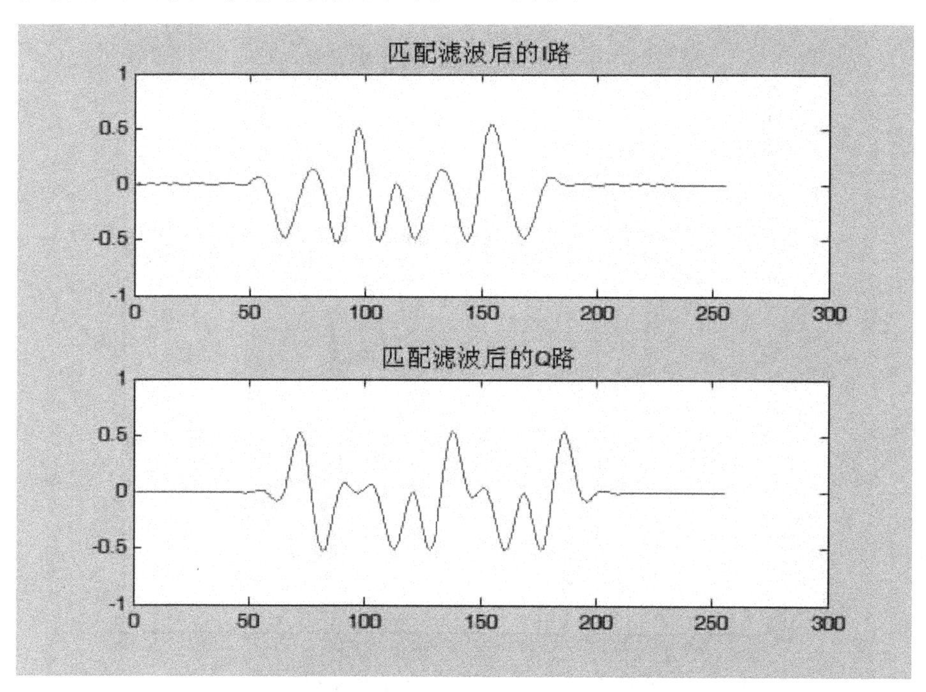

图 7-22　匹配滤波后的 I 路和 Q 路时域波形

抽样后的 I 路和 Q 路数据如图 7-23 所示。

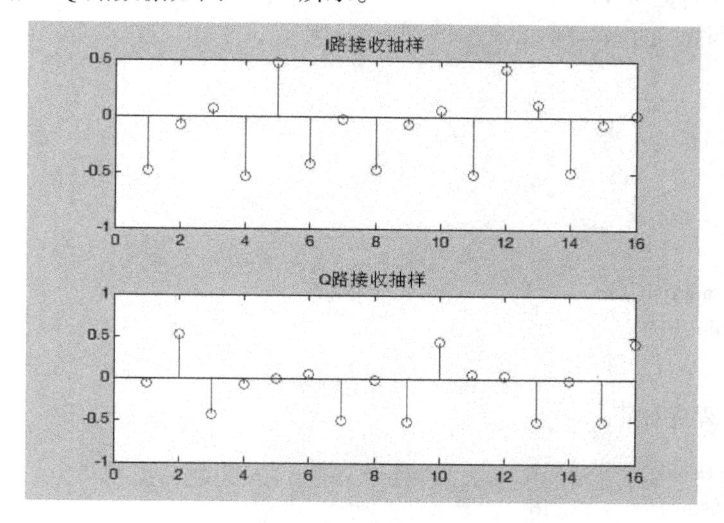

图 7-23　抽样后的 I 路和 Q 路数据

最终判决的数据如图 7-24 所示。

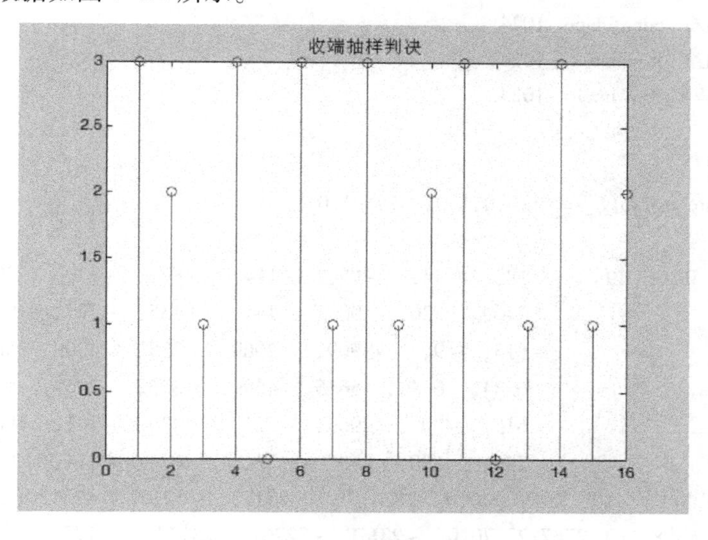

图 7-24　最终判决的数据

7.3.3　QPSK 调制的 DSP 实现

QPSK 的 DSP 实现和 MATLAB 实现最大的区别还是在于 DSP 是定点的，而 MATLAB 是浮点的。

可以将 QPSK 的 DSP 实现分为串并变换、码型变换、过采样、脉冲成型、调制、解调、低通滤波、匹配滤波、符号抽样和判决 10 个部分。为了规范起见，DSP 的实现采用主文件 Main 和应用程序文件相结合的方式，其中 Main 文件主要用来调用初始化程序和应用程序，而具体的初始化以及操作在应用程序中完成。

Main 文件的框架如下：

```
extern void app_ini(void);
extern void myApp(void);
main()
{
    app_ini();

    do
    {
        myApp();
    }while(1);
}
```

具体的 DSP 程序如下：

```
#define NData              32
#define NSym               16
#define OverSamp           8
#define SIZE_SendIQ        1024
#define SIZE_SendShape     1024
#define SIZE_RcvShape      1024
#define SIZE_RcvMatch      1024


short CompSymTab[8] = {1,0,0,1,0,-1,-1,0};

short Coe_RCOS[49] = {  18,    -44,   -95,   -114,   -87,   -13,    90,    190,
                       246,    220,    90,   -141,  -435,  -721,  -909,   -900,
                      -615,     -9,   909,   2069,  3352,  4599,  5645,   6340,
                      6584,   6340,  5645,   4599,  3352,  2069,   909,     -9,
                      -615,   -900,  -909,   -721,  -435,  -141,    90,    220,
                       246,    190,    90,    -13,   -87,  -114,   -95,    -44,   18};
short SinTab[8] = {0, 23170,32767,23170, 0 , -23170, -32767, -23170};
short CosTab[8] = {32767,23170,0, -23170, -32767, -23170,0,23170};
short LowFilterCoe[33] = {0, -57, -61,48,187,103, -269, -483,0,869,882, -636, -2261,
                         -1230,3565,9570,12312,9570,3565, -1230, -2261, -636,882,
                         869,0, -483, -269,103,187,48, -61, -57,0};

//short DataIn[32] = {1,1,1,0,0,1,1,1,0,0,1,1,0,1,1,1,0,1,1,0,1,1,0,0,0,1,1,1,0,1,1,0};
short DataIn[32] = {1,1,1,0,0,1,1,1,0,0,1,1,0,1,1,1,0,1,1,0,1,1,0,0,0,1,1,1,0,1,1,0};
short DataIn_RP;
short m,n,k;
short Send_DNum;

short SendI[1024],SendQ[1024];
```

```
short SendIQ_WP,SendIQ_RP;

short SendShape_I[1024],SendShape_Q[1024];
short SendShape_WP,SendShape_RP;

short ModemWave[1024];
short ModemWave_WP,ModemWave_RP;

short DemodemWave_I[1024];
short DemodemWave_Q[1024];
short DemodemWave_WP,DemodemWave_RP;

short LowFilterWave_I[1024];
short LowFilterWave_Q[1024];
short LowFilter_WP,LowFilter_RP;
short RcvShape_I[1024],RcvShape_Q[1024];
short RcvShape_WP,RcvShape_RP;

short RcvMatch_I[1024],RcvMatch_Q[1024];
short RcvMatch_WP,RcvMatch_RP;

short rData[64];
short rData_WP;

short BER_Cntr;


void app_ini(void);
void myApp(void);

void app_ini(void)
{
    short i;
                                        //初始化
    DataIn_RP =0;
    rData_WP =0;

    for(i =0;i <256;i ++ )
    {
        SendI[i] =0;
        SendQ[i] =0;
        SendShape_I[i] =0;
        SendShape_Q[i] =0;
```

```
            ModemWave[i] = 0;
            DemodemWave_I[i] = 0;
            DemodemWave_Q[i] = 0;
            LowFilterWave_I[i] = 0;
            LowFilterWave_Q[i] = 0;
            RcvShape_I[i] = 0;
            RcvShape_Q[i] = 0;
            RcvMatch_I[i] = 0;
            RcvMatch_Q[i] = 0;
        }
        SendIQ_WP = 0;
        SendShape_WP = 0;
        SendShape_RP = 0;
        RcvShape_WP = 0;
        RcvShape_RP = 0;
        RcvMatch_WP = 0;
        RcvMatch_RP = 0;
}

void myApp(void)
{
    //short m,n,k;
    short RPtr;
    long Sum_I,Sum_Q;
    short TempI,TempQ;
    short TempS;

    SendIQ_WP = 48;
    for (m = 0;m < NSym;m ++ )
    {                                                       // 串并
        TempS = (DataIn[2 * m] * 2) + DataIn[2 * m + 1];
                                                            // 相位映射 + 过抽样补0
        SendI[SendIQ_WP] = CompSymTab[2 * TempS];
        SendQ[SendIQ_WP] = CompSymTab[2 * TempS + 1];
        SendIQ_WP += OverSamp;
    }
                                                            // 发送成型滤波器
    for (m = 48;m < NSym * OverSamp + 48 + 49;m ++ )       //长度:NSym * OverSamp + L_Filter - 1
    {
        RPtr = m - 48;                                      // 卷积下标:x(n - L + k)
        Sum_I = 0;Sum_Q = 0;
        for (n = 0;n < 49;n ++ )
        {//             Coe(k)
```

```
            Sum_I = Sum_I + SendI[RPtr + n] * Coe_RCOS[n];
            Sum_Q = Sum_Q + SendQ[RPtr + n] * Coe_RCOS[n];
        }
        SendShape_I[m] = Sum_I >>0;
        SendShape_Q[m] = Sum_Q >>0;
    }



    //调制

    for(m = 0;m < NSym * OverSamp + 48 + 49;m ++)
        {
ModemWave[m] = ((SendShape_I[m] * CosTab[m&7]) >> 14) - ((SendShape_Q[m] * SinTab
[m&7]) >>14);
        }


    //解调

    for(m = 0;m < NSym * OverSamp + 48 + 49;m ++)
        {
            DemodemWave_I[m] = (ModemWave[m] * CosTab[m&7]) >>14;
            DemodemWave_Q[m] = (ModemWave[m] * SinTab[m&7]) >>14;
        }



                                                    // 收匹配
    for (m = 0;m < (NSym * 8 + 49);m ++)
    {
        Sum_I = 0;Sum_Q = 0;
        for (n = 0;n < 49;n ++)
        {
  Sum_I = Sum_I + (((long)DemodemWave_I[m + n] * (long)Coe_RCOS[n]) >>3);
        Sum_Q = Sum_Q + (((long)
DemodemWave_Q[m + n] * (long)Coe_RCOS[n]) >>3);
        }
        RcvMatch_I[m] = Sum_I >>15;
        RcvMatch_Q[m] = Sum_Q >>15;
    }

                                                    // 符号抽样判决
```

```
    RPtr =48;
    for (m =0;m < NSym;m ++ )
    {
        TempI = RcvMatch_I[ RPtr] ;
        TempQ = RcvMatch_Q[ RPtr] ;

        if (abs(TempI) > abs(TempQ))
        {
            if (TempI >0)
            {
                rData[ rData_WP ++ ] =0;
                rData[ rData_WP ++ ] =0;
            }
            else
            {
                rData[ rData_WP ++ ] =1;
                rData[ rData_WP ++ ] =1;
            }
        }
        else
        {
            if (TempQ >0)
            {
                rData[ rData_WP ++ ] =1;
                rData[ rData_WP ++ ] =0;
            }
            else
            {
                rData[ rData_WP ++ ] =0;
                rData[ rData_WP ++ ] =1;
            }
        }


        RPtr + = OverSamp;
    }

// BER
    BER_Cntr =0;
    for (m =0;m < NData;m ++ )
    {
        if (DataIn[ m] ! = rData[ m])
            BER_Cntr ++ ;
```

```
		}
	m = 0;
	}
```

各个阶段运行的结果的时域、频域图形如图 7-25 ~ 图 7-39 所示。

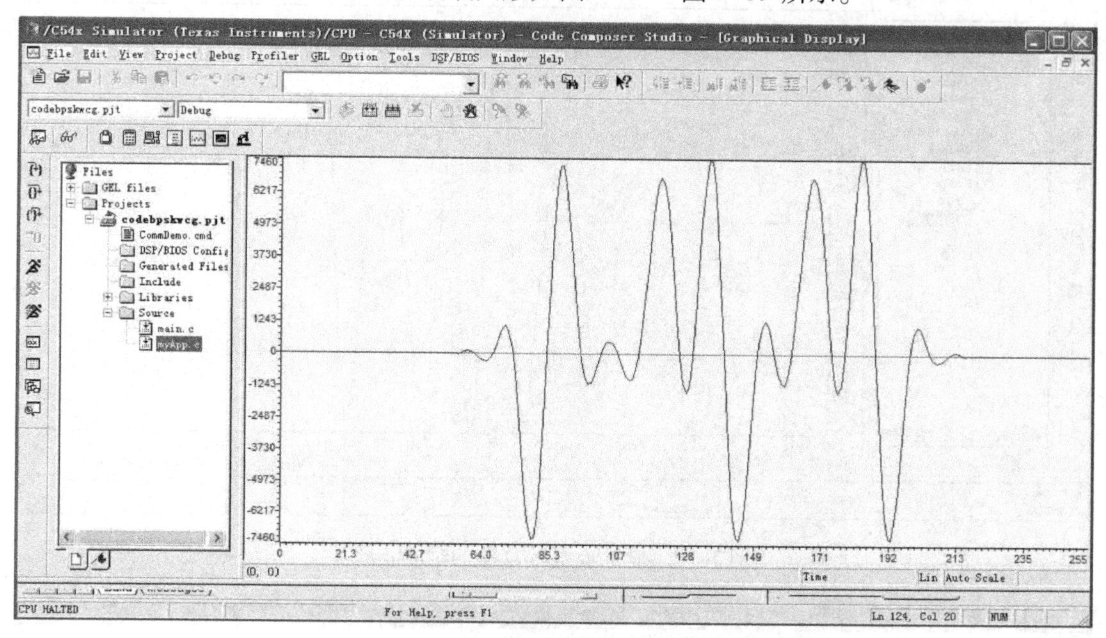

图 7-25　脉冲成型后 I 路的时域波形

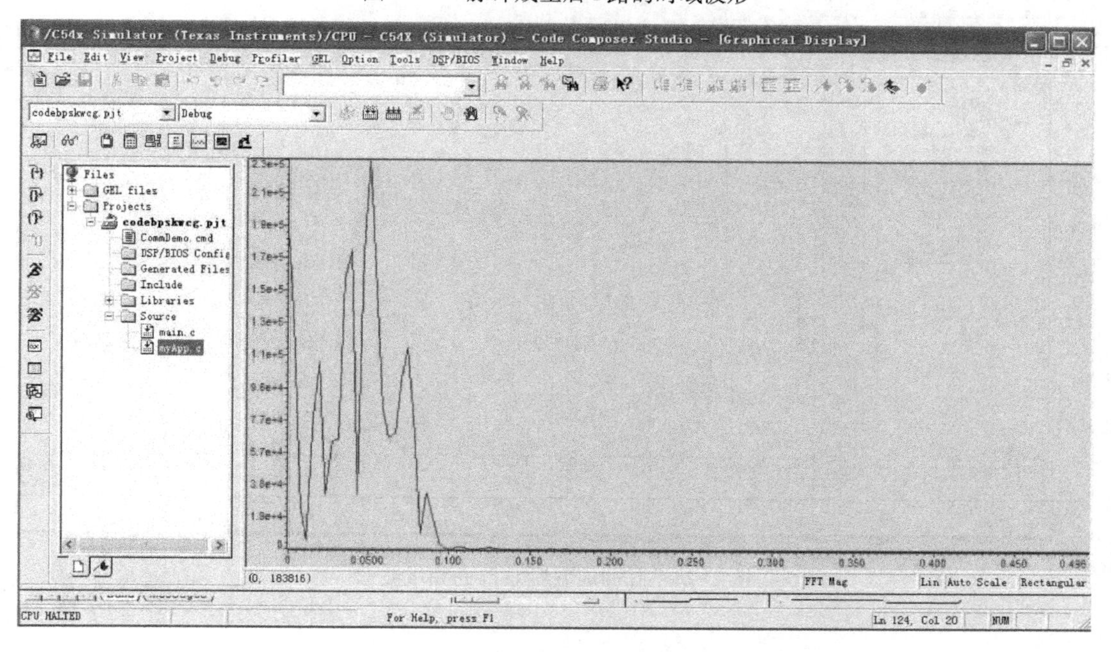

图 7-26　脉冲成型后 I 路的频域波形

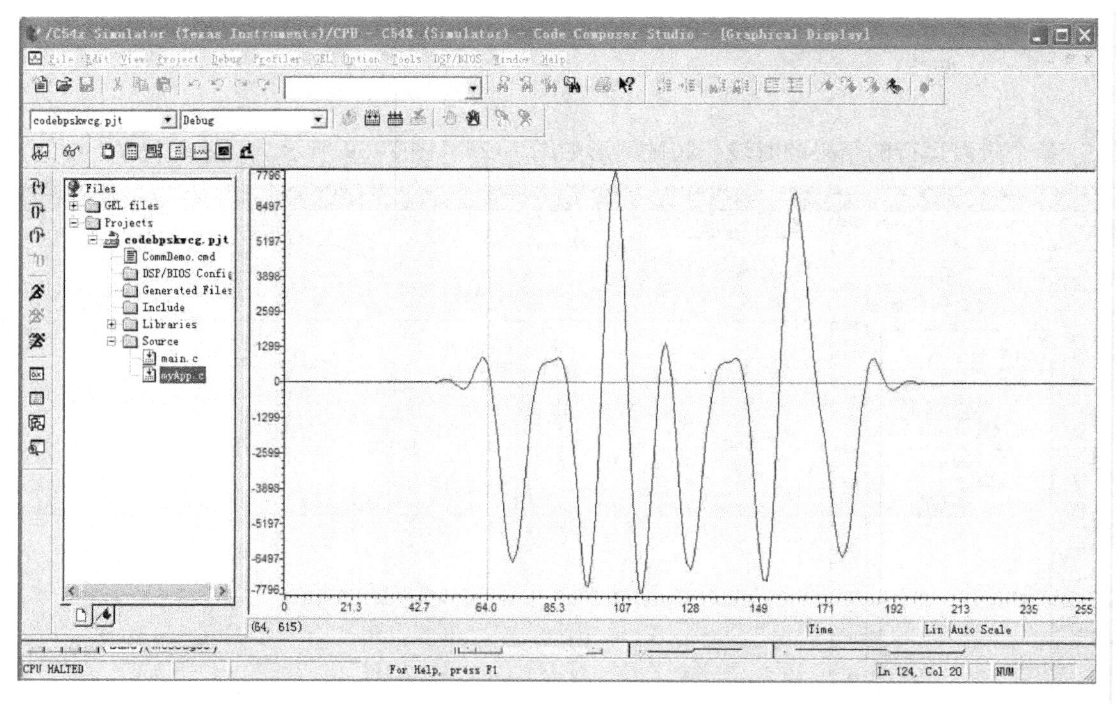

图 7-27　脉冲成型后 Q 路的时域波形

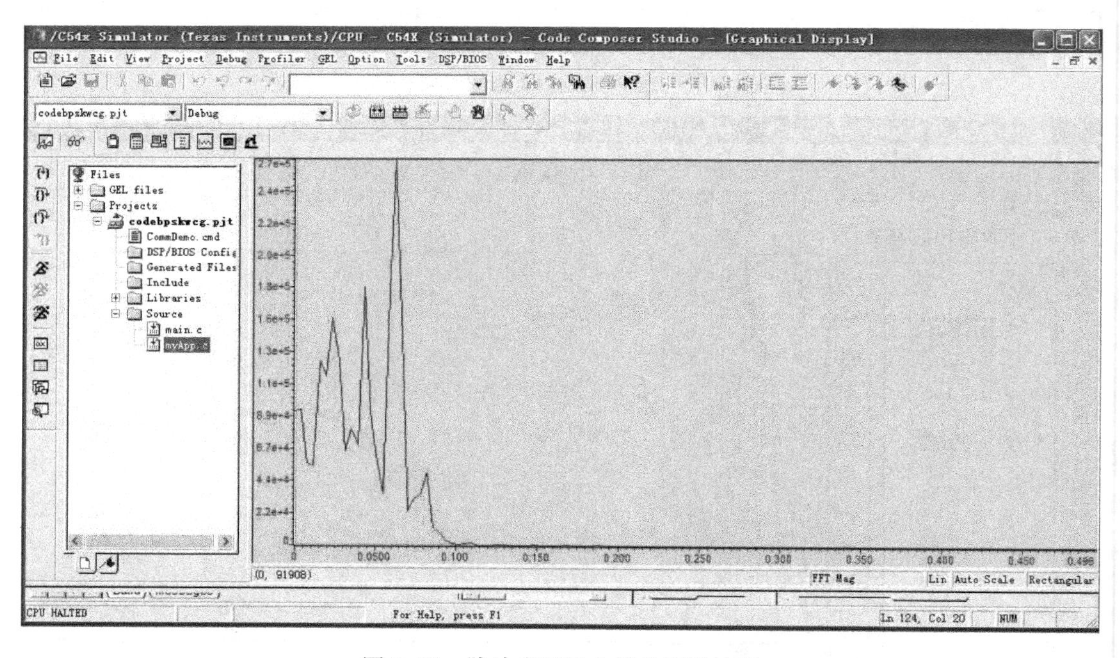

图 7-28　脉冲成型后 Q 路的频域波形

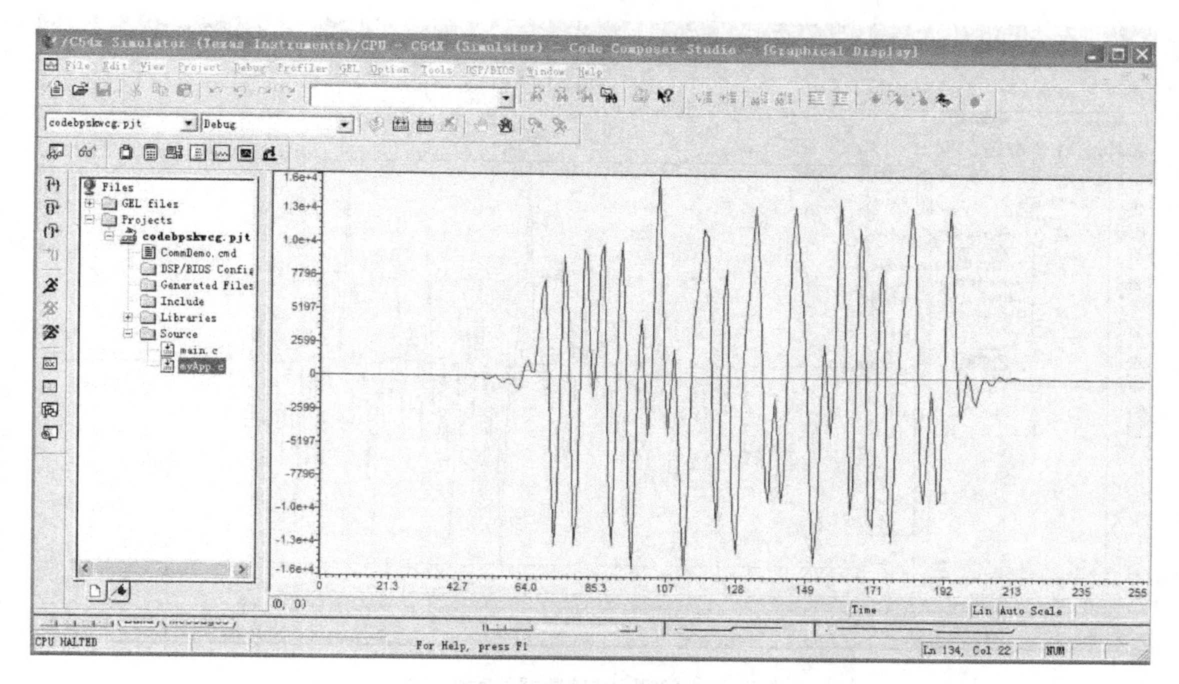

图 7-29　调制后的时域波形

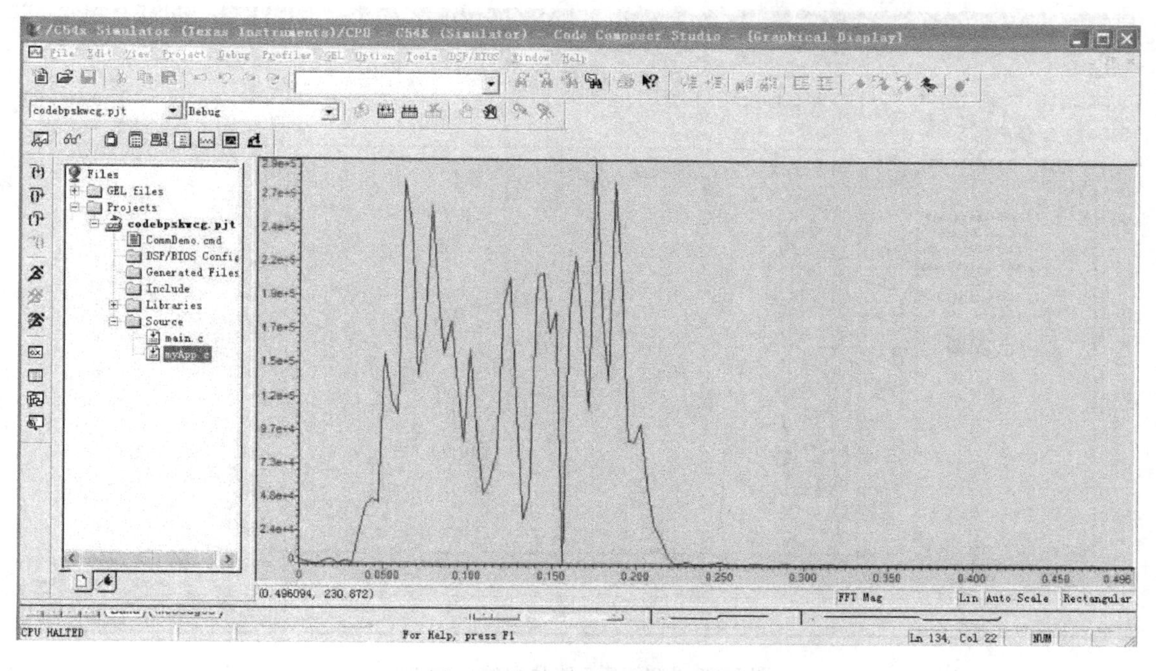

图 7-30　调制后的频域波形

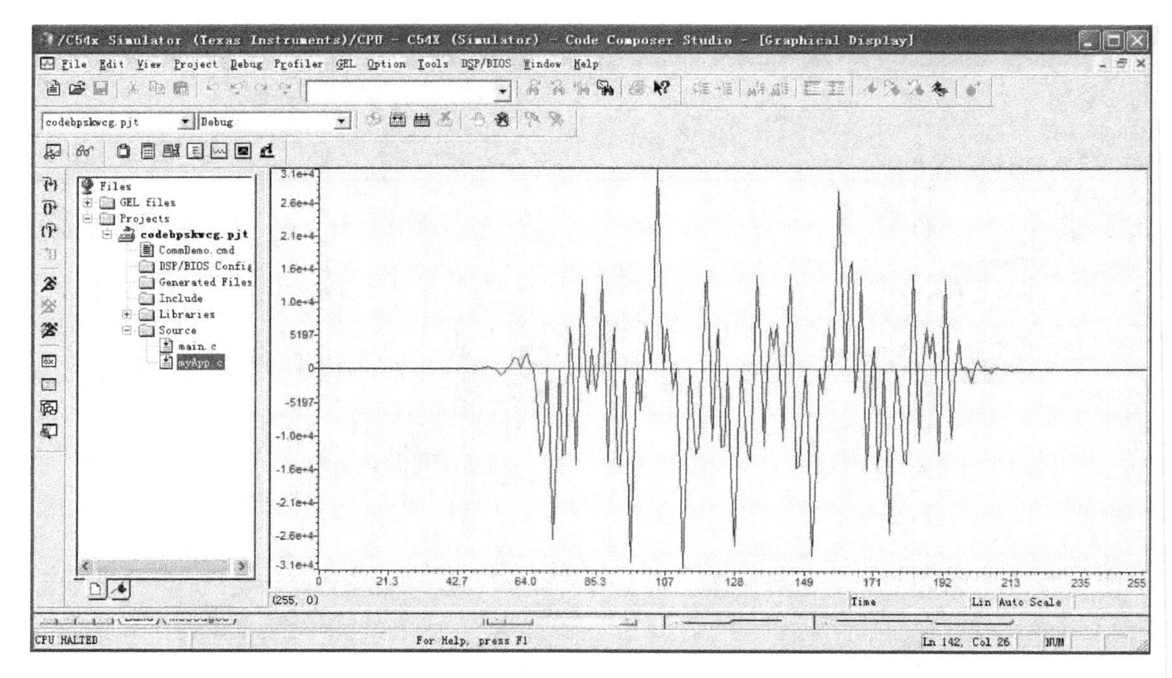

图 7-31　解调后 I 路数据的时域图形

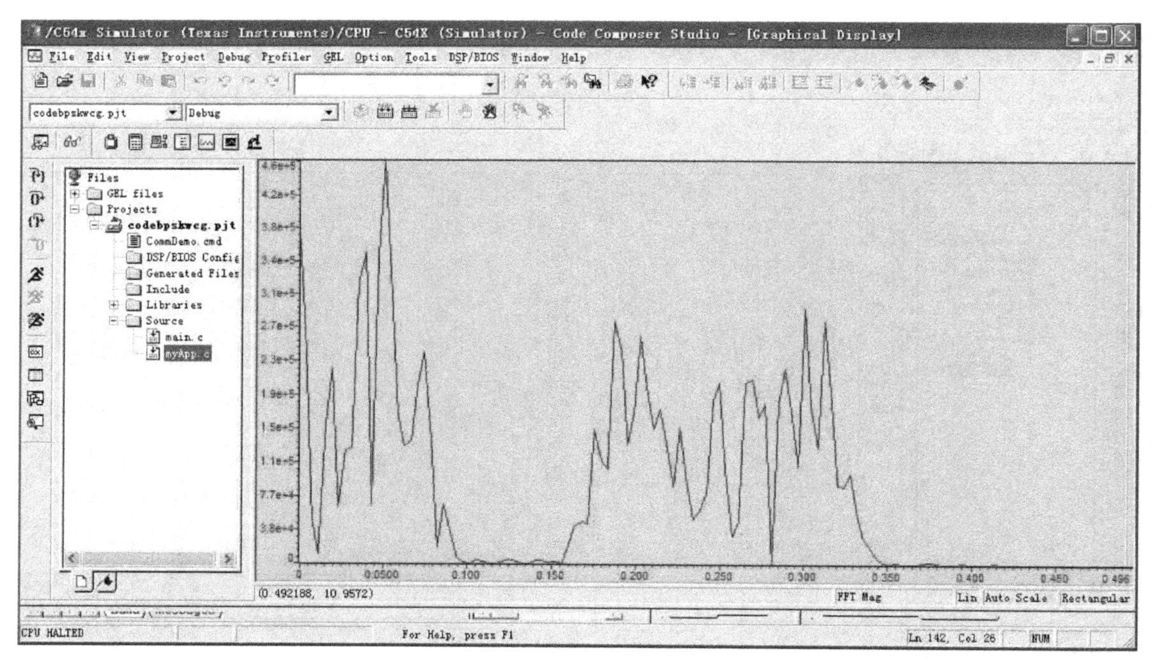

图 7-32　解调后 I 路数据的频域图形

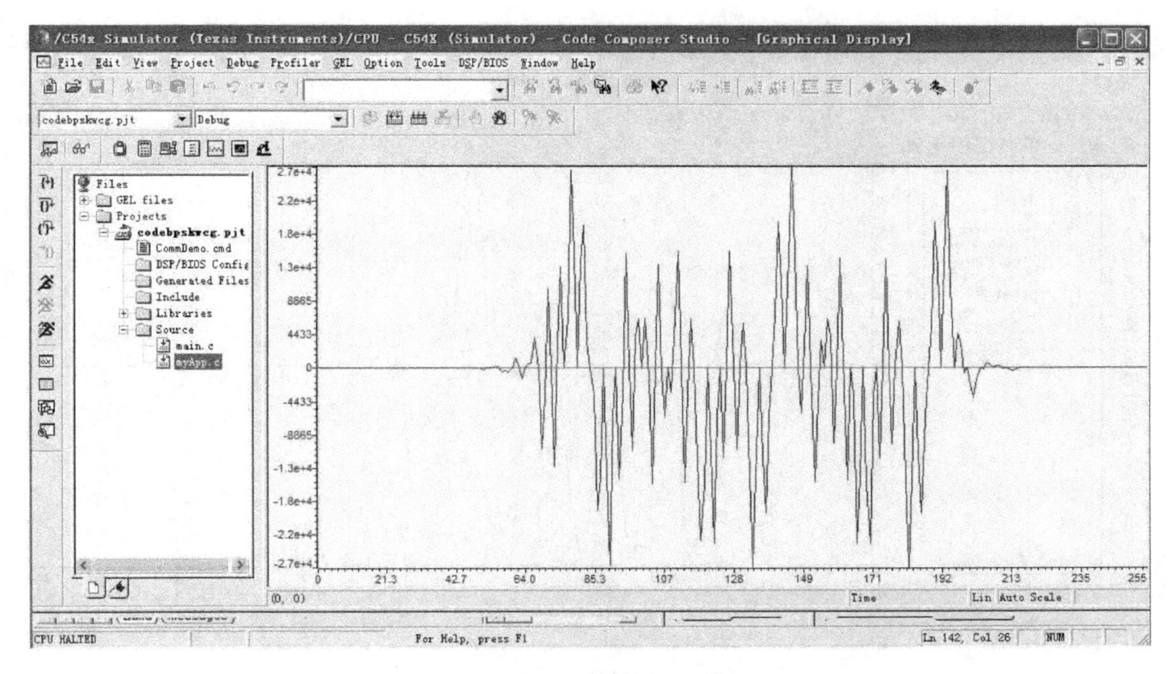

图 7-33　解调后 Q 路数据的时域图形

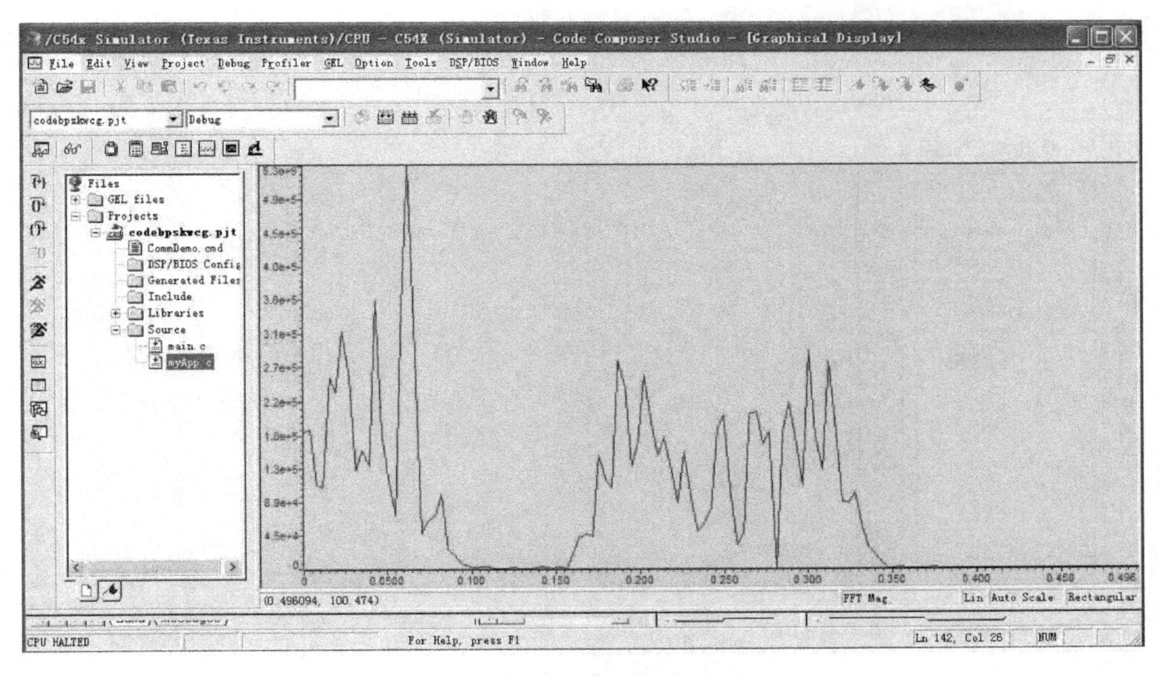

图 7-34　解调后 Q 路数据的频域图形

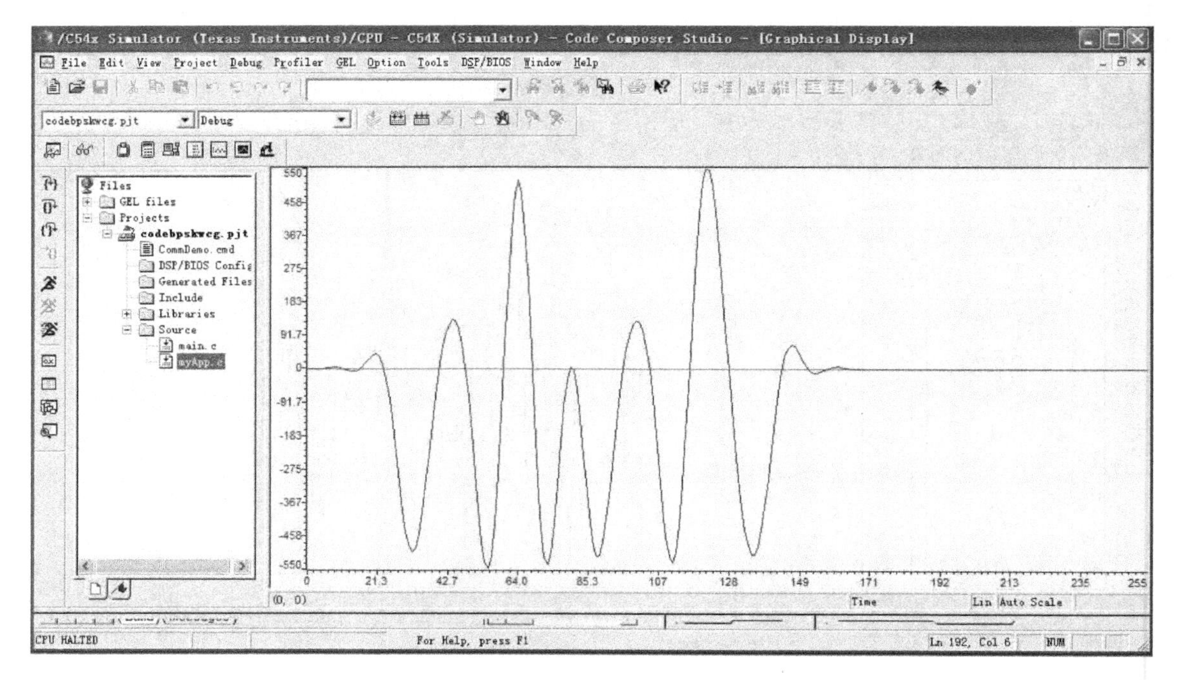

图 7-35　匹配滤波后 I 路数据的时域图形

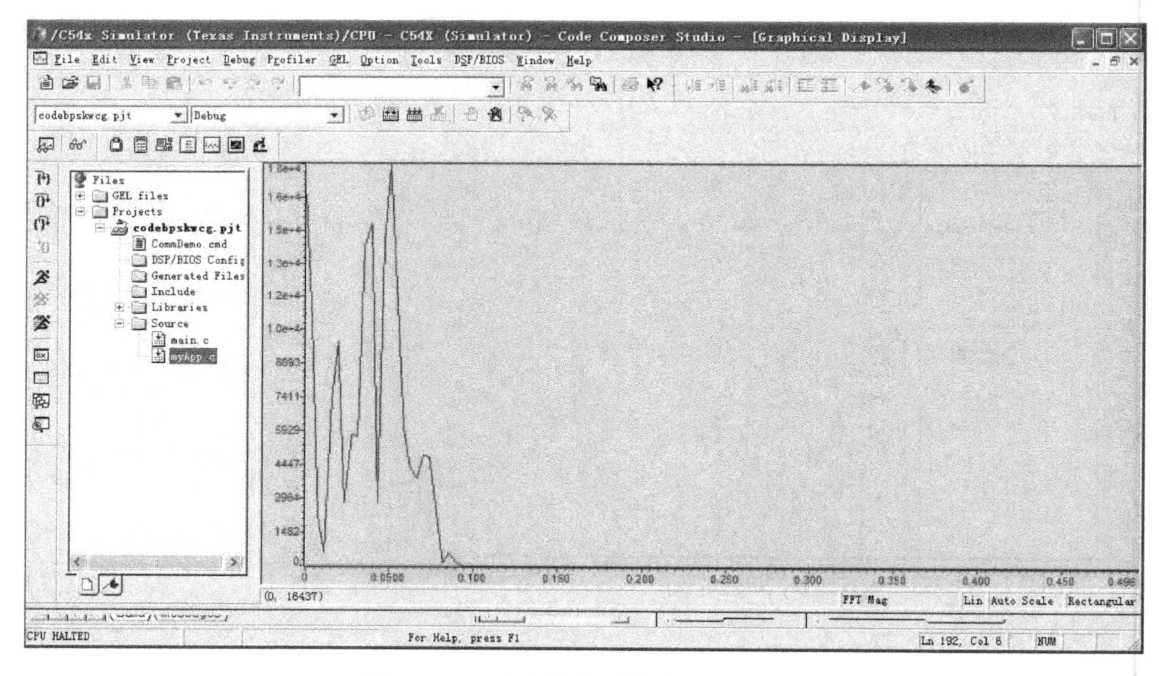

图 7-36　匹配滤波后 I 路数据的频域图形

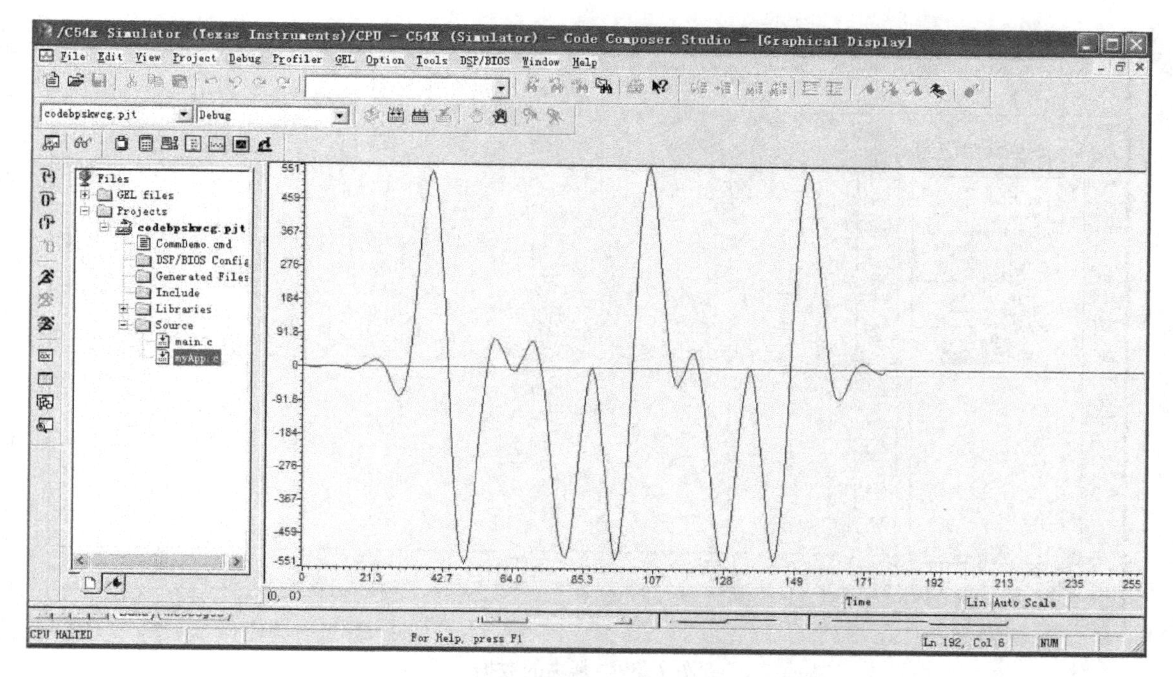

图 7-37　匹配滤波后 Q 路数据的时域图形

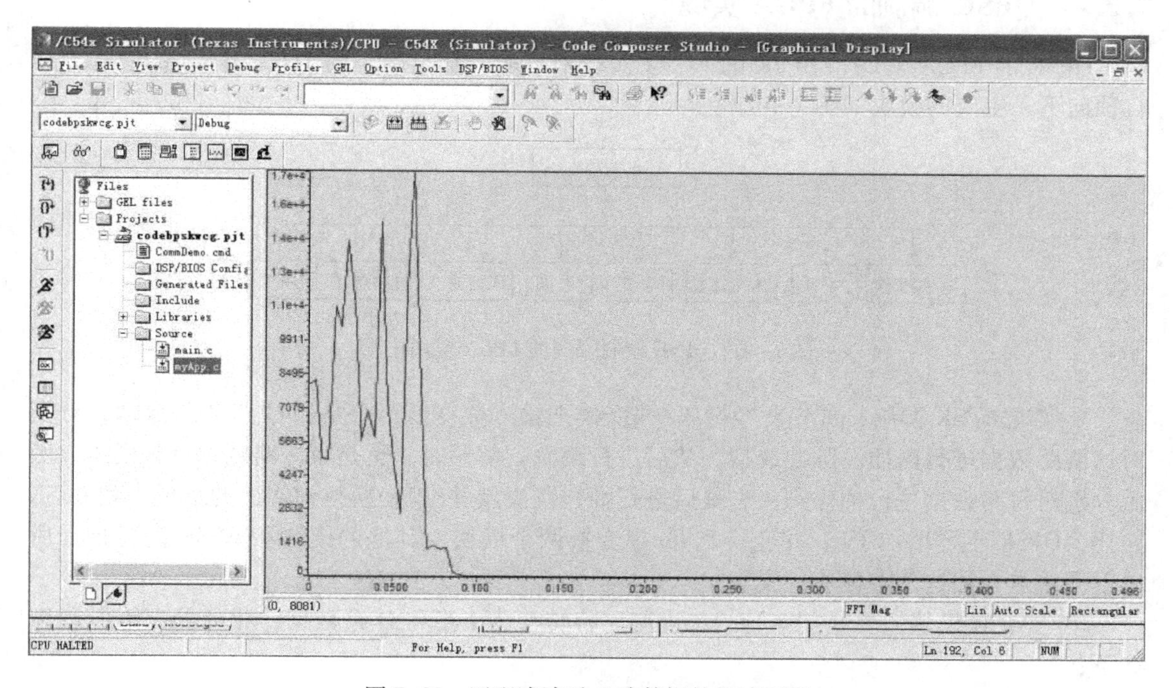

图 7-38　匹配滤波后 Q 路数据的频域图形

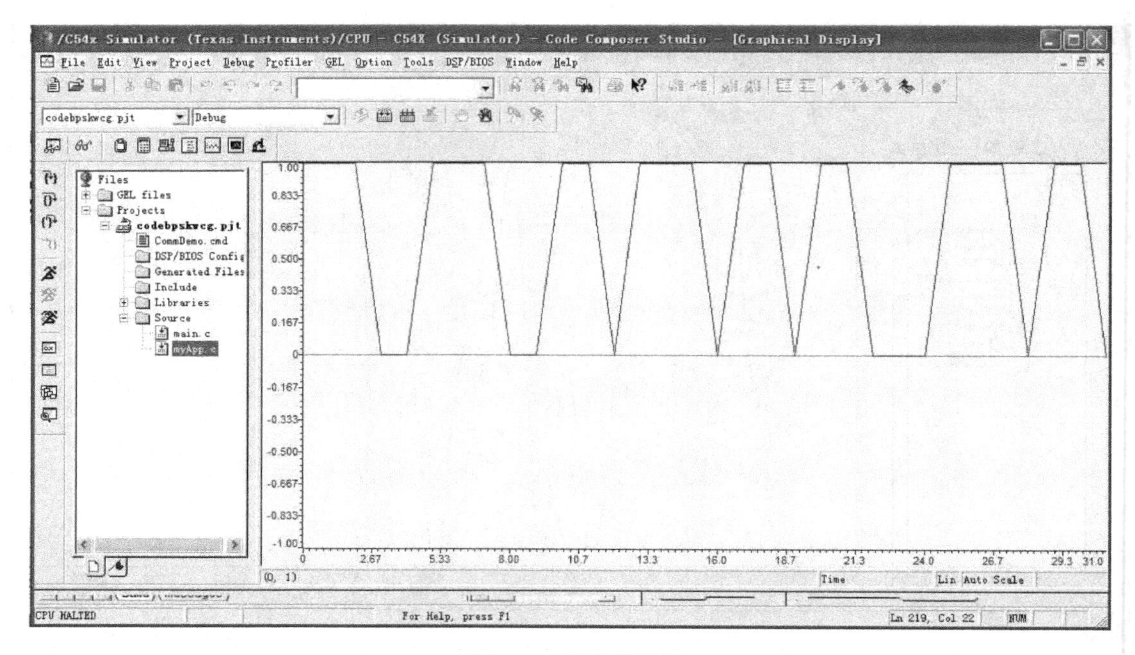

图 7-39　判决的数据

7.3.4　QPSK 调制的 FPGA 实现

QPSK 的 FPGA 实现和 BPSK 的 FPGA 实现差不多，都是用采用 TOP - down 的模式，即自顶向下，主要的模块如图 7-40 所示。

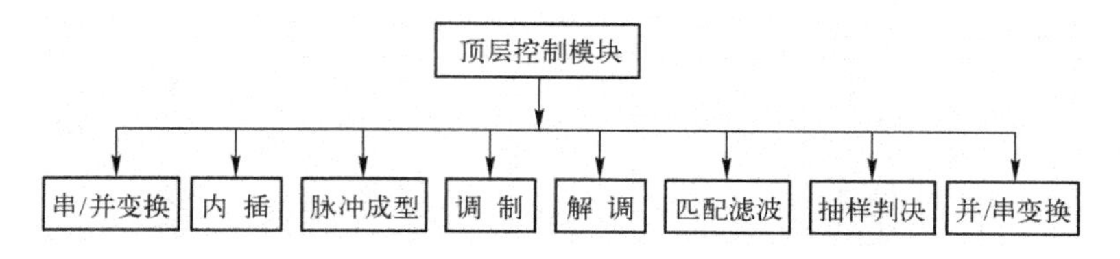

图 7-40　QPSK 调制解调的 FPGA 实现框图

要实现 QPSK 调制，首先要经过串/并变换把输入数据变为 I 路和 Q 路两路数据，分别对这两路数据进行内插、脉冲成型，然后进行调制，解调时，也是将一路数据分为两路，然后分别对每路数据进行抽样判决，最后进行抽样判决及并/串变换得到输出的结果。和 BPSK 相比，QPSK 主要增加了串/并变换和并/串变换两个模块，其他的模块和 BPSK 的类似，所以下面重点介绍这两个模块的实现。

串/并变换模块主要是把串行的二进制比特转换为 I 路和 Q 路数据，相应的 VHDL 程序如下：

```
LIBRARY IEEE;
USE IEEE.STD_LOGIC_1164.ALL;
USE IEEE.STD_LOGIC_ARITH.ALL;
USE IEEE.STD_LOGIC_SIGNED.ALL;
```

```
ENTITY Serial_Parallel IS
    PORT (
        clk             :IN STD_LOGIC;
        rst             :IN STD_LOGIC;
        data_in         :IN STD_LOGIC;
        din_nd          :IN STD_LOGIC;
        doutI           :OUT STD_LOGIC_VECTOR(1 downto 0);
        doutI_rd        :OUT STD_LOGIC;
        doutQ           :OUT STD_LOGIC_VECTOR(1 downto 0);
        doutQ_rd        :OUT STD_LOGIC
    );
END Serial_Parallel;

ARCHITECTURE Behavioral OF Serial_Parallel IS

signal    din_nd_dly      :std_logic;
signal    input2bits      :std_logic_vector(1 downto 0);
signal    state           :integer range 0 to 3;


BEGIN
process (rst,clk)
    begin
        if (rst = '1') then
        doutI               <=  (others => '0');
        doutI_rd            <=  '0';
        doutQ               <=  (others => '0');
        doutQ_rd            <=  '0';
        din_nd_dly          <=  '0';
        input2bits          <= "00";
        state               <=0;
    elsif(clk'event and clk = '1') then
        din_nd_dly          <=  din_nd;
        case state is
            when 0          =>
                if(din_nd_dly = '0' and din_nd = '1') then
                    input2bits(1) <= input2bits(0);
                    input2bits(0) <= data_in;
                    state <= 1;
                end if;
```

```
when 1     =>
    if( din_nd_dly = '0 'and din_nd = '1 ') then
        input2bits(1) <= input2bits(0);
        input2bits(0) <= data_in;
        state <= 2;
    end if;
when 2 =>
    state <= 3;
    CASE input2bits IS
        WHEN "00"   => doutI_rd <= '1 ';
                doutI <= "01";
            doutQ_rd <= '1 ';
            doutQ <= "00";
            WHEN "01"   =>
            doutI_rd <= '1 ';
            doutI <= "00";
            doutQ_rd <= '1 ';
            doutQ <= "01";
        WHEN "10"   =>
            doutI_rd <= '1 ';
            doutI <= "00";
            doutQ_rd <= '1 ';
            doutQ <= "11";
        WHEN "11"   =>
            doutI_rd <= '1 ';
            doutI <= "11";
            doutQ_rd <= '1 ';
            doutQ <= "00";
        WHEN OTHERS  =>

    END CASE;
when 3 =>
    doutI_rd <= '0 ';
    doutQ_rd <= '0 ';
    state <= 0;
END CASE;
end if;
end process;
END Behavioral;
```

并串变换模块主要是把 I 路和 Q 路抽样后判决的 2 bit 输出变为 1 bit 的输出，具体的程序如下：

```
library ieee;
use ieee. std_logic_1164. all;
use   ieee. std_logic_arith. all;
use   ieee. std_Logic_signed. all;
ENTITYparallel_serialIS
port
    (
        clk:in std_Logic;
        rst:instd_Logic;
        dataIQ:in std_logic_vector(1 downto 0);
        data_nd:instd_logic;
        dout:outstd_logic;
        dout_rd:outstd_logic
    );
end parallel_serial;
architecture part of parallel_serial is
signaldata_nd_dly:std_logic;
signalcount:integer range 0 to 500;
signalstate:integer range 0 to 1;
begin
    process(rst,clk)
    begin
        if  (rst ='1 ')then
            data_nd_dly <='0 ';
            count <=0;
            state <=0;
            dout <='0 ';
            dout_rd <='0 ';
        elsif(clk 'event and clk ='1 ')then
        data_nd_dly <=data_nd;
            CASE state IS
                WHEN 0  =>
                    if(data_nd_dly ='0 'and data_nd ='1 ') then
                        dout <=dataIQ(1);
                        dout_rd <='1 ';
                        state <=1;
                    else
                        dout_rd <='0 ';
                    end if;

                WHEN 1  =>
                        if(count =500) then
                            dout <=dataIQ(0);
                            dout_rd <='1 ';
                            state <=0;
                            count <=0;
                        else
                            count <=count +1;
                            dout_rd <='0 ';
                        end if;
                END CASE;
            end if;
        end process;
        end part;
```

其他模块的 VHDL 程序可以参考前面的内容进行编程。在完成上述模块的编写之后，就可以参考前面 Quartus 的应用进行程序的编译了，编译成功之后，准备进行功能仿真，功能仿真之前需要编写波形仿真文件。在设置波形文件时，需要设置系统时钟 clk 的周期为 1 MHz、输入数据 data_in 的宽度为 500 us、din_nd 的周期为 2000 Hz、采样频率为 8000 Hz。最后的仿真图形如图 7-41 所示，图中 dout 和 dout_rd 是最后输出的数据和数据的指示信号，通过比较可以发现，输出 dout 和发送的 data_in 是一致的。

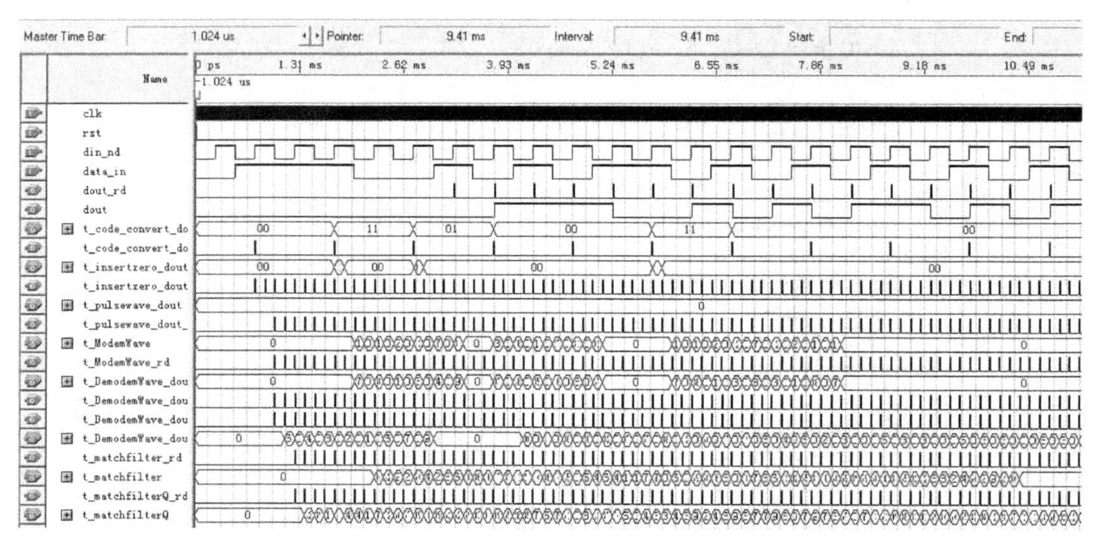

图 7-41　QPSK 调制解调 FPGA 实现的功能仿真图

其余的信号为中间的测试信号，主要是便于中间过程的调试。

也可以按照上面的仿真数据编写一个 MATLAB 程序，具体的程序如下：

```
clc;clear;
fb = 2000;
fc = 2000;
fs = 8000;
n = 0:7;
carrywave = fix(sin(2 * pi * fc/fs * n) * 128);
SinWave = [0 127 0  -128 0 127 0  -128];
CosWave = [127 0  -128 0 127 0  -128 0];
h = [ -308  -5 454 1034 1675 2299 2822 3169 3291 3169 2822 2299 1675 1034 454   -5  -308];
data_in = [0 1 1 1 0 0 1 0 1 0 1 1 0 1];
for i = 1:length(data_in)/2
    inputdata = data_in(2 * (i - 1) + 1:2 * i);
    if(inputdata == [0 0])
        dataI(i) = 1;
        dataQ(i) = 0;
    elseif(inputdata == [0 1])
        dataI(i) = 0;
        dataQ(i) = 1;
    elseif(inputdata == [1 1])
        dataI(i) = -1;
        dataQ(i) = 0;
    elseif(inputdata == [1 0])
```

```
            dataI(i) =0;
            dataQ(i) = -1;
        end
    end
    dataIup = kron(dataI,[1 zeros(1,7)]);
    dataQup = kron(dataQ,[1 zeros(1,7)]);
    shapeI = conv(dataIup,h);
    shapeQ = conv(dataQup,h);
    for i = 1:length(shapeI)/8
            modemwave(8 * (i - 1) + 1:8 * i) = shapeI(8 * (i - 1) + 1:8 * i). * CosWave - shapeQ
        (8 * (i - 1) + 1:8 * i). * SinWave;
    end
      for i = 1:length(modemwave)/8
        demodemwaveI(8 * (i - 1) + 1:8 * i) = modemwave(8 * (i - 1) + 1:8 * i). * CosWave;
        demodemwaveQ(8 * (i - 1) + 1:8 * i) = modemwave(8 * (i - 1) + 1:8 * i). * SinWave;
    end
    matchfilterI = floor(conv(demodemwaveI,h)/1024);
    matchfilterQ = floor(conv(demodemwaveQ,h)/1024);
    desiondataI = matchfilterI(17:8:end - 17);
    desiondataQ = matchfilterQ(17:8:end - 17);
    for i = 1:length(desiondataI)
        if(abs(desiondataI(i)) > abs(desiondataQ(i)))
            if(desiondataI(i) >0)
                dataIQ(i) =0;
            else
                dataIQ(i) =3;
            end
        elseif(desiondataQ(i) >0)
                dataIQ(i) =2;
            else
                dataIQ(i) =1;
            end
    end
    dataout = reshape((de2bi(dataIQ,'left - msb'))',1,14)
```

运行后可以得到匹配滤波后的两路输出分别为

matchfilterI = [0 0 0 0 0 0 0 0 -1494201 -24257 4439802 5052565 12954001…]

matchfilterQ = [0 -24257 -394 5131306 164152 3774078 -16744382 -28312141 -74974248 -114728084 -187606951 -252673965 -334997632…]

这两路的输出结果和 VHDL 的结果是一样的，如图 7-42 所示。

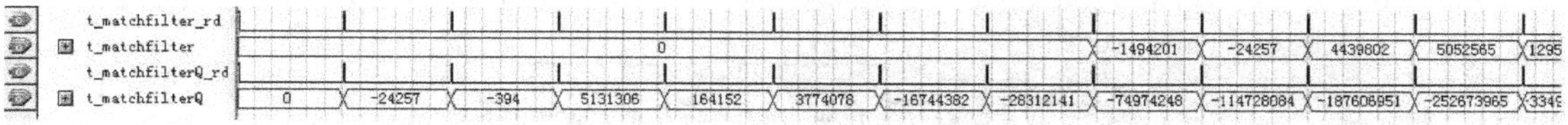

图 7-42 QPSK 调制解调 FPGA 实现的功能仿真的局部放大图

7.4 QAM 调制的实现

7.4.1 QAM 调制的基本原理

QAM（Quadrature Amplitude Modulation，正交幅度调制）的幅度和相位同时变化，属于非恒包络二维调制。QAM 是用两路独立的基带信号对两个相互正交的同频载波进行抑制载波双边带调幅，利用这种已调信号的频谱在同一带宽内的正交性，实现两路并行的数字信息的传输。该调制方式通常有二进制 QAM（4QAM）、四进制 QAM（16QAM）、八进制 QAM（64QAM）等。

典型的 QAM 星座图和映射关系如图 7-43 ~ 图 7-45 所示。

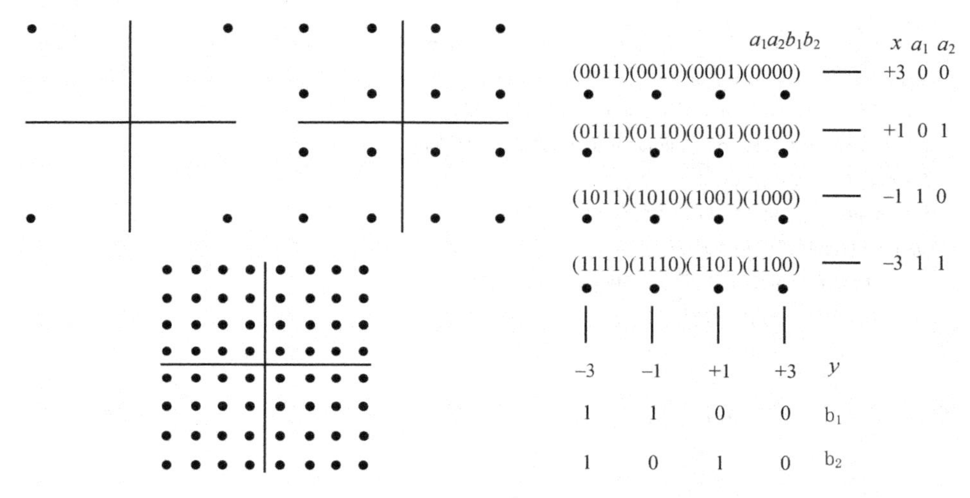

图 7 - 43　常用的 QAM 星座图

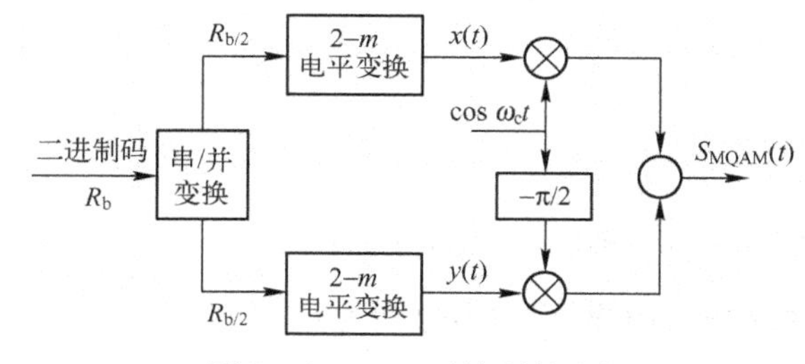

图 7 - 44　QAM 的调制框图

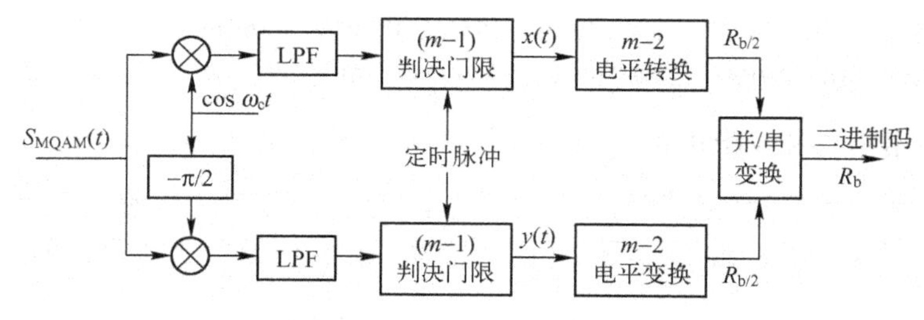

图 7 - 45　QAM 的解调框图

7.4.2 16QAM 调制的 MATLAB 实现

16QAM 的 MATLAB 实现包括串/并变换、比特映射、发送成型滤波、载波调制、载波解调、接收匹配滤波、IQ 抽样判决、接收比特数据恢复 8 个模块。主要的参数如下：基带信号速率为 1 Hz，载波频率为 4 Hz，采样频率为 16 Hz。主要的 matlab 程序如下：

```
clear;clc;echo off;close all;
N = 1000;                          %设定码元数量
fb = 1;                            %基带信号频率
fs = 16;                           %抽样频率
fc = 4;                            %载波频率,为便于观察已调信号,把载波频率设得较低
info = randi([0 1],1,N);           %产生二进制信号序列
%%%首先进行串并变换%%%%%%%%%%%%%%%%%%%%%%%%%%%%%
Ibit = info(1:2:length(info));      %% N/2 个比特
Qbit = info(2:2:length(info));      %% N/2 个比特
%%%%%%2 比特到 4 电平的映射%%%%%%%%%%%%%%%%%%%%%%%%%%%%%%%%%%%%
%%%%%映射规则如下:00 -->-1.5;  01 --> -0.5;  11 -->0.5; 10 -->1.5;%%%%%%
% info = [1 1 0 0 1 0 1 0 0 0 1 1];
% Ibit = info(1:2:length(info));    %% N/2 个比特
% Qbit = info(2:2:length(info));    %% N/2 个比特
T = [0 1;3 2];
for i = 1:2:length(Ibit)
        Ibit2 = Ibit(i:i+1) +1;
        ISymbol((i+1)/2) = T(Ibit2(1),Ibit2(2)) -1.5;
        Qbit2 = Qbit(i:i+1) +1;
        QSymbol((i+1)/2) = T(Qbit2(1),Qbit2(2)) -1.5;
end
figure;
subplot(2,1,1);stem(ISymbol);title('I 路符号');
subplot(2,1,2);stem(QSymbol);title('Q 路符号');
%对基带信号进行 16QAM 调制,fb = 1,I 路和 Q 路的符号速率分别为 1/4,而 fs = 32,因此过采样
率为 32 ×4 = 128,所以最后产生的数据有 N/4 ×128 个。

OverSamp = fs/(fb/4);                        %过采样率 = 32/(1/4) = 128
Delay = 3;                                   %单位为调制符号
alpha = 0.5;                                 %滚降系统; B = 1000/2 * (1 +0.5) = 750Hz
h_sqrt  = rcosine(1,OverSamp,'fir/sqrt ',alpha,Delay);
ISymbol_OverSample = kron(ISymbol,[1 zeros(1,OverSamp -1)]);
QSymbol_OverSample = kron(QSymbol,[1 zeros(1,OverSamp -1)]);
                                                    % 2)调制符号成型
% SendShape_I = filter(h_sqrt,1,ISymbol_OverSample);  % I 路滤波
% SendShape_Q = filter(h_sqrt,1,QSymbol_OverSample);  % Q 路滤波
SendShape_I = conv(h_sqrt,ISymbol_OverSample);        % I 路滤波
SendShape_Q = conv(h_sqrt,QSymbol_OverSample);        % Q 路滤波
figure;
subplot(3,1,1);plot(h_sqrt);title('成形滤波器时域波形');
subplot(3,1,2);plot(SendShape_I);title('脉冲成型后的 I 路波形');
subplot(3,1,3);plot(SendShape_Q);title('脉冲成型后的 Q 路波形');
                                                    % 3)载波调制 fc
N = 0:length(SendShape_I) -1;
```

```
QamSignal = SendShape_I. * cos(2 * pi * fc * N/fs) - SendShape_Q. * sin(2 * pi * fc * N/fs);     %
调制
figure;
plot(abs(fft(QamSignal)));title('QAM 信号的频谱');
%%%%%%%%%解调%%%%%%
DemodWave_I = QamSignal. * cos(2 * pi * fc * N/fs);
DemodWave_Q = QamSignal. * sin(2 * pi * fc * N/fs);
figure;
subplot(2,2,1);plot(DemodWave_I); title('解调后的 I 路时域波形')
subplot(2,2,2);plot(abs(fft(DemodWave_I)));title('解调后的 I 路频域波形')
subplot(2,2,3);plot(DemodWave_Q); title('解调后的 Q 路时域波形')
subplot(2,2,4);plot(abs(fft(DemodWave_Q)));title('解调后的 Q 路频域波形')

%%%%匹配滤波接收%%%%
% RcvMatch_I = filter(h_sqrt,1,SendShape_I);         %%h_sqrt is real, conj isn't necessary.
% RcvMatch_Q = filter(h_sqrt,1,SendShape_Q);
RcvMatch_I = conv(h_sqrt,SendShape_I);               %%h_sqrt is real, conj isn't necessary.
RcvMatch_Q = conv(h_sqrt,SendShape_Q);
figure;
subplot(2,1,1);plot(RcvMatch_I);title('匹配滤波后的 I 路');
subplot(2,1,2);plot(RcvMatch_Q);title('匹配滤波后的 Q 路');
%%%%%%取样判决%%%%%%%
%%%符号抽样%%%%
% SynPosi = Delay * OverSamp * 2 ++ LowFilterLen/2;
% SymPosi = SynPosi + (0:OverSamp:(NSym - 1) * OverSamp);
SymPosi = length(h_sqrt):OverSamp:length(RcvMatch_I) - length(h_sqrt) + 1;
RcvI = RcvMatch_I(SymPosi);
RcvQ = RcvMatch_Q(SymPosi);
figure;
subplot(2,1,1);stem(RcvI);title('I 路抽样判决后的符号');
subplot(2,1,2);stem(RcvQ);title('Q 路抽样判决后的符号');
%%%%%4 电平到 2 比特的映射%%%%
%%%先把 +-0.5,+-1.5,转换为 0,1,2,3. 然后再转换为 00,01,11,10%%%%%
%%%%%%%%%映射规则如下: -1.5 -->00;   0.5 -->01;   0.5 -->11; 1.5 -->
10;%%  %%%
I0 = find(RcvI <-1);
YoutI(I0) =0;
I1 =find( -1 < RcvI & RcvI <0);
YoutI(I1) =1;
I2 =find(0 < RcvI & RcvI <1);
YoutI(I2) =3;
I3 =find(RcvI >1);
YoutI(I3) =2;

Q0 =find(RcvQ <-1);
YoutQ(Q0) =0;                    % 00 bit
Q1 =find( -1 < RcvQ & RcvQ <0);
YoutQ(Q1) =1;                    % 01 bit
Q2 =find(0 < RcvQ & RcvQ <1);
YoutQ(Q2) =3;                    % 11 bit
Q3 =find(RcvQ >1);
```

```
YoutQ(Q3) = 2;                    % 10 bit

%一位四进制码元转换为两位二进制码元
for i = 1:length(info)/4
    YoutIbit(2 * i - 1:2 * i) = de2bi(YoutI(i),'left - msb',2);
    YoutQbit(2 * i - 1:2 * i) = de2bi(YoutQ(i),'left - msb',2);
end;
YoutIQ = [YoutIbit;YoutQbit];
Yout = YoutIQ(:)';
errorbit = sum(abs(Yout - info))
debug = 0;
```

运行后的各个阶段的时域和频域波形如图 7-46 ~ 图 7-51 所示。

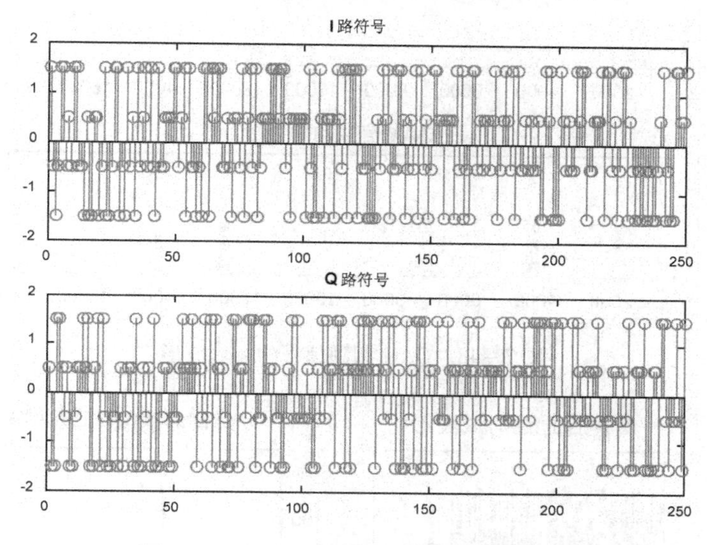

图 7 - 46　星座映射后的 I 路和 Q 路符号

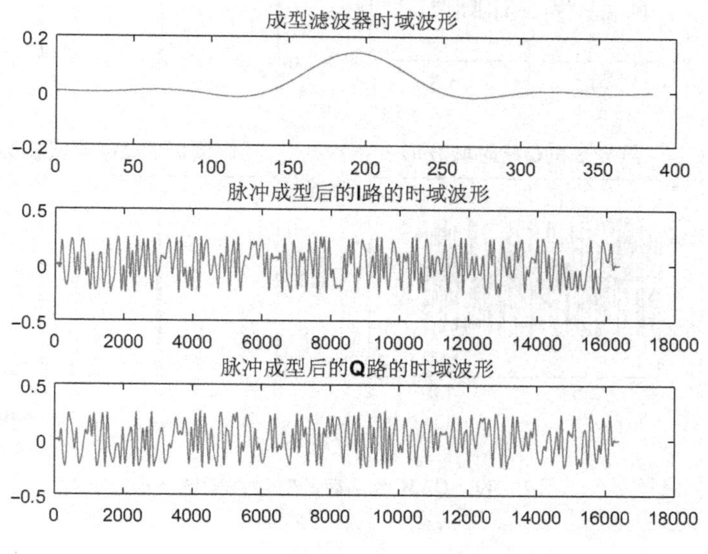

图 7 - 47　脉冲成型后的 I 路和 Q 路的时域波形

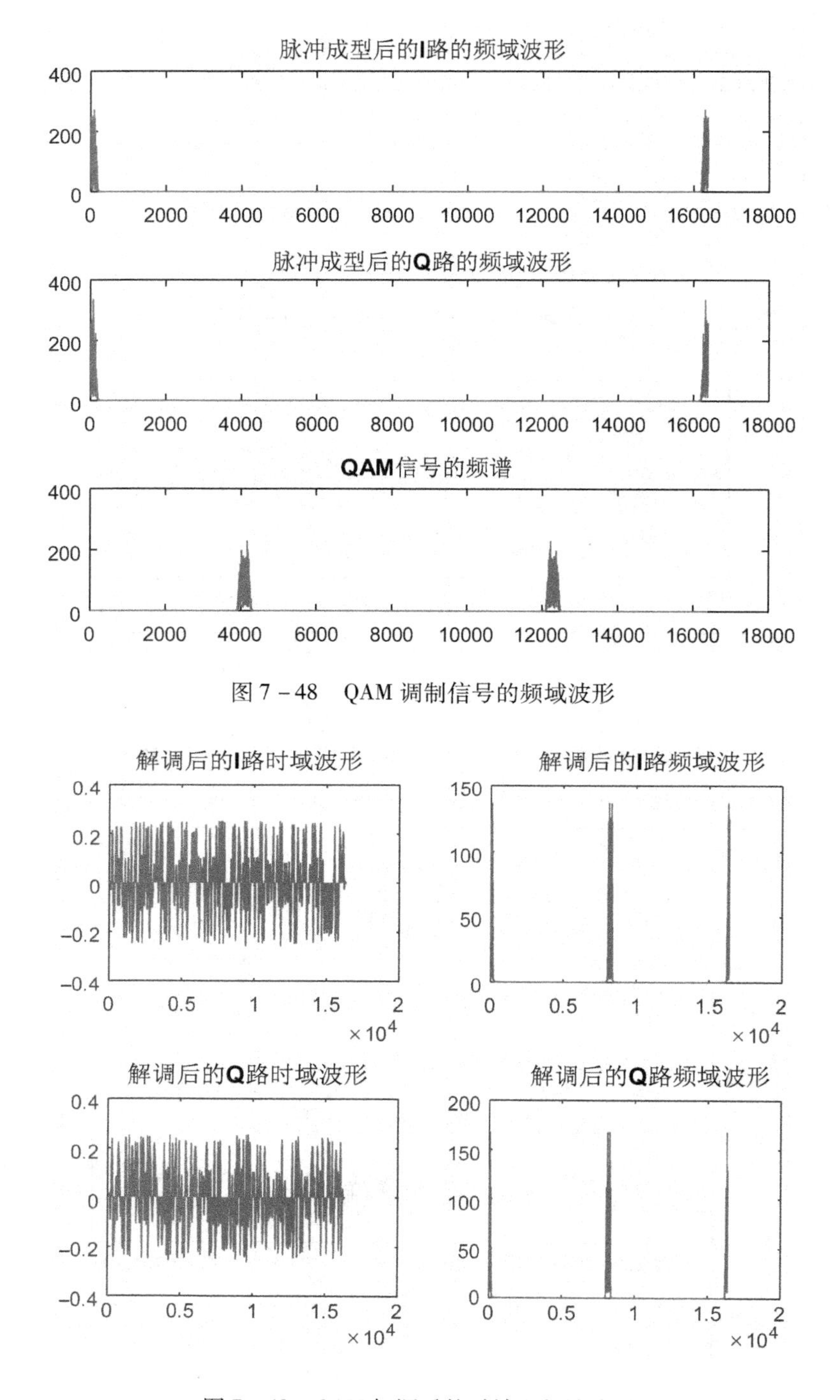

图 7－48　QAM 调制信号的频域波形

图 7－49　QAM 解调后的时域和频域波形

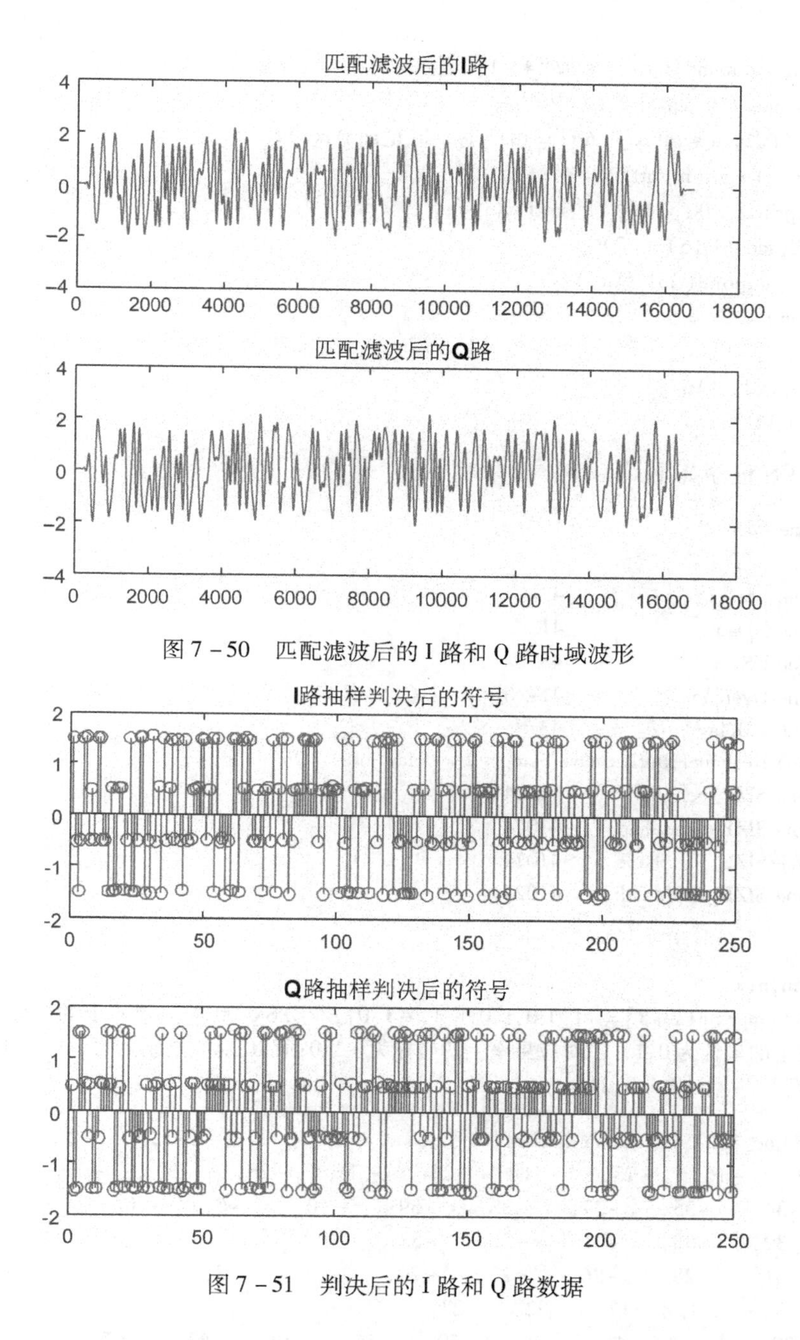

图 7-50　匹配滤波后的 I 路和 Q 路时域波形

图 7-51　判决后的 I 路和 Q 路数据

通过比较一开始发送和抽样判决后的 I 路和 Q 路符号图形可知，接收的信号和发送的信号一致。

7.4.3　16QAM 调制的 DSP 实现

由于成型滤波器的阶数比较长，因此可以采用文件的方式，先把滤波器的系数写到一个文件中，然后再复制到 CCS 文件中。

```
h_sqrt = rcosine(1,OverSamp,'fir/sqrt',alpha,Delay);
```

```
h_sqrtFix = round( h_sqrt  * (2^14 - 1) ) ;
fid1 = fopen( 'h_sqrtFix1. txt ','w ') ;
fprintf( fid1 ,'h_sqrtFix[ %6d] = \n{',length( h_sqrtFix) ) ;
for i = 1 :length( h_sqrtFix)
    fprintf( fid1 ,'%6d,',h_sqrtFix( i) ) ;
    if( mod( i,16) ==0)
        fprintf( fid1 ,'\n ') ;
    end
end
fprintf( fid1 ,'} \n ') ;
fclose( fid1 ) ;
```

具体的 CCS 程序如下：

```
#define  Fs                16
#define  fb                1
#define  fc                4
#define NData              412
#define NSym               43
#define OverSamp           4Fs/fb * 4
#define  Delay             43
#define ReshapeFilterLen OverSamp * 2 * Delay + 1
#define SIZE_SendIQ        41024
#define SIZE_SendShape     41024
#define SIZE_RcvShape      41024
#define SIZE_RcvMatch      41024

shorti;
shortm,n,k;
short CompSymTab[8] = {1,0,0,1,0, -1, -1,0} ;//QPSK:00 对应星座上的坐标为 1,0; 01 对应星座上的坐标为 0,1; 11 对应星座上的坐标为 -1,0;而 10 对应星座上的坐标为 0, -1
shortT  [4] = {0,1,3,2} ;

short Coe_RCOS[ ReshapeFilterLen] = {  6,   4,   1,   -2,   -5,   -7,   -10,
-13,  -16,  -18,  -21,  -23,  -26,  -28,  -30,  -32,
   -34,  -35,  -37,  -38,  -39,  -40,  -40,  -40,  -40,  -40,  -40,
   -39,  -38,  -36,  -35,  -33,
   -31,  -28,  -26,  -23,  -20,  -16,  -13,   -9,   -5,   -1,   4,
    8,   13,   17,   22,   27,
    32,   36,   41,   46,   50,   55,   59,   63,   67,   71,   74,   77,
    80,   82,   84,   86,
    87,   88,   88,   87,   87,   85,   83,   81,   78,   74,   70,   65,
    60,   53,   47,   40,
    32,   23,   14,   5,   -5,  -16,  -27,  -38,  -50,  -62,  -75,
 -87,  -100,  -113,  -127,  -140,
  -154,  -167,  -180,  -194,  -206,  -219,  -232,  -243,  -255,  -266,
 -276,  -286,  -295,  -303,  -310,  -316,
  -321,  -325,  -328,  -330,  -330,  -329,  -327,  -323,  -318,  -311,
```

```
-303,  -293,  -281,  -268,  -253,  -236,
  -217,  -197,  -175,  -151,  -125,  -97,  -67,  -36,  -3,  32,
68,  106,  146,  188,  231,  275,
  321,  368,  417,  467,  518,  570,  623,  677,  731,  787,  843,  899,
956,  1013,  1070,  1128,
  1185,  1242,  1299,  1355,  1411,  1466,  1520,  1574,  1626,  1677,  1727,  1776,
  1823,  1869,  1913,  1955,
  1996,  2034,  2070,  2105,  2137,  2167,  2194,  2219,  2241,  2261,  2279,  2294,
  2306,  2315,  2322,  2326,
  2328,  2326,  2322,  2315,  2306,  2294,  2279,  2261,  2241,  2219,  2194,  2167,
  2137,  2105,  2070,  2034,
  1996,  1955,  1913,  1869,  1823,  1776,  1727,  1677,  1626,  1574,  1520,  1466,
  1411,  1355,  1299,  1242,
  1185,  1128,  1070,  1013,  956,  899,  843,  787,  731,  677,  623,  570,
518,  467,  417,  368,
  321,  275,  231,  188,  146,  106,  68,  32,  -3,  -36,  -67,  -97,
  -125,  -151,  -175,  -197,
  -217,  -236,  -253,  -268,  -281,  -293,  -303,  -311,  -318,  -323,  -
327,  -329,  -330,  -330,  -328,  -325,
  -321,  -316,  -310,  -303,  -295,  -286,  -276,  -266,  -255,  -243,  -
232,  -219,  -206,  -194,  -180,  -167,
  -154,  -140,  -127,  -113,  -100,  -87,  -75,  -62,  -50,  -38,  -
27,  -16,  -5,  5,  14,  23,
   32,  40,  47,  53,  60,  65,  70,  74,  78,  81,  83,  85,
   87,  87,  88,  88,
   87,  86,  84,  82,  80,  77,  74,  71,  67,  63,  59,  55,
   50,  46,  41,  36,
   32,  27,  22,  17,  13,  8,  4,  -1,  -5,  -9,  -13,  -
16,  -20,  -23,  -26,  -28,
  -31,  -33,  -35,  -36,  -38,  -39,  -40,  -40,  -40,  -40,  -40,
  -40,  -39,  -38,  -37,  -35,
  -34,  -32,  -30,  -28,  -26,  -23,  -21,  -18,  -16,  -13,  -10,
   -7,  -5,  -2,  1,  4,
   6};
short SinTab[4] = {0, 2048,0, -2048};
short CosTab[4] = {2048,0, -2048,0};
short DataIn[12] = {1,1,0,0,1,0,1,0,0,0,1,1};
short DataIn_RP;
short Send_DNum;
short SendIbit[1024],SendQbit[1024];
short SendI[1024],SendQ[1024];
short SendIQ_WP,SendIQ_RP;
short SendShape_I[1024],SendShape_Q[1024];
short SendShape_WP,SendShape_RP;
short QamSignal[1024];
short QamSignal_WP,QamSignal_RP;
short DeQamSigI[1024],DeQamSigQ[1024];
```

```
short RcvShape_I[1024],RcvShape_Q[1024];
short RcvShape_WP,RcvShape_RP;
short RcvMatch_I[1024],RcvMatch_Q[1024];
short RcvMatch_WP,RcvMatch_RP;
short rData[64];
short rData_WP;
short BER_Cntr;
void app_ini(void);
void myApp(void);

void app_ini(void)
{
//short i;
                                        // 初始化
    DataIn_RP = 0;
    rData_WP = 0;

    for(i = 0;i < 1024;i ++ )
    {
        SendIbit[i] = 0;
        SendQbit[i] = 0;
        SendI[i] = 0;
        SendQ[i] = 0;
        SendShape_I[i] = 0;
        SendShape_Q[i] = 0;
        QamSignal[i] = 0;
        DeQamSigI[i] = 0;
        DeQamSigQ[i] = 0;
        RcvShape_I[i] = 0;
        RcvShape_Q[i] = 0;
        RcvMatch_I[i] = 0;
        RcvMatch_Q[i] = 0;
    }
    SendShape_WP = 0;
    SendShape_RP = 0;
    QamSignal_WP = 0;
    QamSignal_RP = 0;
    RcvShape_WP = 0;
    RcvShape_RP = 0;
    RcvMatch_WP = 0;
    RcvMatch_RP = 0;
}

void myApp(void)
{
//    short m,n,k;
    short RPtr;
    long  Sum_I,Sum_Q;
```

```
long TempI,TempQ;
short TempS;

for (m=0;m<NData/2;m++)
{
    SendIbit[m] = DataIn[2*m];
    SendQbit[m] = DataIn[2*m+1];
}

for (m=0;m<NData/4;m++)
{
    SendI[m] = (T[SendIbit[2*m]*2+SendIbit[2*m+1]]-1.5)*2;
    SendQ[m] = (T[SendQbit[2*m]*2+SendQbit[2*m+1]]-1.5)*2;

}

for(m=0;m<NData/4;m++)                    //发送滤波器成型
{
    for (n=0;n<ReshapeFilterLen;n++)
    {
SendShape_I[OverSamp*m+n] = SendShape_I[OverSamp*m+n] + SendI[m]*Coe_RCOS[n];
SendShape_Q[OverSamp*m+n] = SendShape_Q[OverSamp*m+n] + SendQ[m]*Coe_RCOS[n];
    }
}

                                                        //QAM 调制
for(m=0;m<ReshapeFilterLen+OverSamp*NData/4-1;m++)
{
QamSignal[m] = ((long)SendShape_I[m]*(long)CosTab[m%4]-(long)SendShape_Q[m]*
(long)SinTab[m%4])>>11;
}

                                                        //QAM 解调
for(m=0;m<ReshapeFilterLen+OverSamp*NData/4-1;m++)
{
    DeQamSigI[m] = ((long)QamSignal[m]*(long)CosTab[m%4])>>11;
    DeQamSigQ[m] = ((long)QamSignal[m]*(long)SinTab[m%4])>>11;

}
//收匹配
//输入信号的长度为576,匹配滤波器的长度为385,所以滤波后的长度为576+385-1=960
Sum_I=0;
Sum_Q=0;
//for (m=0;m<ReshapeFilterLen*2+OverSamp*NData/4-2;m++)
```

```
for (m=0;m<960;m++)
{
    //for (n=0;n<ReshapeFilterLen+OverSamp*NData/4-1;n++)
    for (n=0;n<576;n++)
    {
        if((m-n<0)|(m-n>384))
        {
            TempI=0;
            TempQ=0;
        }
        else
        {
            TempI=(long)Coe_RCOS[m-n]*(long)DeQamSigI[n];
            TempQ=(long)Coe_RCOS[m-n]*(long)DeQamSigQ[n];
        }
        Sum_I=Sum_I+TempI;
        Sum_Q=Sum_Q+TempQ;
    }
    RcvMatch_I[m]=Sum_I>>16;
    RcvMatch_Q[m]=Sum_Q>>16;
    Sum_I=0;
    Sum_Q=0;
}

    //符号抽样判决,以<-4000、-4000~0、0~4000、>4000为判断的门限
    RPtr=384;
    for (m=0;m<NSym;m++)
    {
        TempI=RcvMatch_I[RPtr];
        TempQ= -RcvMatch_Q[RPtr];


        if(TempI<-4000)
        {
            rData[4*m]=0;
            rData[4*m+2]=0;
        }
        else if( -4000<TempI && TempI<0)
        {
            rData[4*m]=0;
            rData[4*m+2]=1;
        }
        else if(0<TempI && TempI<4000)
```

```
        {
            rDataa[4 * m] = 1;
            rData[4 * m + 2] = 1;
        }
        else if(TempI > 4000)
        {
            rData[4 * m] = 1;
            rData[4 * m + 2] = 0;
        }


        if(TempQ < -4000)
        {
            rData[4 * m + 1] = 0;
            rData[4 * m + 3] = 0;
        }
        else if( -4000 < TempQ && TempQ < 0)
        {
            rData[4 * m + 1] = 0;
            rData[4 * m + 3] = 1;
        }
        else if(0 < TempQ && TempQ < 4000)
        {
            rData[4 * m + 1] = 1;
            rData[4 * m + 3] = 1;
        }
        else if(TempQ > 4000)
        {
            rData[4 * m + 1] = 1;
            rData[4 * m + 3] = 0;
        }

        RPtr + = OverSamp;
    }

                            // BER
    BER_Cntr = 0;
    for (m = 0;m < NData;m ++ )
    {
        if (DataIn[m]!  = rData[m])
            BER_Cntr ++ ;
    }
    m = 0;
}
```

各个阶段运行的结果的时频域图形如图 7-52 ~ 图 7-57 所示。

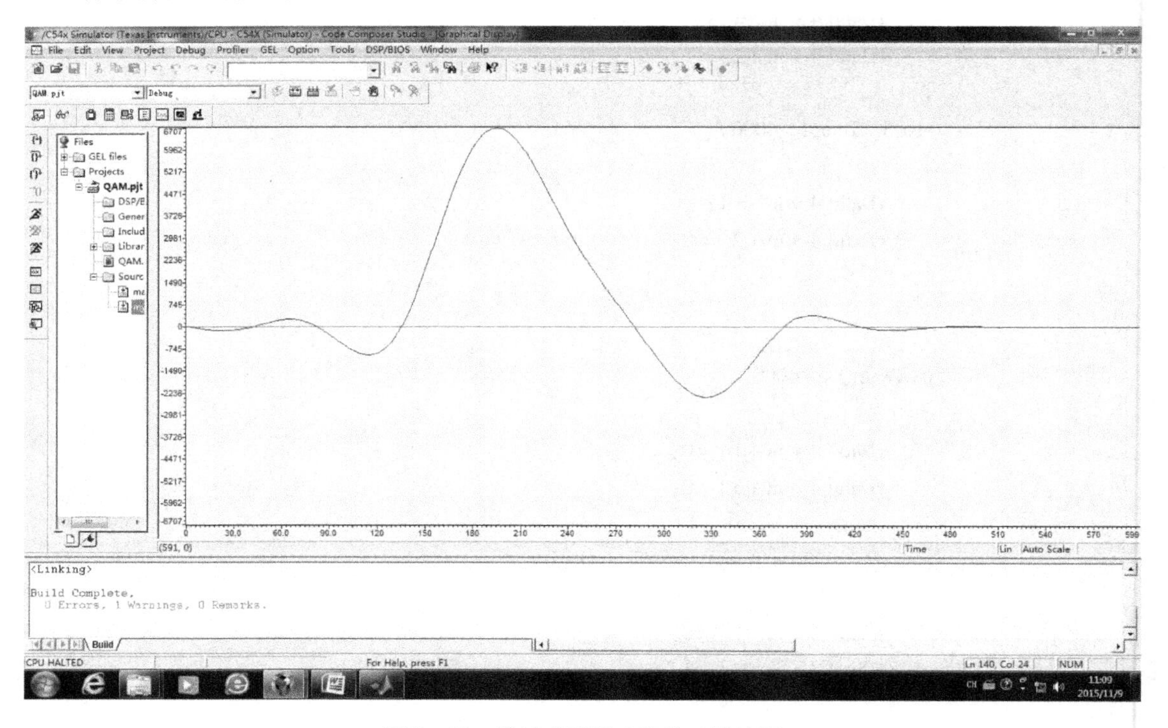

图 7 - 52　脉冲成型后 I 路的时域波形

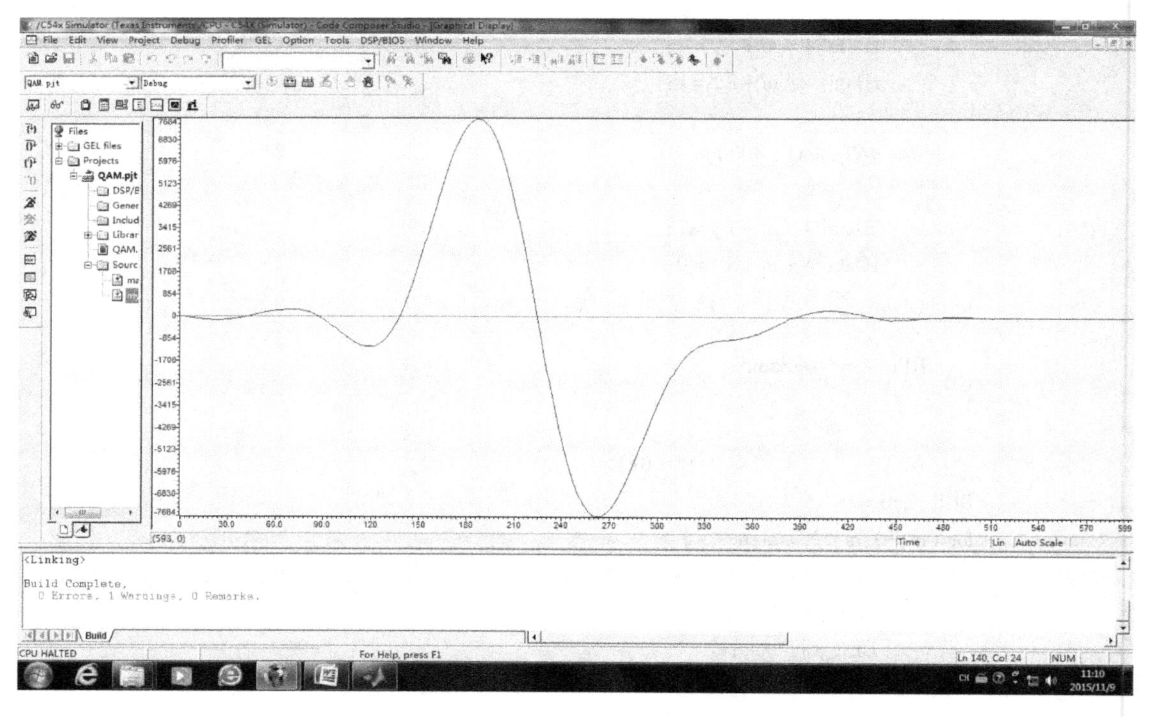

图 7 - 53　脉冲成型后 Q 路的时域波形

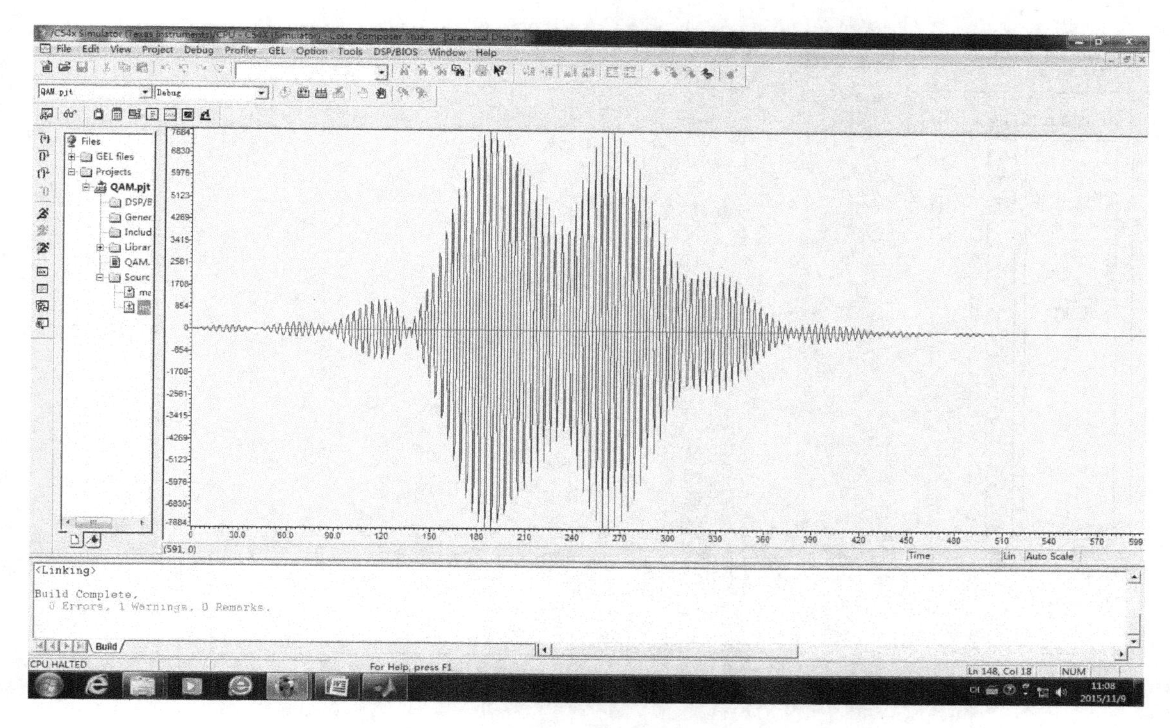

图 7－54　QAM 信号的时域波形

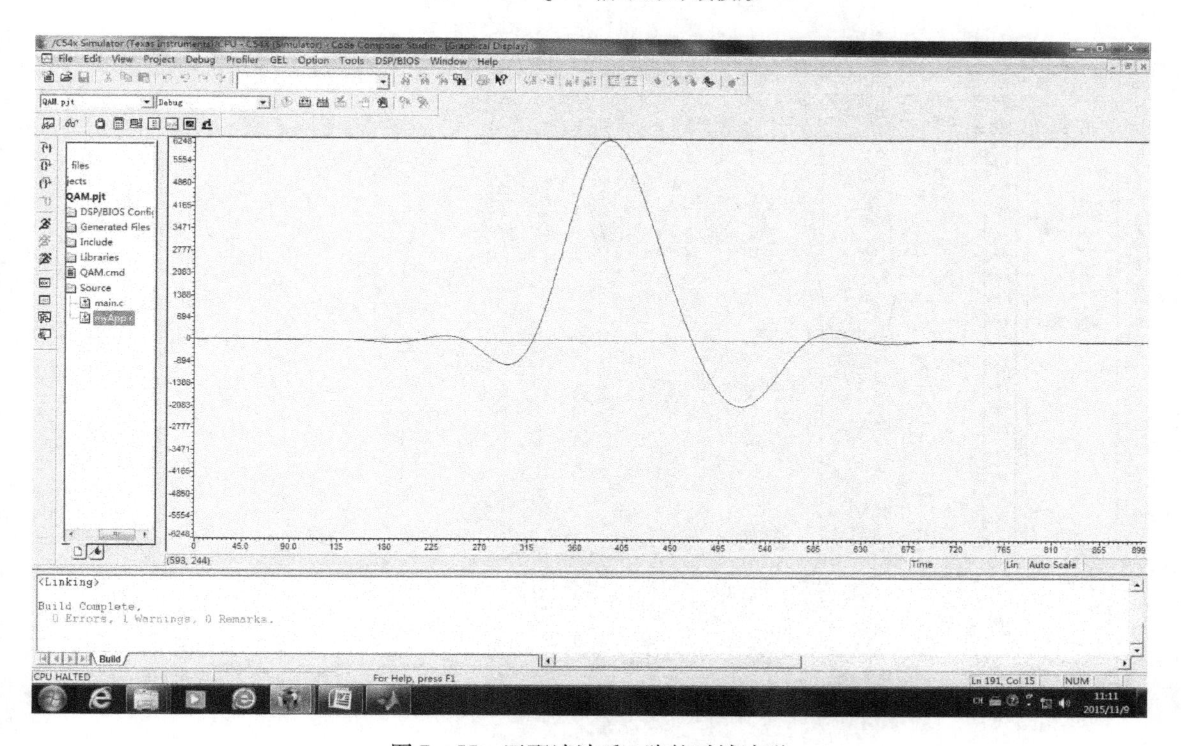

图 7－55　匹配滤波后 I 路的时域波形

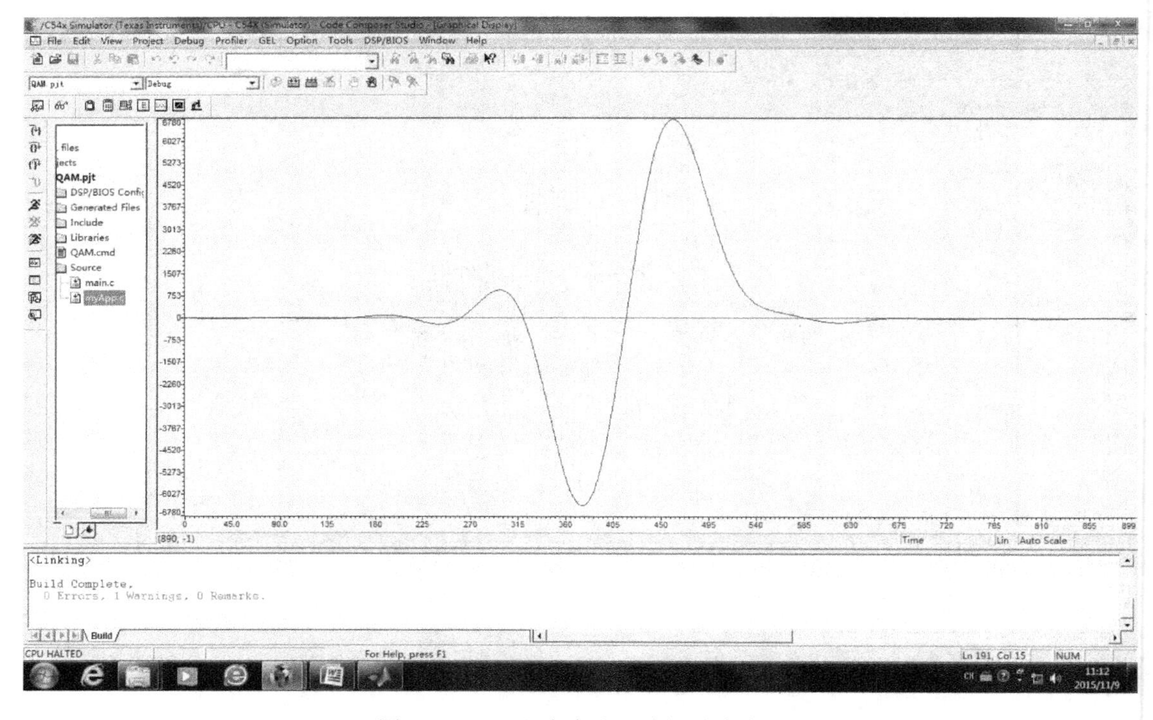

图 7－56　匹配滤波后 Q 路的时域波形

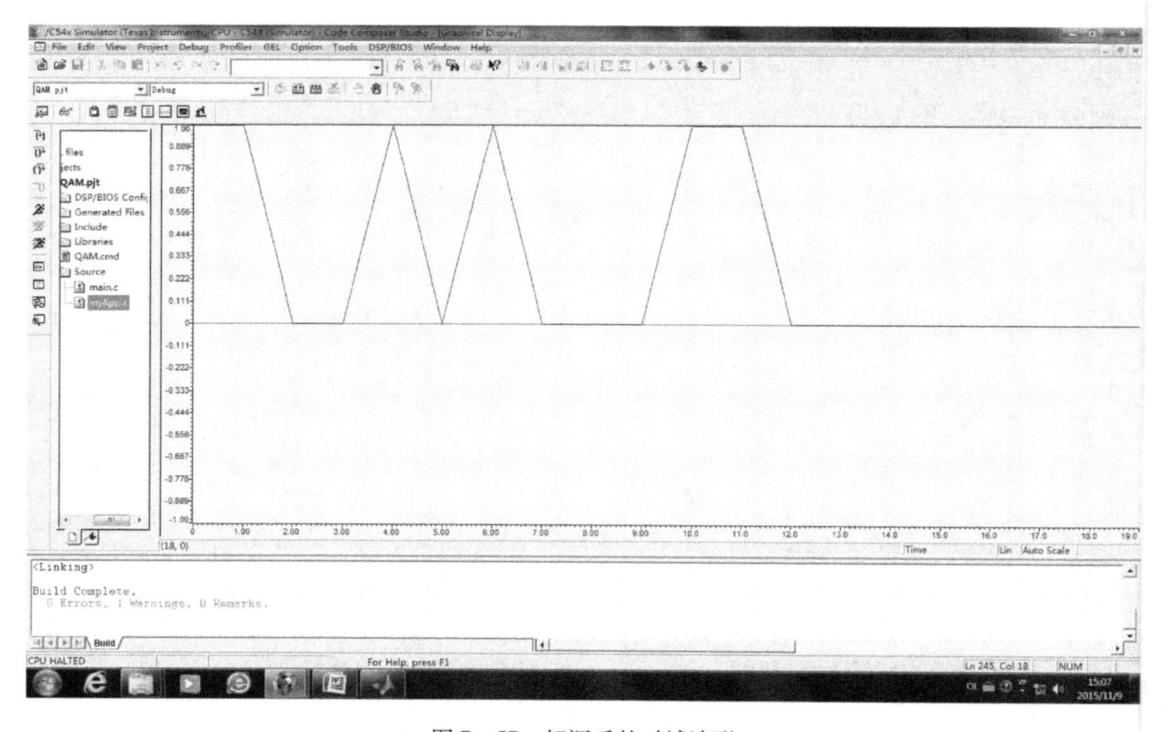

图 7－57　解调后的时域波形

7.4.4 16QAM 调制的 FPGA 实现

16QAM 的 FPGA 实现和 QPSK 的 FPGA 实现差不多，都是用采用 TOP - down 的模式，即自顶向下，主要的模块如图 7-58 所示。

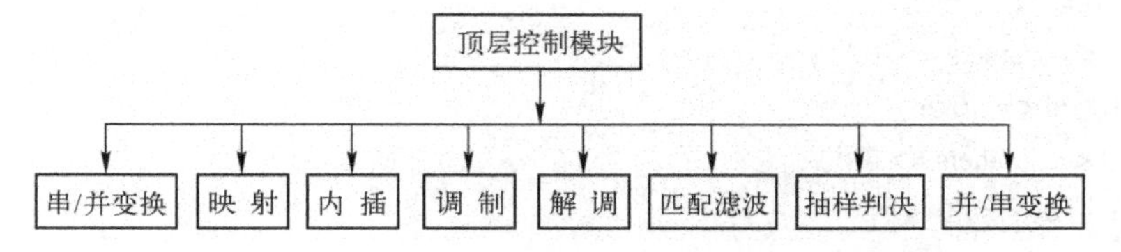

图 7 - 58 16QAM 调制解调的 FPGA 实现框图

要实现 16QAM 调制，首先要经过串/并变换把输入数据变为 I 路和 Q 路两路数据，分别对这两路数据进行 2 bit 的映射，然后进行内插、脉冲成型，最后进行调制。解调时，也是将一路数据分为两路，然后分别对每路数据进行抽样判决，最后进行抽样判决及并/串变换得到输出的结果。和前面介绍的几种调制方式相比，16QAM 调制的主要区别也是在于串/并变换、星座映射和并/串变换两个模块，所以下面重点介绍这两个模块的实现。

串/并变换模块主要是把串行的二进制比特转换为 I 路和 Q 路数据，把 4 bit 数据按照第 1 bit 和第 3 bit 的方式组合成 I 路数据，而把第 2 bit 和第 4 bit 组合成 Q 路数据，相应的 VHDL 程序如下：

```
LIBRARY IEEE;
USE IEEE. STD_LOGIC_1164. ALL;
USE IEEE. STD_LOGIC_ARITH. ALL;
USE IEEE. STD_LOGIC_SIGNED. ALL;
ENTITY serial_parallel IS
PORT (
clk: IN STD_LOGIC;
rst: IN STD_LOGIC;
data_in: IN STD_LOGIC;
din_nd: IN STD_LOGIC;
doutI: OUT STD_LOGIC_VECTOR (1 DOWNTO 0);
doutQ: OUT STD_LOGIC_VECTOR (1 DOWNTO 0);
doutIQ_rd: OUT STD_LOGIC
);
END serial_parallel;
ARCHITECTURE Behavioral OF serial_parallel IS
signal din_nd_dly: std_logic;
signalBIT2I: std_logic_vector(1 downto 0);
signal  BIT2Q: std_logic_vector(1 downto 0);
signalBITIQ_rd: std_logic;
signal  count: integer range 0 to 3;
signalstate: integer range 0 to 1;
```

```
signal firstbit,secondbit,thirdbit,fourthbit:std_logic;
BEGIN
process (rst,clk)
begin
if (rst = '1') then
doutI <= (others =>'0');
doutIQ_rd <= '0';
doutQ <= (others =>'0');
din_nd_dly <= '0';
count <= 0;
state <= 0;
elsif(clk'event and clk = '1') then
din_nd_dly    <= din_nd;
case stateis
when 0 =>
doutIQ_rd <='0';
if(din_nd_dly = '0'and din_nd = '1') then
if(count =0) then
firstbit <=data_in;
count <=count +1;
elsif (count =1) then
secondbit <=data_in;
count <=count +1;
elsif(count =2) then
thirdbit  <=data_in;
count <=count +1;
elsif (count =3) then
fourthbit <=data_in;
count <=0;
state <=1;
end if;
end if;
when 1 =>
doutI <=firstbit&thirdbit;
doutQ <=secondbit&fourthbit;
doutIQ_rd <='1';
state <=0;
end case;
end if;
end process;
END Behavioral;
```

完成串行之后，需要对 I 路数据和 Q 路数据进行映射，映射的规则见表 7-1。

表 7－1　星座映射规则

I/Q 路比特	0 0	0 1	1 0	1 1
星座上的坐标	－1.5	－0.5	0.5	1.5
映射后的补码	101	111	001	011

具体的 VHDL 程序如下：

```
LIBRARY IEEE;
USE IEEE.STD_LOGIC_1164.ALL;
USE IEEE.STD_LOGIC_ARITH.ALL;
USE IEEE.STD_LOGIC_SIGNED.ALL;
ENTITY QAMmapping IS
PORT (
clk: IN STD_LOGIC;
rst: IN STD_LOGIC;
dataI_in: IN STD_LOGIC_vector(1 downto 0);
dataQ_in: IN std_logic_vector(1 downto 0);
din_nd: IN STD_LOGIC;
QAMdataI: OUT STD_LOGIC_VECTOR (2 DOWNTO 0);
QAMdataQ: OUT STD_LOGIC_VECTOR (2 DOWNTO 0);
QAMdata_rd: OUT STD_LOGIC
);
END QAMmapping;
ARCHITECTURE Behavioral OF QAMmapping IS

signal din_nd_dly: std_logic;
BEGIN
process (rst,clk)
begin
if (rst = '1') then
QAMdataI <= (others => '0');
QAMdataQ <= (others => '0');
QAMdata_rd <= '0';
din_nd_dly <= '0';
elsif(clk'event and clk = '1') then
din_nd_dly    <= din_nd;
if(din_nd_dly = '0'and din_nd = '1') then
case dataI_in is
when"00" => QAMdataI <= "101";
when"01" => QAMdataI <= "111";
when"10" => QAMdataI <= "011";
when"11" => QAMdataI <= "001";
end case;
```

```
case dataQ_in is
when"00" => QAMdataQ <= "101";
when"01" => QAMdataQ <= "111";
when"10" => QAMdataQ <= "011";
when"11" => QAMdataQ <= "001";
end case;
QAMdata_rd <= '1 ';
else
QAMdata_rd  <=  '0 ';
end if;
end if;
end process;
END Behavioral;
```

其他模块的 VHDL 程序可以参考前面的内容进行编程。在完成上述模块的编写之后，就可以参考前面 Quartus 的应用进行程序的编译了，编译成功之后，准备进行功能仿真，功能仿真之前需要编写波形仿真文件。在设置波形文件时，需要设置系统时钟 clk 的周期为 1 MHz、输入数据 data_in 的宽度为 250 μs、din_nd 的周期为 4000 Hz、采样频率为 8000 Hz。最后的仿真图形如图 7-59 所示，图中 dout 和 dout_rd 是最后输出的数据和数据的指示信号，通过比较可以发现，输出 dout 和发送的 data_in 是一致的。

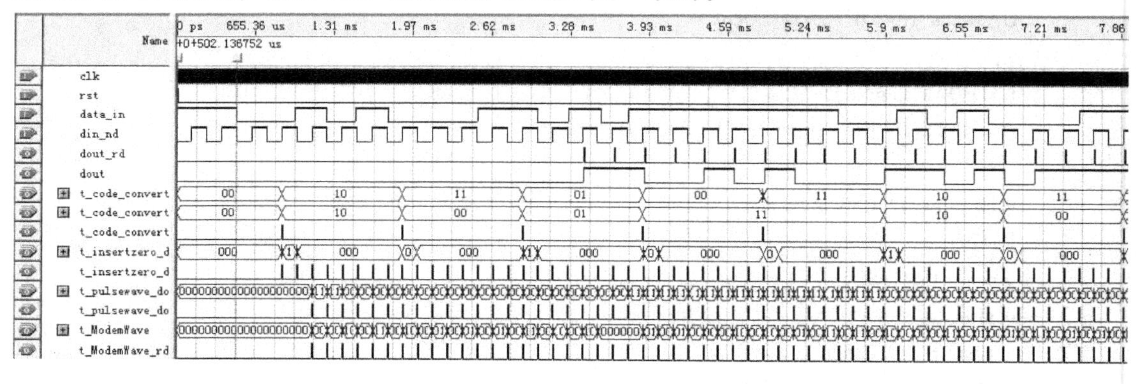

图 7-59　16QAM 调制解调 FPGA 实现的功能仿真图

也可以按照上面的要求，在 MATLAB 中编写一个相应的程序，内容如下：

```
clear;clc;echo off;close all;
fs = 16;
M = 16;
upsample = 8;
fb = fs/upsample * log2(M);
fc = 4;
info = [1 1 0 0 1 0 1 0 0 0 1 1 0 1 0 1 1 1 1 1 1 1 0 0];
Ibit = info(1:2:length(info));
Qbit = info(2:2:length(info));
```

```
T = [0 1;3 2];
for i = 1:2:length(Ibit)
        Ibit2 = Ibit(i:i + 1) + 1;
        ISymbol((i + 1)/2) = T(Ibit2(1),Ibit2(2)) - 1.5;
        Qbit2 = Qbit(i:i + 1) + 1;
        QSymbol((i + 1)/2) = T(Qbit2(1),Qbit2(2)) - 1.5;
end

OverSamp = fs/(fb/4);
Delay = 1;
alpha = 0.5;
h_sqrt  =  rcosine(1,OverSamp,'fir/sqrt',alpha,Delay);
h_sqrt = [ -308  -5 454 1034 1675 2299 2822 3169 3291 3169 2822 2299 1675 1034 454  -5 -
308];
ISymbol_OverSample = 2 * kron(ISymbol,[1 zeros(1,OverSamp - 1)]);
QSymbol_OverSample = 2 * kron(QSymbol,[1 zeros(1,OverSamp - 1)]);
SendShape_I = conv(h_sqrt,ISymbol_OverSample);
SendShape_Q = conv(h_sqrt,QSymbol_OverSample);
SinWave = [0 127 0  -128 0 127 0  -128];
CosWave = [127 0  -128 0 127 0  -128 0];
for i = 1:length(SendShape_Q)/8
modemwave(8 * (i - 1) + 1:8 * i) = SendShape_I(8 * (i - 1) + 1:8 * i). * CosWave - SendShape_Q
(8 * (i - 1) + 1:8 * i). * SinWave;
end
  for i = 1:length(modemwave)/8
    demodemwaveI(8 * (i - 1) + 1:8 * i) = modemwave(8 * (i - 1) + 1:8 * i). * CosWave;
    demodemwaveQ(8 * (i - 1) + 1:8 * i) = modemwave(8 * (i - 1) + 1:8 * i). * SinWave;
end
matchfilterI = floor(conv(demodemwaveI,h_sqrt)/1024);
matchfilterQ = floor(conv(demodemwaveQ,h_sqrt)/1024);
desiondataI = matchfilterI(17:8:end - 17);
desiondataQ = matchfilterQ(17:8:end - 17);
for i = 1:length(desiondataI)
    if(desiondataI(i) > 1.1 * 10^9)
        dataI(i) = 2;
    elseif((1.1 * 10^9 > desiondataI(i))&(desiondataI(i) > 0))
        dataI(i) = 3;
    elseif(0 > desiondataI(i)&desiondataI(i) > -1.1 * 10^9)
        dataI(i) = 1;
    else
        dataI(i) = 0;
    end;
    if(desiondataQ(i) > 1.1 * 10^9)
```

```
            dataQ(i) =0;
        elseif(1.1 * 10^9 > desiondataQ(i)&desiondataQ(i) >0)
            dataQ(i) =1;
        elseif(0 > desiondataQ(i)&desiondataQ(i) > -1.1 * 10^9)
            dataQ(i) =3;
        else
            dataQ(i) =2;
        end;
    end
    dataoutI = reshape((de2bi(dataI,'left - msb'))',1,8);
    dataoutQ = reshape((de2bi(dataQ,'left - msb'))',1,8);
    dataout = reshape([dataoutI 'dataoutQ ']',1,16);
```

得到的抽样判决数据（见图7-60）如下：

```
    desiondataI = [1621959300 625432044  -623937845  -1564218611];
    desiondataQ = [  -1336953167   1411927413   670573798    -520625304];
```

这和VHDL的仿真数据是一样的。

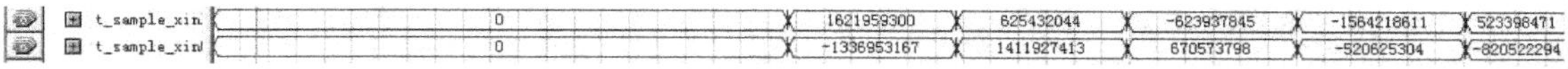

t_sample_xin 0 1621959300 625432044 -623937845 -1564218611 523398471
t_sample_xin 0 -1336953167 1411927413 670573798 -520625304 -820522294

图7-60　16QAM调制解调FPGA实现的功能仿真的局部放大图

第8章　个性化实验

本章简单介绍自适应均衡和直接序列扩频的基本原理和设计方法，讨论自适应均衡 LMS 算法的 DSP 实现以及直接序列扩频的 FPGA 实现。

8.1　自适应均衡的 DSP 实现

8.1.1　自适应均衡的基本原理

理想低通和等效理想低通滤波器都能满足奈氏第一准则，即在抽样时刻没有码间串扰。由于信道特性的变化和设计制造的误差，一个实际的基带传输系统不可能完全满足理想的无码间串扰的条件，因此串扰几乎是不可避免的。为了减小这种串扰，可以串接一个滤波器进行校正，这个滤波器通常称为均衡器。校正可以从频域和时域两个不同的角度考虑。在频域校正称为频域均衡，它是通过调整均衡器把信道和均衡器总的频谱特性校正为理想低通或等效低通特性，从而实现无码间串扰传输。若从时域考虑问题，它是以奈氏第一准则为依据，通过调整抽头系数，从时间波形上把畸变了的波形校正为在取样点上无码间串扰，我们把这种均衡称为时域均衡。随着数字信号处理理论和超大规模集成电路的发展，时域均衡已成为当今高速数据传输中所使用的主要方法。

调整滤波器抽头系数的方法有手动调整和自动调整等。如果接收端知道信道特性，包括信道冲激响应或频率响应，则一般采用比较简单的手动调整方式。由于无线通信信道具有随机性和时变性，即信道特性事先是未知的，因此信道响也是时变的。这就要求均衡器必须能够实时地跟踪无线通信信道的时变特性，均衡器必须可以根据信道响应自动调整抽头系数。我们称这种可以自动调整滤波器抽头系数的均衡器为自适应均衡器。

自适应均衡器一般包含两种工作模式：训练模式和跟踪模式。在训练模式中，发射机发射一个已知的、定长的训练序列，以便接收机处的均衡器可以做出正确的设置。典型的训练序列是一个二进制伪随机信号或是一串预先指定的数据，而紧跟在训练序列之后被传送的是用户数据。接收机处的均衡器将通过递归算法来评估信道特性，并且修正均衡器系数以对信道做出补偿。在设计训练序列时，要求做到即使在最差的信道条件下，均衡器也能通过这个序列获得正确的滤波器系数。这样就可以在接收训练序列后，使得均衡器的滤波器系数已经接近于最佳值。而在接收用户数据时，均衡器的自适应算法就可以跟踪不断变化的信道。其结果是自适应均衡器将不断改变其滤波特性。

均衡器从调整参数至形成收敛，整个过程的时间跨度是均衡器算法、结构和信道变化率的函数。为了保证能有效地消除码间干扰，均衡器需要周期性地做重复训练。均衡器被大量用于数字通信系统中，因为在数字通信系统中用户数据是被分成若干段并被放在相应的时间段中传送的。时分多址（TDMA）无线通信系统特别适合于使用均衡器。这是因为 TDMA 系统在长度固定的时间段中传送数据，且训练序列通常在时间段的头部被发送。每当收到新的时间段，均衡器将用同样的训练序列进行修正。

在无线通信系统中，均衡器常被放在无线接收机的基带或中频部分实现。因为基带包络的复数表达式可以描述带通信号波形，所以信道响应、解调信号和自适应均衡器的算法通常都可以在基带部分被仿真和实现。

图 8-1 所示是使用均衡器的通信系统的结构框图。如果 $x(t)$ 是原始信息信号，$f(t)$ 是等效的基带冲激响应，即综合反映了发射机、信道和接收机的射频、中频部分的总的传输特性，那么均衡器收到的信号可以表示成

$$y(t)=x(t)\otimes f^{*}(t)+n_{\mathrm{b}}(t) \tag{8-1}$$

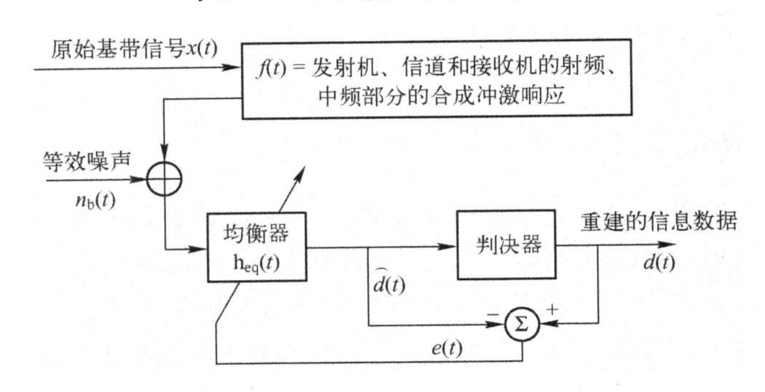

图 8-1　使用均衡器的通信系统的结构框图

式中，$f^{*}(t)$ 是 $f(t)$ 的复共轭函数；$n_{\mathrm{b}}(t)$ 是均衡器输入端的基带噪声；$\otimes$ 为卷积操作符。如果均衡器的冲激响应是 $h_{\mathrm{eq}}(t)$，则均衡器的输出为

$$\begin{aligned}\hat{d}(t)&=x(t)\otimes f^{*}(t)\otimes h_{\mathrm{eq}}(t)+n_{\mathrm{b}}(t)\otimes h_{\mathrm{eq}}(t)\\&=x(t)\otimes g(t)+n_{\mathrm{b}}(t)\otimes h_{\mathrm{eq}}(t)\end{aligned} \tag{8-2}$$

式中，$g(t)$ 是发射机、信道接收机的射频、中频部分和均衡器四者的等效冲激响应。横向滤波均衡器的基带复数冲激响应可以描述如下：

$$h_{\mathrm{eq}}(t)=\sum_{n}c_{n}\delta(t-nT) \tag{8-3}$$

式中，c_n 是均衡器的复数滤波系数。均衡器的期望输出值为原始信息 $x(t)$。假定 $n_{\mathrm{b}}(t)=0$，那么为了使式（8-2）中的 $\hat{d}(t)=x(t)$，必须要求

$$g(t)=f^{*}(t)\otimes h_{\mathrm{eq}}(t)=\delta(t) \tag{8-4}$$

均衡器的目的就是实现式（8-4），其频域表达式为

$$H_{\mathrm{eq}}(f)F^{*}(-f)=1 \tag{8-5}$$

式中，$H_{\mathrm{eq}}(f)$ 和 $F(f)$ 是 $h_{\mathrm{eq}}(t)$ 和 $f(t)$ 所对应的傅里叶变换。

式（8-5）表明均衡器实际上是传输信道的反向滤波器。如果传输信道是频率选择性的，那么均衡器将增强频率衰落大的频谱部分，而削弱频率衰落小的频谱部分，以使所收到的频谱的各部分衰落趋于平坦，相位趋于线性。对于时变信道，自适应均衡器可以跟踪信道的变化，以使式（8-5）基本满足。

8.1.2 自适应均衡的设计方法

自适应均衡器就是一种自适应滤波器，它通过在自适应过程中进行变换产生期望响应的估计，使滤波器输出与希望恢复的信号相同。自适应滤波是近 30 年以来发展起来的一种最佳滤波方法。它是在维纳滤波、Kalman 滤波等线性滤波基础上发展起来的一种最佳滤波方法。由于它具有更强的适应性和更优的滤波性能，所以在工程实际中，尤其是在信息处理技术中得到了广泛的应用。

一个带均衡器的数字通信系统的框图如图 8-2 所示。

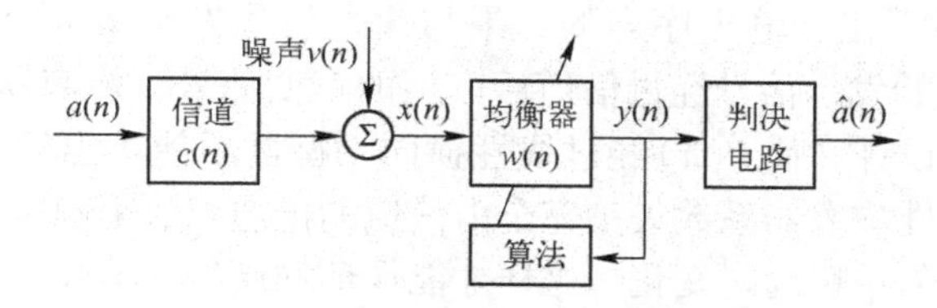

图 8-2　带均衡器的数字通信系统

均衡器的输入序列：

$$x(n)=a(n)*c(n)+v(n) \tag{8-6}$$

式中，符号 * 表示卷积；$a(n)$表示被传输的数字序列；$c(n)$为广义信道（包括发射机、传输信道、接收机 3 部分）；$v(n)$为零均值的加性高斯白噪声；$w(n)$为补偿信道线性失真的均衡器抽头权系数；$\hat{a}(n)$为被传输数字序列的估计值。

传统的自适应均衡器是在数据传输开始前先发送一段接收端已知的伪随机序列，用以对均衡器进行“训练”。待训练完成后，再转换到自适应方式开始数据传输。在图 8-2 中，$x(n)$表示 n 时刻的输入信号值，$y(n)$表示 n 时刻的输出信号值，$d(n)$表示 n 时刻的参考信号值或所期望的响应信号值，误差信号 $e(n)$为 $d(n)$与 $y(n)$之差。自适应均衡器的均衡参数受误差信号 $e(n)$的控制，根据 $e(n)$的值而自动调整，使之适合下一时刻的输入$x(n+1)$，自适应均衡器的设计目标是使输出 $y(n+1)$逼近于所期望的参考信号 $d(n+1)$。

线性横向均衡器是自适应均衡方案中最简单的形式，它的基本框图如图 8-3 所示。它是由多级抽头延迟线、可变增益电路及求和器组成的线性系统。其抽头间隔为码元的周期 T，它把所收到的信号的当前值和过去值按滤波器系数做线性迭加，并把生成的和作为输出。

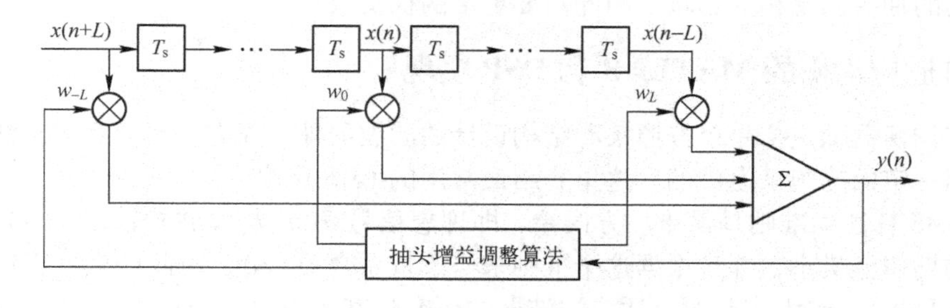

图 8-3　线性横向均衡器

令 $\boldsymbol{w}(n)$ 表示图 8-3 中线性均衡器中滤波系数的矢量，也就是

$$\boldsymbol{w}(n)=[w_{-L}(n),w_{1-L}(n),\cdots w_0(n),\cdots w_{L-1}(n),w_L(n)] \tag{8-7}$$

$\boldsymbol{x}(n)$ 表示均衡器输入信号矢量，也就是

$$\boldsymbol{x}(n)=[x(n+L),x(n+L-1),\cdots x(n),\cdots x(n-L+1),x(n-L)] \tag{8-8}$$

则输出信号 $y(n)$ 可以表示为

$$y(n)=\sum_{i=-L}^{L}w_i(n)x(n-i)=\boldsymbol{w}^{\mathrm{T}}(n)\boldsymbol{x}(n) \tag{8-9}$$

式中，上角 T 表示矩阵的转置。

由式（8-9）可以看出，输出序列的结果与输入信号矢量 $\boldsymbol{x}(n)$ 和均衡器的系数矢量 $\boldsymbol{w}(n)$ 有关，该 $x(n)$ 为原始发送信号经过信道后产生的畸变信号，均衡器系数矢量 $\boldsymbol{w}(n)$ 应根据信道的特性的改变进行设计，使 $\boldsymbol{x}(n)$ 经过线性横向均衡器后使输出的信号在抽样点无码间干扰。经过推导可得，线性均衡器系数矢量完全由信道的传递函数来确定，如果信道的特性发生了变化，则相应的系数矢量也随之变化，这样才能保证均衡后在抽样时刻上无码间干扰。

假设期望信号为 $d(n)$，则误差输出序列为 $e(n)$ 为

$$e(n)=d(n)-y(n)=d(n)-\boldsymbol{w}^{\mathrm{T}}(n)\boldsymbol{x}(n) \tag{8-10}$$

显然，自适应均衡器的原理是用误差序列 $e(n)$ 按照某种准则和算法对其系数 $\boldsymbol{w}(n)$ 进行调整，最终使自适应均衡器的代价（目标）函数最小，达到最佳均衡的目的。在实际应用中，均衡系数可以通过迫零准则或最小均方准则（MMSE）获得。对于迫零准则，调整均衡器系数使稳定后的所有样值冲击响应具有最小的码间干扰；而 MMSE 准则的均衡器系数调整是为了使期望信号 $d(n)$ 和均衡器输出信号 $y(n)$ 之间的均方误差最小。无论是基于 MMSE 准则还是迫零准则在无噪声条件下，对于无限抽头的线性横向均衡器而言，直观上都是信道的逆滤波器，两者是等价的。如果考虑实际噪声条件，且对于有限抽头线性横向均衡器而言，这两种准则就会产生差别。在 MMSE 准则下，均衡器抽头对加性噪声和信道畸变均进行补偿，补偿包括相位和幅度两个方面，其性能较好；而基于迫零准则的均衡器，则会忽略噪声的影响。

线性横向均衡器最大的优点是其结构非常简单，容易实现，因此在各种数字通信系统中得到了广泛的应用。但是其结构决定了两个难以克服的缺点：① 噪声的增强会使线性横向均衡器无法均衡具有深度零点的信道——为了补偿信道的深度零点，线性横向均衡器必须具有高增益的频率响应，但是这样也会放大噪声；② 线性均衡器与接收信号的幅度信息关系密切，而幅度会随着多径衰落信道中相邻码元的改变而改变，因此滤波器抽头系数的调整不是独立的。由于以上两点，线性横向均衡器在畸变严重的信道和低信噪比环境中性能较差，而且滤波器的抽头调整相互影响，因此需要更多的抽头数目。

8.1.3　自适应均衡的 MATLAB 和 DSP 实现

自适应均衡器除包括一个按照某种结构设计的滤波器外，还有一套自适应算法。自适应算法是根据一定的准则来设计的。这里介绍最常用的 LMS 算法。

经典 LMS 算法的准则是最小均方误差，即理想信号 $d(n)$ 与滤波器输出 $y(n)$ 之差 $e(n)$ 的平方值的期望值最小，并且根据这个准则来修改权系数 $w_i(n)$，由此产生的算法称为最小均方算法（LMS）。绝大多数对自适应滤波器的研究是基于由 Windrow 提出的 LMS 算法。这是因为 LMS 算法的设计和实现都较为简单，因而在很多应用场合都非常适用。

令 N 阶 FIR 滤波器的抽头系数为 $w_i(n)$，滤波器的输入和输出分别为 $x(n)$ 和 $y(n)$，则

FIR 横向滤波器方程可表示为

$$y(n) = \sum_{i=1}^{N} w_i(n)x(n-i) \tag{8-11}$$

令 $d(n)$ 代表“所期望的响应”，并定义误差信号

$$\begin{aligned} e(n) &= d(n) - y(n) \\ &= d(n) - \sum_{i=1}^{N} w_i(n)x(n-i) \end{aligned} \tag{8-12}$$

采用向量形式表示权系数及输入 $\boldsymbol{W}$ 和 $\boldsymbol{X}(n)$，可以将误差信号 $e(n)$ 写作

$$\begin{aligned} e(n) &= d(n) - \boldsymbol{W}^{\mathrm{T}}\boldsymbol{X}(n) \\ &= d(n) - \boldsymbol{X}^{\mathrm{T}}(n)\boldsymbol{W} \end{aligned} \tag{8-13}$$

误差平方为

$$e^2(n) = d^2(n) - 2d(n)\boldsymbol{X}^{\mathrm{T}}(n)\boldsymbol{W} + \boldsymbol{W}^{\mathrm{T}}\boldsymbol{X}(n)\boldsymbol{X}^{\mathrm{T}}(n)\boldsymbol{W} \tag{8-14}$$

上式两边取数学期望后，得均方误差

$$E\{e^2(n)\} = E\{d^2(n)\} - 2E\{d(n)\boldsymbol{X}^T(n)\}\boldsymbol{W} + \boldsymbol{W}^{\mathrm{T}}E\{\boldsymbol{X}(n)\boldsymbol{X}^{\mathrm{T}}(n)\}\boldsymbol{W} \tag{8-15}$$

定义互相关函数向量 $\boldsymbol{R}_{Xd}^{\mathrm{T}}$：

$$\boldsymbol{R}_{Xd}^{\mathrm{T}} = E\{d(n)\boldsymbol{X}^{\mathrm{T}}(n)\} \tag{8-16}$$

和自相关函数矩阵

$$\boldsymbol{R}_{XX} = E\{\boldsymbol{X}(n)\boldsymbol{X}^{\mathrm{T}}(n)\} \tag{8-17}$$

则式（8－15）的均方误差可表述为

$$E\{e^2(n)\} = E\{d^2(n)\} - 2\,\boldsymbol{R}_{Xd}^{\mathrm{T}}\boldsymbol{W} + \boldsymbol{W}^{\mathrm{T}}\,\boldsymbol{R}_{XX}\boldsymbol{W} \tag{8-18}$$

这表明，均方误差是权系数向量 $\boldsymbol{W}$ 的二次函数，它是一个中间向上凹的抛物形曲面，是具有唯一最小值的函数。调节权系数使均方误差为最小，相当于沿抛物形曲面下降找最小值。可以用梯度法来求该最小值。

将式（8－18）对权系数 $\boldsymbol{W}$ 求导数，得到均方误差函数的梯度

$$\begin{aligned} \nabla(n) = \nabla E\{e^2(n)\} &= \left[\frac{\partial E\{e^2(n)\}}{\partial W_1}, \cdots, \frac{\partial \mathrm{E}\{e^2(n)\}}{\partial W_N}\right]^{\mathrm{T}} \\ &= -2\,\boldsymbol{R}_{Xd} + 2\,\boldsymbol{R}_{XX}\boldsymbol{W} \end{aligned} \tag{8-19}$$

令 $\nabla(n)=0$，即可求出最佳权系数向量

$$\boldsymbol{W}_{\mathrm{opt}} = \boldsymbol{R}_{XX}^{-1}\boldsymbol{R}_{Xd} \tag{8-20}$$

将 $\boldsymbol{W}_{\mathrm{opt}}$ 代入式（8－18），得最小均方误差

$$\mathrm{E}\,\{e^2(n)\}_{\min} = \mathrm{E}\{d^2(n)\} - \boldsymbol{R}_{Xd}^{\mathrm{T}}\boldsymbol{W}_{\mathrm{opt}} \tag{8-21}$$

利用式（8－21）求最佳权系数向量的精确解需要知道 $\boldsymbol{R}_{XX}$ 和 $\boldsymbol{R}_{Xd}$ 的先验统计知识，而且还需要进行矩阵求逆等运算。Widrow 和 Hoff 提出了一种在这些先验统计知识未知时求 $\boldsymbol{W}_{\mathrm{opt}}$ 的近似值的方法，习惯上称为 Widrow－Hoff LMS 算法。这种算法的根据是最优化方法中的最速下降法。根据最速下降法，“下一时刻”权系数向量 $\boldsymbol{W}(n+1)$ 应该等于“现时刻”权系数向量 $\boldsymbol{W}(n)$ 加上一个负均方误差梯度 $-\nabla(n)$ 的比例项，即

$$\boldsymbol{W}(n+1) = \boldsymbol{W}(n) - \mu\,\nabla(n) \tag{8-22}$$

式中，μ 是一个控制收敛速度与稳定性的常数，称为收敛因子。

不难看出，LMS 算法有两个关键点：梯度$\nabla(n)$的计算和收敛因子μ的选择。

精确计算梯度$\nabla(n)$是十分困难的。一种粗略的但是却十分有效的计算$\nabla(n)$的近似方法是：直接取$e^2(n)$作为均方误差$E\{e^2(n)\}$的估计值，即

$$\hat{\nabla}(n)=\nabla[e^2(n)]=2e(n)\nabla[e(n)] \tag{8-23}$$

式中，$\nabla[e(n)]$为

$$\nabla[e(n)]=\nabla[d(n)-\boldsymbol{W}^{\mathrm{T}}(n)\boldsymbol{X}(n)]=-\boldsymbol{X}(n) \tag{8-24}$$

将式（8－24）代入式（8－23）中，得到梯度估值

$$\hat{\nabla}(n)=-2e(n)\boldsymbol{X}(n) \tag{8-25}$$

Widrow－Hoff LMS 算法最终为

$$\boldsymbol{W}(n+1)=\boldsymbol{W}(n)+2\mu e(n)\boldsymbol{X}(n) \tag{8-26}$$

下面把基于最速下降法的最小均方误差（LMS）算法的迭代过程总结如下：

均衡器输出：
$$y(n)=\sum_{k=1}^{N-1}w_k(n)x(n-k) \tag{8-27}$$

误差：
$$e(n)=d(n+m)-y(n) \qquad m\text{ 为延时，一般 } m=\frac{N-1}{2} \tag{8-28}$$

抽头系数迭代：
$$\boldsymbol{w}_k(n+1)=\boldsymbol{w}_k(n)+\beta e(n)\boldsymbol{x}(n) \tag{8-29}$$

式中，$d(n)$为期望输出值（训练序列）；$y(n)$为均衡器输出值；$e(n)$是误差信号；N是滤波器阶数，β是步长因子。

【例 8－1】 在 MATLAB 软件中编写 m 程序，完成以下功能：

（1）系统仅处于训练状态。训练序列为 cos(2π×f1×n/fs)，干扰为 0.7＊sin(2π×f2×n/fs)；序列长度为 128 个样点。其中，$n=0$，…，127，$f1=1$ kHz，$f2=3$ kHz，$fs=8$ kHz。

（2）采用 LMS 算法，均衡器输入为训练序列加上干扰，均衡器阶数为 21 阶，步长因子$\beta=0.05$。

（3）假设 A/D 采样位数为 14 位，定点仿真流程如图 8－4 所示。在 MATLAB 中编写 LMS 定点算法。①绘制均衡器的输入波形；②绘制均衡器的期望输出和实际输出波形；③绘制均衡器的迭代误差波形。

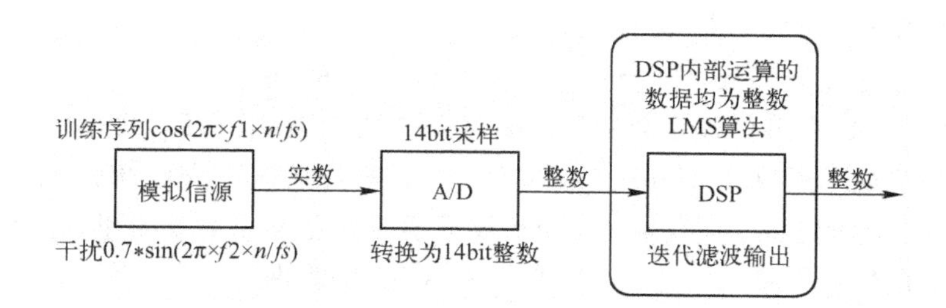

图 8-4　定点仿真实现的流程

【程序 8-1】

```
clc;
clear;
L = 100;                                         % 输入数据长度
tap = 21;                                        % 自适应 FIR 滤波器抽头数目
M = (tap - 1)/2;
N = L + tap - 1;
beta = 0.05;                                     % 步长
f1 = 1000;
f2 = 3000;
fs = 8000;
SCALE_SHIFT = 13;
SCALE_LMS  = 2^SCALE_SHIFT - 1;
beta_fixed = floor(beta * SCALE_LMS);

t = 1:L;
desired = cos(2 * pi * t * f1/fs);
noise = 0.7 * sin(2 * pi * t * f2/fs);
input_float = desired + noise;
input_fixed = floor(SCALE_LMS * input_float);
desired_fixed = floor(SCALE_LMS * desired);

w = zeros(1,tap);
e = zeros(1,N);
error = zeros(1,N);

for n = 1:L - tap + 1
    y = input_fixed(n:1:n + tap - 1);
    output(n) = floor((w * y ')/SCALE_LMS);
    e(n) = floor(desired_fixed(n - 1 + (tap - 1)/2) - output(n));  % time delay is (tap - 1)/2
    w = w + floor(beta_fixed * e(n) * y/SCALE_LMS/SCALE_LMS);
end
error = e(1:L - tap + 1);

figure(1);
plot(input_fixed);
title('input wave ');
xlabel('sampling number ');
ylabel('amplitude ');

figure(2);
plot(output,'g ');
```

```
title('Red: desired wave; Green: equalization output ');
xlabel('iteration number ');
ylabel('amplitude ');
hold on;
plot(desired_fixed(1:L - tap + 1),'r');
hold off;

figure(3);
plot(error);
title('equanlization error ');
xlabel('iteration number ');
ylabel('error ');
```

该程序的仿真结果如图 8-5 ~ 图 8-7 所示。

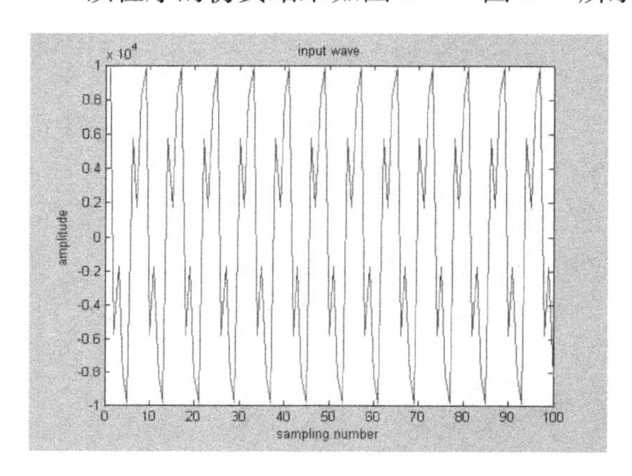

图 8-5　均衡器的输入波形

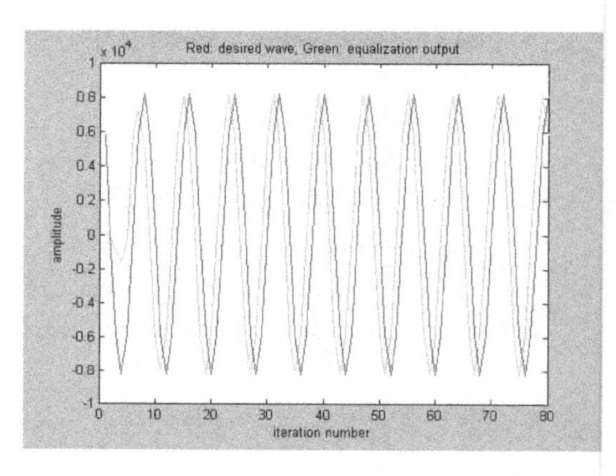

图 8-6　均衡器的期望输出和实际输出波形

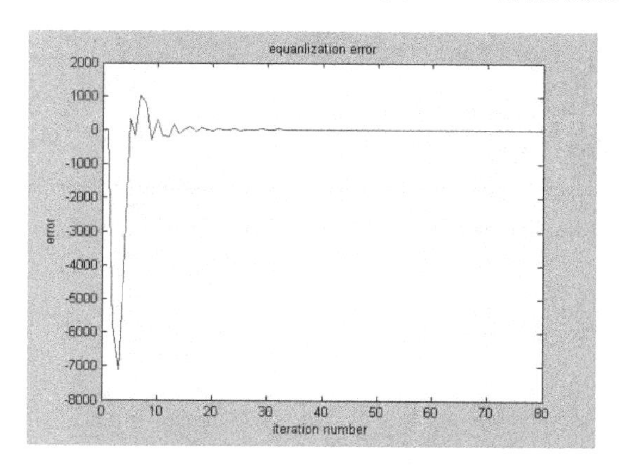

图 8-7　均衡器的迭代误差波形

【**例 8 -2**】在 CCS 软件中编写 C 程序，完成以下功能：

（1）系统仅处于训练状态。训练序列为 $\cos(2\pi \times f1 \times n/fs)$，干扰为 $0.7 * \sin(2\pi \times f2 \times n/fs)$；序列长度为 128 个样点。其中，$n = 0, \cdots, 127$，$f1 = 1\,\mathrm{kHz}$，$f2 = 3\,\mathrm{kHz}$，$fs = 8\,\mathrm{kHz}$。

（2）采用 LMS 算法，均衡器输入为训练序列加上干扰，均衡器阶数为 21 阶，步长因子 $\beta=0.05$。

（3）假设 A/D 采样位数为 14 位，定点仿真流程如图 8-4 所示。在 CCS 中编写 LMS 定点算法。①绘制均衡器的输入波形；②绘制均衡器实际输出波形；③绘制均衡器的迭代误差波形。

【程序 8-2】

```
#include <stdio.h>
#define SCALE_SHIFT 13
#define InLength      128
#define TapNum         21
#define Beta       409                          // Beta = floor(0.05 * 8191) = 409
                                                /* --------------------
                                                       Varialles
                                                 --------------------- */
short OutLength;
short TapMid;
short w[TapNum];
short e[InLength - TapNum + 1];
short Output_Data[InLength - TapNum + 1];

short LMS_SigIn[128] = {
9846, -5734, -1738, -8191, -9847, 5733, 1737, 8190,
9846, -5734, -1738, -8191, -9847, 5733, 1737, 8190,
9846, -5734, -1738, -8192, -9847, 5733, 1737, 8190,
9846, -5734, -1738, -8192, -9847, 5733, 1737, 8190,
9846, -5734, -1738, -8191, -9847, 5733, 1737, 8191,
9846, -5734, -1738, -8191, -9847, 5733, 1737, 8190,
9846, -5734, -1738, -8192, -9847, 5733, 1737, 8191,
9846, -5734, -1738, -8191, -9847, 5733, 1737, 8190,
9846, -5734, -1738, -8192, -9847, 5733, 1737, 8190,
9846, -5734, -1738, -8191, -9847, 5733, 1737, 8191,
9846, -5734, -1738, -8192, -9847, 5733, 1737, 8190,
9846, -5734, -1738, -8191, -9847, 5733, 1737, 8190,
9846, -5734, -1738, -8191, -9847, 5733, 1737, 8191,
9846, -5734, -1738, -8191, -9847, 5733, 1737, 8191,
9846, -5734, -1738, -8192, -9847, 5733, 1737, 8190,
9846, -5734, -1738, -8192, -9847, 5733, 1737, 8190};

short LMS_DesiredIn[128] = {
5791,     0, -5792, -8191, -5792,     -1, 5791,   8191,
5791,     0, -5792, -8191, -5792,     -1, 5791,   8191,
5791,     0, -5792, -8191, -5792,     -1, 5791,   8191,
5791,    -1, -5792, -8191, -5792,     -1, 5791, 8191,
5791,    -1, -5792, -8191, -5792,     -1, 5791, 8191,
5791,    -1, -5792, -8191, -5792,     -1, 5791, 8191,
5791,    -1, -5792, -8191, -5792,     -1, 5791, 8191,
```

```
5791,    -1, -5792, -8191, -5792,    -1, 5791, 8191,
5791,     0, -5792, -8191, -5792,    -1, 5791, 8191,
5791,     0, -5792, -8191, -5792,    -1, 5791, 8191,
5791,     0, -5792, -8191, -5792,    -1, 5791, 8191,
5791,     0, -5792, -8191, -5792,     0, 5791, 8191,
5791,     0, -5792, -8191, -5792,    -1, 5791, 8191,
5791,     0, -5792, -8191, -5792,     0, 5791, 8191,
5791,     0, -5792, -8191, -5792,    -1, 5791, 8191,
5791,     0, -5792, -8191, -5792,     0, 5791, 8191};
                                          /*-------------------------
                                              Functions Declaration
                                          ---------------------------*/
void app_ini(void);
void LMS_Algorithm(void);

void main()
{
    app_ini();
    LMS_Algorithm();
    do
    {
    }while(1);
}

void app_ini(void)
{
    short i;

    OutLength = InLength - TapNum;
    TapMid = (TapNum - 1)/2;                    // 时延
    for (i = 0;i < TapNum;i ++)
    {
        w[i] = 0;
    }
}

void LMS_Algorithm(void)
{
    short i,j,k;
    long  lTemp1;
    long  Sum;
    long  lTemp2;
    short iTemp2;
    long  lTemp3;
    short iTemp3;

    for (i = 0;i < InLength - TapNum;i ++)
```

```
        {
            Sum = 0;
            Output_Data[i] = 0;
            e[i] = 0;
            for (j = 0;j < TapNum;j ++ )
            {
                lTemp1 = (long)w[j] * LMS_SigIn[i + j];
                Sum = Sum + lTemp1;
            }
            Output_Data[i] = Sum >> SCALE_SHIFT;
            e[i] = LMS_DesiredIn[i - 1 + TapMid] - Output_Data[i];
            lTemp2 = (long)Beta * e[i];
            iTemp2 = lTemp2 >> SCALE_SHIFT;

            for (k = 0;k < TapNum;k ++ )
            {
                lTemp3 = (long)iTemp2 * LMS_SigIn[i + k];
                iTemp3 = lTemp3 >> SCALE_SHIFT;
                w[k] = w[k] + iTemp3;
            }
        }
    }
```

该程序的仿真结果如图 8-8 ~ 图 8-10 所示。

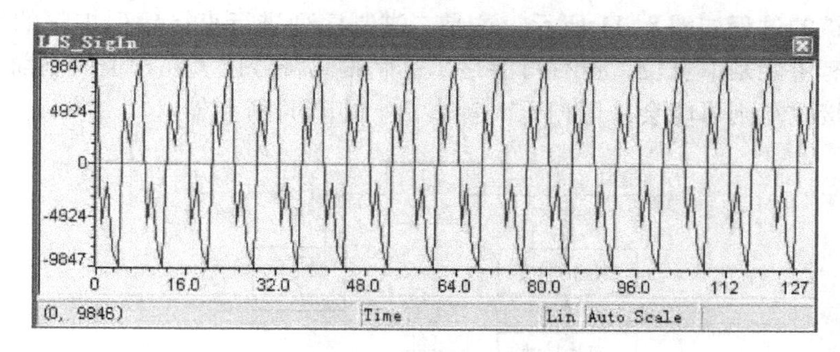

图 8-8　均衡器的输入波形

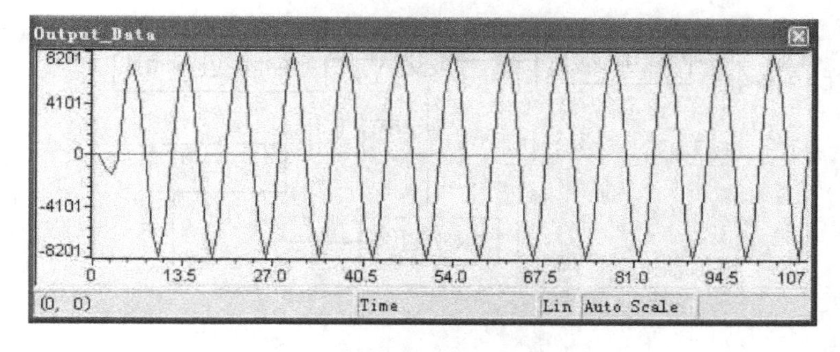

图 8-9　均衡器的实际输出波形

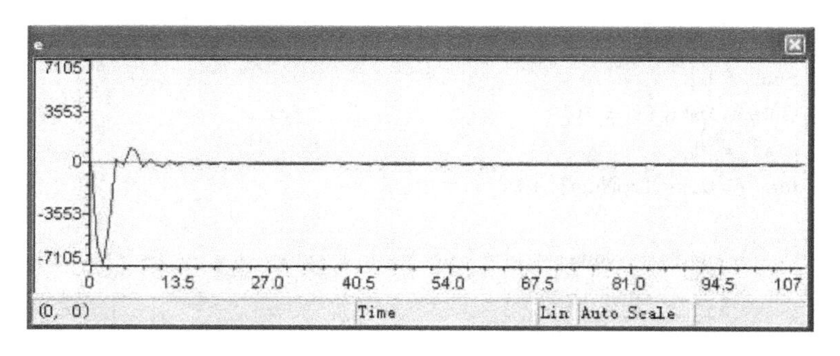

图 8-10　均衡器的迭代误差波形

8.2　直接序列扩频的 FPGA 实现

8.2.1　直接序列扩频的基本原理

直接序列扩频系统又称为直接扩频系统（DS - SS），或称为伪噪声系统，记作 DS 系统。直接序列扩频的实质是用一组编码序列调制载波，其过程可以简化为将信号通过速率很高的伪随机序列进行调制将其频谱展宽，再进行射频调制（通常多采用 PSK 调制），其输出就是扩展频谱的射频信号，最后经天线辐射出去。

在接收端，射频信号经过混频后变为中频信号，将它与发送端相同的本地编码序列反扩展，使得宽带信号恢复成窄带信号，这个过程就是解扩。

扩频和解扩的过程如图 8-11 所示，这是二进制序列进行直接序列扩频的功能框图。同步数据符号位有可能是信息位，也有可能是二进制编码符号位。在相位调制前以模 2 加的方式形成码片。接收端则可能会采用相干或者非相干的 PSK 解调器。

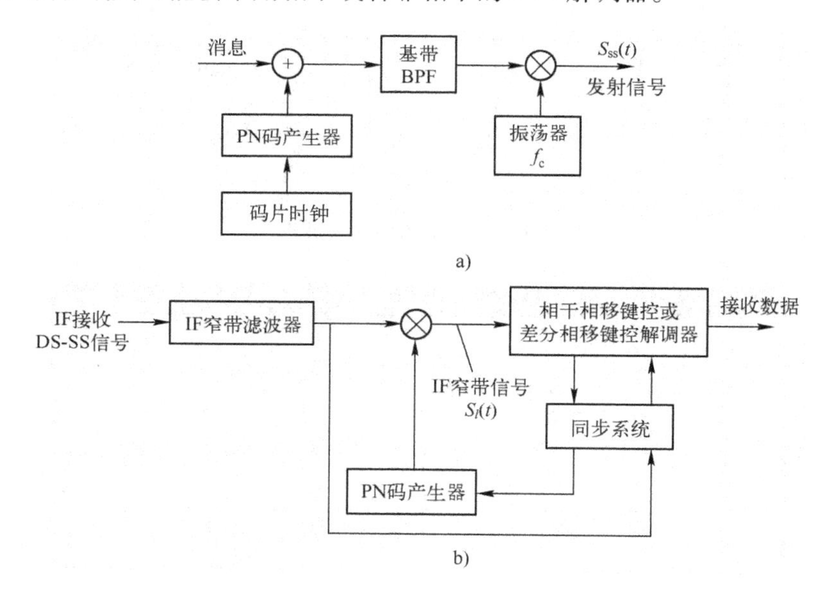

图 8-11　二进制调制 DS - SS 发射机和接收机框图

单用户接收到的扩频信号可表示如下：

$$S_{SS}(t)=\sqrt{\frac{2E_s}{T_s}}m(t)p(t)\cos(2\pi f_c t+\theta) \tag{8-30}$$

式中，$m(t)$ 为数据序列；$p(t)$ 为 PN 码序列；f_c 为载波频率；θ 为载波初始相位。

数据波形是一串在时间序列上非重叠的矩形波形，每个波形的幅度等于 +1 或者 -1。在 $m(t)$ 中每个符号代表一个数据符号且其持续周期为 T_s。在 PN 码序列 $p(t)$ 中，每个脉冲代表一个码片，通常也是幅度等于 +1 或者 -1、持续周期为 T_c 的矩形波，T_s/T_c 是一个整数。若扩频信号 $S_{SS}(t)$ 的带宽是 W_{ss}，$m(t)\cos(2\pi f_c t+\theta)$ 的带宽是 B，由于 $p(t)$ 扩频，则有 W_{ss} 远大于 B。

对于图 8-11 中的 DS 接收机，这里假设接收机已经达到了码元同步，接收到的信号通过宽带滤波器，然后与本地的 PN 序列 $p(t)$ 相乘。如果 $p(t)=+1$ 或 -1，则 $p(t)^2=1$，这样经过乘法运算得到中频解扩频信号为

$$s_1(t)=\sqrt{\frac{2E_s}{T_s}}m(t)\cos(2\pi f_c t+\theta) \tag{8-31}$$

把这个信号作为进入解调器的输入端。因为 $s_1(t)$ 是 BPSK 信号，所以通过相关的解调就可以提取出原始的数据信号 $m(t)$。

8.2.2 直接序列扩频的设计方法

在扩频通信中，首先要设计合理的扩频码，而扩频码通常采用伪随机序列。伪随机（Pseudorandom - Noise）序列常以 PN 表示，称为伪码。伪随机序列是一种自相关的二进制序列，在一段周期内其自相关性类似于随机二进制序列，它的特性和白噪声的自相关特性相似。

PN 码的码型将影响码序列的相关性，序列的码元（码片）长度将决定扩展频谱的宽度。所以，PN 码的设计直接影响扩频系统的性能。在直接扩频任意选址的通信系统当中，对 PN 码有如下的要求：

① PN 码的比特率应能够满足扩展带宽的需要。

② PN 码的自相关要大，且互相关要小。

③ PN 码应具有近似噪声的频谱性质（即近似连续谱），且均匀分布。

PN 码通常是通过序列逻辑电路得到的。通常应用当中的 PN 码有 m 序列、Gold 序列、Walsh 序列等多种伪随机序列。这里以 Walsh 序列为例来进行设计。

Walsh 函数具有以下基本性质：

① Walsh 函数是一类取值为 1 与 -1 的二元正交函数系。

② 它有多种等价定义方法，最常用的是 Hadamard 编号法，如在 IS-95 移动通信系统中就是采用这类方法。

③ 一般，哈达码（Hadamard）矩阵为一个方阵，并具有如下递推关系：

$$\boldsymbol{H}_1=1,\boldsymbol{H}_2=\begin{pmatrix}\boldsymbol{H}_1 & \boldsymbol{H}_1\\ \boldsymbol{H}_1 & -\boldsymbol{H}_1\end{pmatrix}=\begin{pmatrix}1 & 1\\ 1 & -1\end{pmatrix},$$

$$H_4 = \begin{pmatrix} H_2 & H_2 \\ H_2 & -H_2 \end{pmatrix} = \begin{pmatrix} 1 & 1 & 1 & 1 \\ 1 & -1 & 1 & -1 \\ 1 & 1 & -1 & -1 \\ 1 & -1 & -1 & 1 \end{pmatrix}$$

$$H_{2^r} = \begin{pmatrix} H_{2^{r-1}} & H_{2^{r-1}} \\ H_{2^{r-1}} & -H_{2^{r-1}} \end{pmatrix}, r = 1, 2, \cdots$$

④ Walsh 函数集合是完备的，即长度为 $n = 2^r$ 的 Walsh 序列可以构成 $n = 2^r$ 相互正交的序列。

8.2.3 直接序列扩频的 MATLAB 和 FPGA 实现

【例 8 -3】 在 MATLAB 软件中编写 m 程序，完成以下功能：

（1）采用直接序列扩频方式发送二进制信息序列。

（2）二进制序列长度为 10000，随机产生双极性码。

（3）扩频码采用 16 位 Walsh 序列。

（4）信道为 AWGN 信道，码片信噪比分别为 0 dB、2 dB、4 dB、6 dB 和 8 dB。

（5）接收端经过解扩以后，①绘制输入信号波形；②绘制扩频后信号波形；③绘制 0 dB ~ 8 dB范围内信号解扩以后的误码率曲线。

【程序 8 -3】

```
clc;
clear;

G = 16;
TotalBits = 160000;
Nb = TotalBits/G;

codes = hadamard(G);
b = 2 * round(rand(1,Nb)) - 1;
SpreadCode = codes(3,:);

SpreadChip = zeros(1,TotalBits);
SpreadChip = kron(b,SpreadCode);

LEN_VIEW = 64;
View_S = [1:LEN_VIEW];
View_B = [1:(LEN_VIEW/G)];
figure(1);
subplot(2,1,1);stem(View_B,b(View_B));
axis([1  LEN_VIEW/G  -1 1]);
title('输入信号波形');
xlabel('采样点');
ylabel('幅度');
subplot(2,1,2);stem(View_S,SpreadChip(View_S));
axis([1  LEN_VIEW  -1 1]);
```

```
title('扩频后信号波形');
xlabel('采样点');
ylabel('幅度');

SNR_in_dB = 0:2:8;
for j = 1:length(SNR_in_dB)
    dB = SNR_in_dB(j)
    SNR = 10.^(SNR_in_dB(j)/20) * sqrt(1/G);

    ChipPower = mean(SpreadChip.^2);
    AWGN = randn(1,TotalBits);
    AWGNPower = mean(AWGN.^2);
    sigma = 1/sqrt(2) * sqrt(ChipPower)/sqrt(AWGNPower)/SNR;
    ReceiveChip = SpreadChip + sigma * AWGN;
    ReshapeChip = reshape(ReceiveChip,G,length(ReceiveChip)/G);
    y = SpreadCode * ReshapeChip;
    youtput = sign(y);
    Ps(j) = biterr((b + 1)/2,(youtput + 1)/2)/Nb;
end;

figure(2)
semilogy(SNR_in_dB,Ps,'--*');
title('AWGN 信道下信号解扩误码率');
xlabel('信噪比');
ylabel('误码率');
```

该程序的仿真结果如图 8-12 和图 8-13 所示。

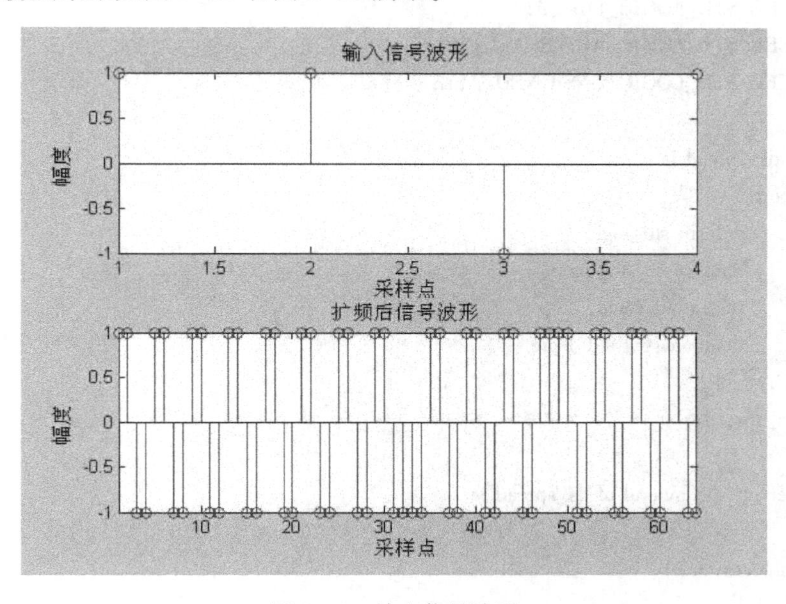

图 8-12　输入信号波形

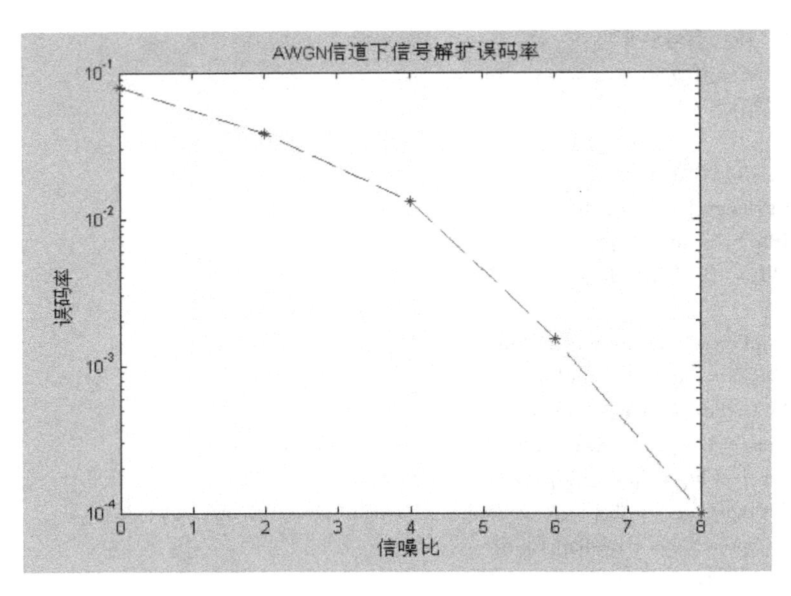

图 8-13　AWGN 信道条件下的信号解扩误码率

【例 8-4】在 Quartus II 软件中编写 VHDL 程序，完成以下功能：

(1) 采用直接序列扩频方式发送二进制信息序列。

(2) 扩频码采用 16 位 Walsh 序列。

(3) 生成扩频后信号波形。

【程序 8-4】

```
library IEEE;
use IEEE.STD_LOGIC_1164.ALL;
use IEEE.STD_LOGIC_ARITH.ALL;
use IEEE.STD_LOGIC_UNSIGNED.ALL;

entity ds_spread is
    port(
        aclr:in std_logic;
        data_in:in std_logic;
        pn:in std_logic;
        data_out:out std_logic
    );
end ds_spread;

architecture Behavioral of ds_spread is
begin
    process(aclr)
        begin
            if aclr = '1 'then
                data_out <= '0 ';
```

```
            else
                data_out <= data_in xor pn;
            end if;
    end process;
end Behavioral;
```

该程序的仿真结果如图 8-14 所示。

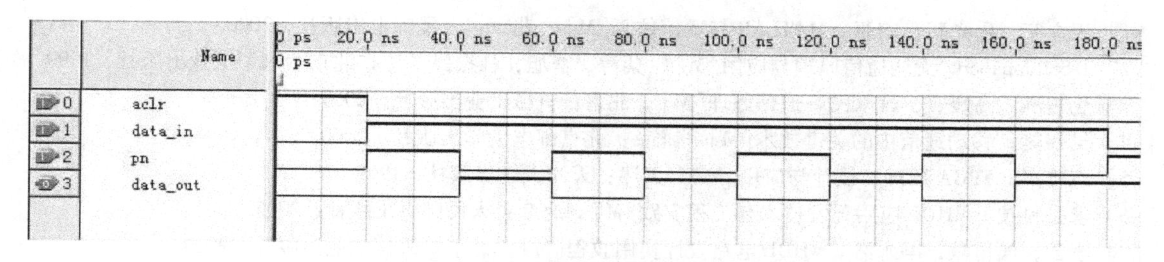

图 8-14　直接序列扩频输出信号的波形仿真

参 考 文 献

[1] 王立宁，乐光新，詹菲．MATLAB 与通信仿真[M]．北京：人民邮电出版社，2000.
[2] T S Rappaport. 无线通信原理与应用[M]．蔡涛，李旭，杜振民，译．北京：电子工业出版社，1999.
[3] 沈越泓，高媛媛，魏以民．通信原理[M]．北京：机械工业出版社，2003.
[4] 吴伟陵．移动通信中的关键技术[M]．北京：北京邮电大学出版社，2000.
[5] 赵雅兴．FPGA 原理、设计与应用[M]．天津：天津大学出版社，1999.
[6] 求是科技．VHDL 应用开发技术与工程实践[M]．北京：人民邮电出版社，2005.
[7] 李云，侯传教，冯永浩．VHDL 电路设计实用教程[M]．北京：机械工业出版社，2009.
[8] 叶淦华．FPGA 嵌入式应用系统开发典型实例[M]. 北京：中国电力出版社，2005.
[9] 何宾．Xilinx 可编程逻辑器件技术详解[M]. 北京：清华大学出版社，2010.
[10] 王金龙，任国春，沈良，等．DSP 设计与实验教程[M]. 北京：机械工业出版社，2007.
[11] 彭启琮，张诗雅，常冉，等．TI DSP 集成化开发环境（CCS）使用手册[M]. 北京：清华大学出版社，2005.
[12] 谭浩强．C 程序设计[M]. 4 版．北京：清华大学出版社，2010.
[13] 王新梅，肖国镇．纠错码——原理与方法[M]. 西安：西安电子科技大学出版社，2001.
[14] 张雄伟，曹铁勇，陈亮，等．DSP 芯片的原理与开发应用[M]. 4 版．北京：电子工业出版社，2009.
[15] 叶青，黄明，宋鹏．TMS320C54x DSP 应用技术教程[M]. 北京：机械工业出版社，2015.
[16] Shu Lin，Daniel J Costello Jr. 差错控制编码（原书第二版）[M]. 林舒著，晏坚，何元智，等译．北京：机械工业出版社，2007.
[17] 霍尔顿．C 语言入门经典[M]. 5 版．杨浩，译．北京：清华大学出版社，2013.
[18] John G Proakis. 数字信号处理[M]. 4 版．方艳梅，刘永清，等译．北京：电子工业出版社，2007.
[19] 刘保柱，苏彦华，张宏林．MATLAB 7.0 从入门到精通[M]. 北京：人民邮电出版社，2010.
[20] 李云，侯传教，冯永浩．VHDL 电路设计实用教程[M]. 北京：机械工业出版社，2009.
[21] 孙航．Xilinx 可编程逻辑器件的高级应用与设计技巧[M]. 北京：电子工业出版社，2004.
[22] 江晓林，杨明极．通信原理[M]. 哈尔滨：哈尔滨工业大学出版社，2010.
[23] 吴侯航．深入浅出玩转 FPGA[M]. 北京：北京航空航天大学出版社，2010.
[24] 张晓飞．FPGA 技术入门与典型项目开发实例[M]. 北京：化学工业出版社，2012.
[25] 樊昌信．通信原理[M]. 7 版．北京：国防工业出版社，2012.
[26] 西瑞克斯（北京）通信设备有限公司．无线通信的 MATLAB 和 FPGA 实现[M]. 北京：人民邮电出版社，2009.
[27] 田耘．无线通信 FPGA 设计[M]. 北京：人民邮电出版社，2008.
[28] 杜勇．数字滤波器的 MATLAB 与 FPGA 实现[M]. 北京：电子工业出版社，2012.